실크로드

문명기행

실크로드

문명기행

정수일 지음

─ 오아시스로 편

한겨레출판

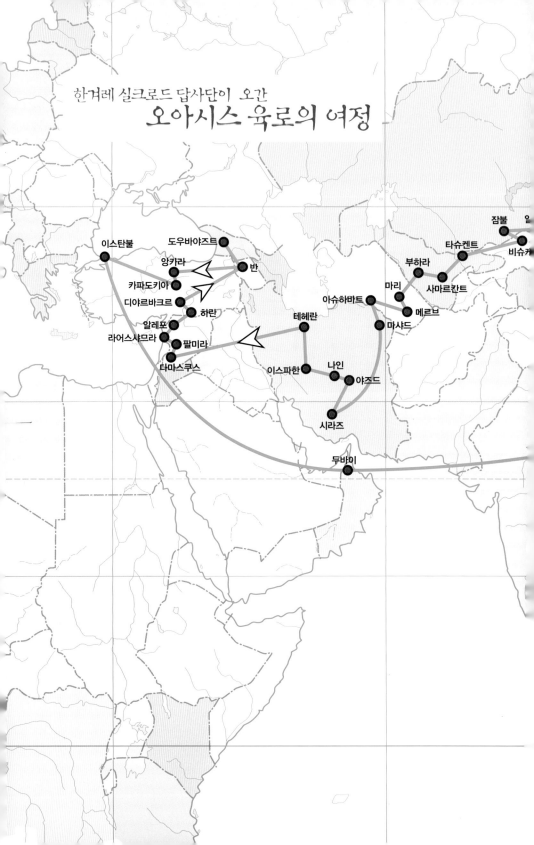

한겨레 실크로드 답사단이 오간
오아시스 육로의 여정

우루무치
쿠처
투루판
하미
둔황
안시
주취안
장예
우웨이
란저우
시안
베이징
인천
서울

　　　　　　실크로드는 문명을 낳아 키우고 오가게 한 길이다. 지구의 동서남북을 소통시키고 인류역사의 어제를 오늘로 이어 주는 길이다. 사막이나 바닷물에 묻혀버린 죽은 길이 아니라 살아 숨 쉬는 길이다. 고행과 낭만이 함께한 길이기도 하다. 그리고 멀면서도 가까이 우리 속에 있는 길이다. 한마디로, 실크로드는 그저 나들이나 하는 길이 아니라 문명의 동맥이고 요람이다. 우리는 이 거룩한 길의 속내와 참뜻을 제대로 이해하고 터득하고자 이 길이 남긴 문명의 궤적을 현장에서 더듬고 확인하며 기록하는, 이른바 '문명기행'을 시도했다.

　　다섯 명으로 구성된 '한겨레 실크로드 답사단' 일행은 2005년 7월 17일부터 8월 25일까지 40일 간 서울에서 이스탄불로 이어지는 실크로드 3대 간선의 하나인 오아시스 육로(약칭 오아시스로)를 성공리에 답사하였다. 우리는 답사 내내 '문명기행'이라는 소임을 다하려고 애썼다. 그 결과 나름대로 우리 문화가 지닌 외연적(外延的) 세계성 일단을 확인할 수 있었으며, 이 길을 따라 숱한 문물이 오간 자취를 헤아릴 수 있었다. 또한 이 길에서 꽃핀 위대한 인류문명의 향훈도 뿌듯이 만끽할 수 있었다. 더불어 문명사에서 제기되는 일련의 문제에 대한 해답의 실마리를 찾아낸 것 또한 값진 결실이었다.

　　필자는 이러한 기행 내용을 담은 글을 지난 1년 동안 〈한겨레〉에 매주 1회씩 '실크로드의 재발견'이라는 이름으로 실어 왔다. 그 글들을 고치고 다듬고, 또 거기에 몇 편을 보태 엮은 것이 이 책이다. 머리글을 포함해 총 54편 가운데 48편은 신문에 실린 글이고, 나머지 6편은 답사 때는 들르지 못했으나 후에 찾아간 몇 군데에 관한 보충 글이다. 들른 곳마다 유서 깊고 소재가 넘쳐나며 갈무리한 메시지가 심원한 데 비해 글로 담아낸 것은 그리 신통찮다. 사유가 얕고 붓끝이 무딘 탓이다.

여기에 더해 아쉬운 것은 갔어야 할 곳이 빠졌다는 점이다. 오아시스로의 요지인 아프가니스탄과 이라크 땅은 전란으로 인해 밟을 수가 없었다. 반달리즘의 상흔을 어루만지고 싶었던 바람도 깨졌다. 가볼 만한 샛길 몇 군데도 놓쳤고, 주마간산(走馬看山)의 날림도 없지 않았다. 이러한 아쉬움은 앞으로의 보탬으로 달랠 수밖에 없다.

이 책에는 오아시스로를 따라 답사한 내용을 주로 담았다. 앞으로 실크로드 3대 간선의 다른 두 길인 초원로와 해로도 이러한 '문명기행'으로 밝혀 보고 싶어서이다. 21세기는 문명교류의 무한확산 시대다. 이 시대를 열어 갈 열쇠는 오로지 더 폭넓고 원활한 실크로드의 전개다. '실크로드의 재발견'으로 상징되는 실크로드 연구가 이 시대의 화두로, 요청으로 떠오르는 소이연(所以然)이 바로 여기에 있다. 책을 펴면(읽으면) 이로움이 있고(開卷有益), 책 속에 길이 있다(卷中有道)고 했으니, 변변찮은 이 책 속에 얼마간의 '이로움'과 '길'이 있었으면 하는 것이 저자의 소박한 기대다.

우리의 문명기행은 한겨레신문사 측의 파격적인 단안과 성원, 그리고 동참한 기자 여러분의 합심협력에 의해 비로소 이루어질 수 있었다. 이에, 한겨레신문사 정태기 대표님의 배려와 동행 취재한 임종업, 노형석, 특히 생동감 넘치는 사진들을 제공한 김경호, 이종근 기자 여러분의 노고에 심심한 사의를 표하는 바이다. 아울러 일천한 글들을 책으로 묶어내기 위해 성의를 다한 한겨레출판 이기섭 대표님과 편집실무진 여러분께도 깊이 감사드린다.

2006년 중추가절

무쇠막 자택에서

정 수 일

차례

우리는 왜 열사의 험로를 누볐나

한겨레 실크로드 답사단 일행은 불볕더위로 소문난 중국의 투루판 분지와 중앙아시아의 키질쿰 사막, 이란의 카비르 사막, 시리아 사막 등을, 그것도 연중 가장 뜨거운 7~8월에 찾아 나섰다. 지열까지 합치면 보통 낮 기온이 50도를 웃도는 이런 곳을 거친 40일 여정은 베이징에서 이스탄불까지의 오아시스 육로를 좇는 수만 리 험로였다.

우리는 왜 열사 속을 누비며 험로를 택했는가. 그것은 한마디로 이 길의 참뜻을 터득하기 위해서였다. 이것은 제대로 이어진 길에서, 제대로 된 뜻을 찾으려고 한겨레신문사 측이 파격적으로 내린 단안이기도 하다. 우리의 길은 여흥이나 즐기는 길이 아니라 무언가를 찾아 떠난 길이다. 이 길 위에서 '세계 속의 한국'이라는 우리의 위상을 확인하려 했고, 동서 간에 오간 숱한 문물의 교류 흔적을 더듬으려 했으며, 인류가 창출한 위대한 문명들의 슬기를 체험하려 했다. 이것이야말로 이 길이 간직한 참뜻이라고 믿었기에, 열사나 고산준령도 마다하지 않고, 오아시스 문명의 향훈에 흠뻑 젖어 쉴 새 없이 걷고 또 걸었다. 여정을 마치고 보니, 신문사 측의 단안과 우리의 표적이 적중했음을 피부로 느낀다.

　우리와 이웃한 중국의 시안(장안)에서는 신라의 고승 원측(圓測)과 혜초(慧超)를 기리는 탑과 기념 정자를 찾아가 그분들의 위훈을 되새겼고, 고선지(高仙芝) 장군의 고택 자리를 알아냈다. 밍사산의 산령이 깃든 둔황 막고굴(莫高窟)에서는 밝히지 못해 늘 응어리로 남아 있던 혜초 스님의 입적지를 밝힐 단서를 발견했다. 송대에 그린 세계 최대의 지도라고 하는 '오대산축소도(五臺山縮小圖)'에 '신라승탑(新羅僧塔)'이라고 명기된 곳이 있으니, 적이 그곳이 스님의 입적지라는 예감이 들었다. 그밖에 장경동(藏經洞)을 비롯한 막고굴 여기저기에 우리의 외연적 역사 문화와 관련한 귀중한 유물들이 소장되어 있는 사실도 재확인했다.

　문명교류의 십자로였던 신장 지구에서도 이런 유물들이 눈에 띈다. 특히 고도 쿠처는 우리 민족과의 몇 가지 인연 때문에 친근감마저 든다. 혜초 스님이 서역 순례를 마치고 돌아올 때 머물렀고, 고선지 장군은 여기서 어린 시절 청운의 꿈을 키워

시리아의 오아시스 고대도시 팔미라의 일출 모습. 이 도시에서 중국 한나라 시대의 비단이 발견되어 비단길이 지중해까지 이어졌음을 알게 되었다.

서역 원정의 출발지로 삼았다. 그 자랑스러운 우리네 선현들이 넘나들던 쿠처 성터를 확인한 것은 몇 번의 답사 가운데 이번이 처음이다. 선현들의 유지를 받들어서일까, 중국 조선족 출신의 화가이자 항일투사인 한락연(韓樂然)이 이곳 키질 천불동에서 빛바랜 벽화를 고색창연하게 복원하고 벽면에 불후의 제자(題字)까지 남겨놓은 감격스러운 장면과도 접했다.

비록 지리적으로 멀리 떨어져 있어도 중앙아시아는 어쩐지 낯설지 않다. 고구려 사신이 다녀간 아프라시압 궁전터가 있고, 고선지 장군이 이슬람 대군과 맞섰던 저 유명한 탈라스 전쟁터가 있으며, 오늘날은 곳곳에 카레이스기(고려인)들이 살고 있어 김치가 인기가 있으니 말이다. 지금껏 우리는 박물관 모사품에서나 아프라시압 궁전 벽화의 고구려 사절도를 접할 수 있었지만, 현지 고고학 연구소장의 안내로,

출토했다가 다시 파묻어 비밀에 붙여진 발굴 현장을 목격할 수 있었다. 세계 전쟁사와 문명사에 긴 여운을 남긴 탈라스 전쟁에 관해선 종래 그 장소부터가 논란거리였다. 이번에 현지 진문가의 안내로 탈라스 강 동안의 널따란 언덕배기가 그 치열했던 전쟁터였을 가능성과 그 땅 속에 수많은 전사자들의 유해가 묻혀 있을 법도 하다는 현지 고고학자들의 견해를 전해 들었다. 이것은 유망한 연구의 실마리가 될 수 있다. 하지만 고구려인의 기상을 만방에 떨친 장군의 위훈을 제대로 기리지 못했다는 자책감에 못내 가슴이 조였다.

중앙아시아를 지나 이 길의 서쪽에 접어들면 우리와의 거리는 점점 멀어진다. 그러나 그곳에서도 우리 민족사와의 유대를 상징하는 유물들이 우리를 반겨 맞았다. 우리는 가끔 역사 다큐멘터리에서 무예를 겨루기 위해 말 타고 달리면서 격구(擊毬: 폴로와 유사함)를 하는 모습을 보곤 하는데, 알고 보면 그 놀이의 발원지는 바로 이란의 고도 이스파한 중심에 있는 이맘 광장이다. 그곳에 남아 있는 두 쌍의 석조 골대가 그것을 묵묵히 증언하고 있었다.

여정의 종착점인 터키는 여러 면에서 우리의 관심 대상이다. 한때 세계 도자사를 주도했던 우리네 도자기 유품이 서방에서는 아직 한 점도 발견되지 않았다는 것은 너무나 아이러니한 일이어서 늘 가슴팍에 묻고 다녔다. 그래서 세계에서 도자기를 가장 많이 소장하고 있다는 토프카프 궁전 박물관을 찾았을 때, 가장 먼저 들린 곳은 도자기 전시실이었다. 거기서 뜻밖에도 8괘와 태극문양이 선명한 청화백자 한 점에 눈길이 멎었다. 유독 그것만이 출처 미상으로 남아 있으니, 우리 것이 아닐까 하는 의심 반, 우리 것이었으면 하는 기대 반에 크게 눈도장을 찍어 놓고 무거운 발걸음을 옮겼다.

다음으로, 이 길을 따라 오간 문물의 교류상을 살펴보는 것은 이번 여정의 다른 참뜻이다. 원래 오아시스 육로(약칭 오아시스로)는 실크로드 3대 간선의 한 갈래로서 문명교류가 그 원초적 기능이다. 그래서 이 길을 따라가다 보면 교류품이 지천에 깔려 있다. 지난 해 말 개방되어 아직 발길이 뜸한 투루판 토욕구(吐峪溝) 천불

부하라의 상징인 칼란 미나레트는 중앙아시아에서 가장 높은 탑(46미터)이다. 탑 정상에서 바라본 시내 전경.

동에는 마니교 동굴이 하나 있는데, 동서 벽면은 불교 벽화로 채워져 있다. 동쪽으로 전해진 종교들의 공존관계를 보여 주는 장면이다.

사마르칸트 역사박물관과 미리 빅물관에 선시된 불두(佛頭, 불상 머리) 한 점씩을 보고나서 출토 현장을 답사한 결과 불교가 북쪽과 서쪽 어디까지 전파되었는가를 가늠할 수 있었다. 탈라스 전쟁을 계기로 제지술이 서방으로 퍼져나갈 당시, 그 첫 공장이 사마르칸트에 있었다고 전해오나, 구체적인 장소와 종이를 만들어낸 과정에 관해서는 별로 알려진 바가 없다. 이 공백을 메워야 했기에 일정을 늦추면서까지 수소문한 끝에 전통 종이의 제작 기능 보유자 한 사람을 만날 수 있었다. 그는 최초의 제지공장 위치를 알려주고, 종이 만들기 과정도 손수 재현했다. 의외의 소득에 가슴이 뿌듯했다.

우리가 따라가는 이 길이 지중해 동쪽 해안까지 연장된 데는 시리아의 팔미라라는 오아시스 도시가 결정적 구실을 했다. 당초 실크로드는 중국에서 중앙아시아를 거쳐 인도 서북해안에서 끝나는 것으로만 알고 있었으나, 바로 이 도시의 한 유적에서 한금(漢錦), 즉 중국 한나라 때의 비단 조각이 발견되면서 비로소 오아시스로가 지중해까지 이어졌음을 확인하게 되었던 것이다. 그 비단 조각의 발견지를 목격했을 때, 우리의 가슴은 마냥 설렐 수밖에 없었다. 그밖에 중국 한대부터 환상적인 서역 특산 말로 선호해 온 '한혈마(汗血馬)'의 원종을 해발 3,300여 미터의 페르가나 산중에서 찾아냈고, 석류의 본향이 이란의 사자산(獅子山) 일대임을 현지에서 알아내기도 했다. 그리고 우리의 카프탄형(전개형) 전통의상의 유형적 원류가 서아시아임도 곳곳의 의상유품에서 실감할 수 있었다.

오아시스로를 따라가며 확인하고 찾아본 이 모든 것은 이 길을 따라 창조된 위대한 문명들의 소산이다. 그 문명들을 제대로 안다는 것은 우리의 앎과 삶을 살찌우는 자양분이 된다. 그 자양분을 얻고자 떠난 것이 이번 여정의 또 다른 참뜻이다. 현대문명의 혼탁을 훌훌 털고, 저 맑고 깨끗하며 웅심 깊은 문명들 속에 몸과 마음을 한번 담가 보는 것이야말로 오늘을 살아가는 우리의 보람찬 체험이다. 이제 가까이서만 맴돌지 말고 다양한 문명세계로 보폭을 넓혀 나가야 할 것이다.

일행은 중앙아시아에서 화려하게 꽃핀 이슬람의 건축문화에 황홀해지고, 이란에

밍사산은 중국 둔황 시가 남쪽에 뾰족하게 솟아 있는 모래산이다. 관광객들이 낙타를 타고 산 정상을 둘러보는 그림자가 모래산에 드리웠다.

서는 오리엔트 문명의 정화를 응축한 중동 최대의 문명유적 페르세폴리스와 1,500여 년 간 꺼지지 않고 타오르는 조로아스터교의 성화 앞에서 숭엄한 감회에 젖기도 했다. 시리아에서는 충돌로만 비쳐지는 기독교와 이슬람교의 공존상을 확인했으며, 라틴문자의 모체인 우가리트 문자를 출토지 현장에서 추적해 보기도 했다.

동서 문명의 접합지 터키에서도 여러 문명의 향훈을 만끽할 수 있었다. 지상지하의 기적으로 가득 찬 카파토키아의 지하도시와 기암괴석에 어안이 벙벙해졌다. 특히 터키 넴루트에서는 지상에서 가장 높은 곳(2,150미터), 그래서 천상에 가장 가까운 곳에 묻혀 있는 세계 8대 기적의 하나인 안티오코스 1세의 묘를 찾아가 거기서 제우스와 아폴로, 헤라클레스 같은 그리스 신화의 원형적 신상들을 만났다. 만년설을 머리에 이고 우뚝 솟은 성산 아라라트, 그 기슭에 이르러 창세의 비밀과 방주의 실체를 더듬었을 때는 짐짓 선경(仙境)에 이른 기분이었다. 한쪽 눈은 파랗고 다른 쪽 눈은 노란, 반(동부의 한 도시 이름) 고양이의 신비는 여전히 수수께끼로 남는다. 다층적 문화유적의 융화상을 여실히 보여 준 성소피아 성당의 궤적은 답사의 대미를 장식했다.

이런 답사의 여정은 값진 문명 체험의 기회였다. 우리는 다름을 이해하는 데 무척 신경을 썼다. 다름을 이해했을 때 벌써 같음에 이르렀고, 그것이 곧 공생공영이라는 진리를 깨달았다. 이것이 낯선 여정을 그나마 무탈하게 만든 한 비결이기도 하다. 우리의 벅찬 여정은 보람과 더불어 아쉬움도 남겼다. 정세 불안으로, 길의 요지에 자리 잡은 아프가니스탄과 이라크를 스쳐지나갈 수밖에 없었다. 그리고 시간이 촉박해 몇 곳은 발길이 닿지 않았고, 닿은 곳도 꼼꼼히 살펴보는 탐사에는 미치지 못했다.

자, 이제부터 시작되는 53개의 장은 독자들과의 동반 여행이 될 것이다. 실크로드는 오아시스로 말고도 초원로와 해로가 있으니, 그곳으로의 발길도 이어져야 할 터이다. 이제 우리는 세계와는 더 가까이, 제 집과는 더 멀리 떨어져서 세계와 우리를 바르게 보는 안목을 키워나가야 할 때다. 그래서 우리에게 실크로드가 필요한 것이다.

01

실크로드의 꿈을 키워 준 베이징
중 국 의 호 기 와 기 개 가 다 시 살 아 나 고 있 다

꼭 10년만의 해외나들이다. 마냥 축하라도 하듯, 가랑비가 보슬보슬 내리는 가운데 이륙한 비행기는 곧장 기수를 서북쪽으로 돌린 뒤 서해 창공을 가로지르며 베이징을 향한다. 며칠 간 밀렸던 피로감이 한꺼번에 몰려와 온몸이 호졸근해진다. 지긋이 눈을 감았으나 졸음 대신 그 시절 일들이 주마등처럼 뇌리를 스쳐간다.

베이징, 그곳은 지금 찾아가는 실크로드의 꿈을 키워 준 고장이다. 50여 년 전 그곳에서의 대학시절, 20세기 초 영국 탐험가 스타인이 남긴 '내륙아시아 탐험기'를 접한 것이 그 길과의 첫 만남이었다. 그때 실크로드는 그저 모험과 신비의 길로 젊은 내 마음을 사로잡았다. 그러나 문명교류에 눈 뜨기 시작하면서 그 길은 문명을 소통시키는 창조와 지혜의 길로 내 마음의 한 구석에 자리 잡기 시작했다. 남해의 뱃길로 유학길에 올랐고, 1950년대 중국 외교부 근무 시절 공무로 신장까지의 오아시스로와 모스크바까지의 시베리아 초원로를 몇 차례 오가다 보니 실크로드의 꿈은 자꾸만 부풀어만 갔다.

개인의 사사로운 꿈을 넘어 역사를 되돌아보면, 삼각형 모양의 화베이(華北) 평야 정점에 자리한 베이징은 2천여 년 전부터 중국 동북부 국경 지대의 중요한 군사·교역 중심지이자 오아시스로의 요지였다. 북쪽으로는 몽골을 비롯한 북방 유목민족들, 동쪽은 한반도, 서쪽은 중앙아시아, 남쪽은 중원의 여러 지방들을 연결하는 십자로 구실을 해 왔다. 특히 13세기부터 오늘날에 이르기까지 700여 년 동안 여러 제국의 수도가 되어 동서 문명의 융합도시로서의 면모도 갖춰 왔다. 13세기 중엽 몽골제국이 이곳에 '대도(大都)'라는 이름의 수도를 건설할 때는 아랍인이 도시설계를 총지휘하도록 하여 내성의 사각형 성벽과 12개 문은 중국 전통 양식을 쓰고, 실

베이징 서북쪽 바다링에서 많은 사람들이 만리장성을 걸어 오르고 있다.

내와 주거공간은 몽골이나 중앙아시아 양식대로 지었다. 명대 이후엔 서구인들이 들어와 장춘원(長春園) 같은 바로크식 궁정 건축물들을 다수 남겨 놓았다.

베이징은 일찍부터 오아시스 육로를 한반도에 이어 주는 고리 구실도 해 왔다. 기원전 전국시대 베이징 근방의 '계(薊, 지금의 베이징 서남쪽 대흥현[大興縣])'에 도읍한 연(燕)나라는 그 길의 동쪽 끝에 해당하는 '명도전로(明刀錢路)'를 통해 한반도와 교역했다. 연나라 화폐 명도전이 계로부터 요동반도를 거쳐 한반도에 이르는 여러 지역에서 출토되었는데, '명도전로'는 그 출토지들을 연결한 최초의 한·중 육로가 된다.

신라시대에는 경주에서 출발한 오아시스로가 한주(漢州, 오늘의 서울)와 평양을 거쳐 유주(幽州, 당나라 때의 베이징 이름)에 이르러 뤄양(洛陽)으로 남하한 뒤 서행해 장안을 지나갔다. 여러 연행록(燕行錄)에서 보다시피, 고려·조선시대에도 수많은 사신, 학자들이 그 길을 따라 베이징에 드나들면서 중국과의 교류는 물론, 중국에 전래된 서양문물까지 받아들였다. 선조들이 발이 닳도록 오간 그 길은 지금은 분단 장벽에 가로막혀 있다. 길 아닌 길을 에돌아 가니, 이게 무슨 옛길 답사냐 싶다.

이윽고 희읍스름한 대지가 시야에 들어온다. 낯익은 대지다. 그러나 다들 중국이 하루가 다르게 변한다고 한다. 그렇다면 10년 전 그 모습과는 어떻게 다를까. 더욱이 50년 전 그 시절 내가 바라고 그리던 그 모습과는……. 종잡을 수 없는 상념과 의문들이 비행기가 내려앉을 때까지 꼬리를 문다.

첫 답사지는 교통이 사통팔달했다는 데서 유래한 베이징 서북쪽 바다링(八達嶺)에 자리한 만리장성이다. 달에서 보이는 지구상의 유일한 인공구조물이라는 장성은 600년 전 명나라 때 쌓은 것이다. 포장도로를 45분쯤 달려 장성 언저리에 도착했다. 바다링 중턱에 수북이 우거진 숲을 바라보니 모래바람을 맞으며 부근에 묘목을 심던 그날의 추억이 삼삼히 떠오른다. 지금은 그 숲이 무색하게 사막이 족히 100미터는 내려앉아 길 양 쪽에 방사림대(防沙林帶)를 겹겹이 늘어놓았다. 성문 어귀부터 사람들로 붐빈다. 정작 장성에 오르니 발 디딜 틈이 없다. 그날따라 짙은 안개가 낮게 깔려 30미터 안팎도 분간하기 힘들다. 결국 몇 십 미터밖에 안 되는 정상 망루에 오르는 일은 포기하고 말았다. 현지 해설원의 말을 들으니, 장성에는 늘 이날처럼 약 4만 명이, 명절 때는 10여 만 명이 몰려온다고 한다. 이를테면 '장성붐'이 일고 있는 셈이다. 15년 전 이맘때 찾아왔을 적과 너무나 판이한 광경이다.

그러면 지금 중국은 왜 장성인가? 장성 들머리 왼쪽 벽에는 '불도장성비호한(不到長城非好漢)', 즉 '장성에 와 보지 않은 자, 사내대장부가 아니다'라는 뜻의 대문짝만한 현판이 붙어 있다. 어떤 이는 이 말을 중국 속담으로 아는데, 사실은 정치가 마오쩌둥(毛澤東)의 '어록(語錄)'이다. 일꾼들이 성벽을 쌓다가 죽으면 그 자리에 묻혔으므로 세계에서 가장 긴 무덤이라는 장성은 그 옛적엔 어마어마한 존재였겠지만, 지금은 한낱 유물로 남아 있을 뿐이다.

별로 높지 않고 가파르지도 않아 오르기가 수월하고, 또 현대 교통수단으로는 와 보기도 별 문제가 없다. 그럼에도 마오쩌둥이 '장성에 와 보는 것'을 그토록 강조한

것은 무슨 까닭일까. 비상을 꿈꾸는 이 시대 중국인에게 장성이 안겨 주는 호기(豪氣)와 자부의 상징성 때문일 것이다. 그래서 관람객들이 즐겨 사 입는 티셔츠에는 "나는 장성에 올랐다"라는 호방한 글자가 찍혀 있는 것이 아니겠는가. 요컨대, 그런 호기와 자부 때문에 지금 중국은 장성이 필요하고, 사람들은 그 체험 때문에 찾아오는 셈이다.

장성에서 받은 충격의 여운이 채 가시기도 전에 시내 톈안먼(天安門) 광장 옆에 위치한 역사박물관을 찾았다. 어마어마하게 큰 건물이다. 2층에 마련된 '진귀품전시회'를 돌아봤으나 관심거리인 교류 관련 유물은 별로 없다. 대충 둘러보고 나오는데, 마침 정화(鄭和)의 출항 600주년을 기념하는 특별전시회가 눈에 번쩍 띄었다. 실크로드에 관한 이야기치고는 더 없는 호재다. 1997년 미국 〈라이프〉 지는 지난 1천 년을 만든 세계인 100명을 순위별로 골랐는데, 11명밖에 안 되는 동양인 가운데 내로라하는 위인들을 다 제치고 단연 앞 순위(14위)에 오른 사람은 뜻밖에도 정화다. 7차에 걸친 그의 '하서양(下西洋)', 즉 '서양으로 가는 항해'가 선정 이유였다.

그는 28년 간(1405~1433) 약 19만 킬로미터의 바닷길을 누비면서 30여 개 나라를 찾아다녔다. 실크로드 해로사에서 일찍이 없었던 장거다. 그의 '하서양'은 15세기 말 이른바 '신대륙'을 '발견'했다는 콜럼버스나 '인도 항로'를 개척했다는 바스코 다 가마(Vasco da Gama)보다 시간적으로 약 90년 앞설 뿐 아니라, 선단 규모나 선박의 구조면에서도 월등하다. 정화의 보선(寶船)이 길이가 138미터인데 비해 다 가마의 기함은 25미터에 불과하고, 그 적재량은 1,500톤 대 120톤이며, 승선인원의 경우는 2만 7천 명 대 160명이니, 실로 비교가 안 된다. 정화 선단이 아메리카 대륙에까지 이르렀다는 설도 있다.

7월 11일은 정화가 첫 배를 띄운 지 600주년이 되는 날이다. 중국 정부는 이날을 공식 기념일로 정하고 거국적인 기념행사를 치렀다. 그 행사의 하나로 전시회가 열린 것이다. 전시장에는 보선 모형과 배의 잔해를 비롯한 유물 190여 점이 선보이는 중이었다. 그러면 왜 이 시점에서 정화가 뜨는 걸까? 그것은 '세계무대에서 국력을 과시하고 있는 중국 외교노선의 변화와 무관하지 않다'는 것이 내외 평론가들의 지적이다. '하서양'이 노린 목적 중 하나가 이민족(몽골)의 압제 아래 추락할 대로 추락한 중화제국의 명예를 되돌리고 국위를 과시하려는 것이었으니, 현 중국 외교노선과 그 속내는 피장파장이라는 것이다. 일리가 있어 보인다. 그래서 그 귀감으로 600년 전의 정화가 필요한 것이다.

박물관 정문을 나서니 톈안먼 광장 저 쪽에 웅장한 인민대회당 건물이 한눈에 안겨 왔다. 먼발치에서나마 내 걸음을 멈추게 한다. 녹록찮은 세월의 풍상에 찌들어서인지 이제는 고색이 감돈다. 들머리 정면에 늘어선 12주의 대리석 기둥만이 여전히 찬연한 빛을 뿌리고 서 있다. 1만 4천 명을 수용할 수 있는 대회의장을 비롯해 고궁 면적과 맞먹는 연건평 17여 만 평방미터의 이 덩치 큰 건물은 중화인민공화국 창건 10주년을 기념해 1959년 완공됐다. 당시 중국 외교부에서 일하던 필자에게 기억되는 것은 그 화려한 건물 준공식 장면보다 낮에는 근무하고, 밤이면 땀을 훔치며 나무 동바리를 타고 벽돌이며 시멘트 따위를 지어 올리던 공사장 일이다. 그 즈음 중국은 '대약진'이니, '인민공사'니, '총노선'이니 하면서 유례없는 기염을 토하고 있었다. 우리는 밤이면 손수레를 끌고 시내를 돌며 파철을 주워 직장 뜰에 마련한 원시적 소형 용광로에서 쇳물을 뽑기도 했다. 200년 걸쳐 달성한 영국의 강철 생산량을 30년 안에 앞지른다는 야심 찬 목표를 내걸고 전 인민이 쇳물 뽑기에 나섰던 것이다. 결국 무모한 과욕으로 훗날 대가를 톡톡히 치렀지만, 그때의 분발심과 근면성만은 새 중국의 가상스러운 기상으로 추억에 담아 두고 싶다.

반세기의 세월을 넘긴 지금 중국은 그 시절 우리가 미처 예상 못했던 그런 모습으로 변하고 있는 성싶기도 하다. 혹여 시대의 변화를 제대로 읽지 못한 탓인지는

류리창은 베이징에 있는 문화의 거리로, 특히 고서점들로 이름난 곳이다. 그러나 지금은 빛이 바래 가고 있다.

몰라도 이것저것 눈에 거슬리는 일이 한두 가지가 아니다. 이 시점에서 오늘과 내일의 중국을 이해하고 읽어내는 코드를 생각하지 않을 수 없게 한다. 과거의 체험과 현실의 직감에서 굳이 그 한 코드를 도출해낸다면, 그것은 바로 유구한 역사문화에 대한 자부심, 업신당해 온 대국으로서의 오기, 잠재된 근면성이 아니겠는가고 짚어 본다. 어쩌면 이것이 그들 나름의 에너지일 수도 있다. 중국은 지구의 한 모퉁이에서 우리와 운명을 같이해 온 이웃이며, 실크로드를 함께 걸어 온 동반자다. 때로 기우에 지나지 않은 관심과 우려를 갖게 되는 것은 이 나라가 잘되어 가기만을 기원하는 마음에서이다.

한 가지 아쉬움을 남기고 떠날 채비를 하는데, 중국 측 안내원(조선족)이 불쑥 하얀 종이에 정성껏 싼 물건을 건네는 것이었다. 풀어 보니 1998년에 제작한 베이징

대학 창립 100주년 기념 배지다. 일정이 **빡빡해** 모교에 들릴 수 없는 서운함을 달래 주려고 손수 구해 왔다는 것이다. 너무나 고마웠다. 나는 이 대학 56회 졸업생이다. 그 시절 실크로드의 꿈을 키워 준 전당을 뒤로 하고 그 길에 들어서자니 왠지 발걸음이 무겁기만 하다. 아쉬움을 남기고 떠나는 것이 나그네의 길인가 보다. 그래야 그 길이 다시 올 테니. '짜이지엔(다시 만납시다), 베이징!' 한마디를 남기고 시안으로 가는 길에 올랐다.

02

동서 문명의 접합지, 시안
실크로드의 끝은 시안이 아니다

　　　　　베이징을 떠나 시안으로 순항하던 비행기가 착륙 20여 분을 앞두고 시안 쪽의 갑작스런 소나기 때문에 쩡저우(鄭州)로 회항한다는 기내방송을 내보낸다. 일시에 기내가 술렁이기 시작한다. 가끔 당해 본 사람들은 그런대로 느긋하지만, 초행자들 얼굴에는 긴장감이 역력하다. 쩡저우 공항에 착륙하자 뒷좌석에 앉은 60대 라틴아메리카 승객이 안도의 한숨을 내쉬면서 박수를 치기 시작했고, 다들 따라 박수를 쳤다. 사실 1950~60년대엔 비행기가 안착만 하면 승무원들에게 격려의 박수를 보내는 게 상례였다. 예정보다 세 시간 늦게 시안에 도착했다. 마중 나온 현지 안내원은 시안의 하늘이 소나기는커녕 청청했다고 하면서 의아한 표정으로 쓴웃음을 지었다.

　어둠이 짙게 깔린 공항을 빠져나와 얼마쯤 달리자 용광로에서 뽑아낸 쇳물처럼 몇 줄기 불빛이 어디론가 아득히 뻗어 간다. 중국이 야심차게 추진하고 있는 이른바 '서북대개발'의 첫 역사(役事)로 건설한 시 외곽 순환도로와 하서회랑(河西廻廊) 쪽으로 가는 고속도로의 가로등이라고 한다. 시안을 기점으로 한 '서북대개발'의 일환으로 닦은 저 고속도로는 어쩌면 21세기를 살아가는 우리의 '실크로드 재발견'일 수 있다. 시안은 일찍부터 동서 문명의 접합지로서 거기서부터 오아시스로가 동서로 뻗어나갔으며, 오늘날은 그 삭막했던 길 위에 이처럼 화려한 고속도로가 깔려 있기 때문이다.

　관중평야 한복판에 자리한 시안의 역사는 신석기시대 반파(半坡) 마을에서 시작된다. 청동기시대인 기원전 12세기께 서주(西周) 왕조는 서북쪽 근교인 주원(周原)에 도읍을 정했다가 서남쪽 풍(澧)과 호경(鎬京)으로 옮겼다. 전국시대 말엽 진(秦)나라가 근교 함양(咸陽)을 수도로 삼았다가 진 시황이 천하를 통일하자 전국의 부호 12만을 이주시켜 저 유명한 아방궁을 짓는 등 거대 도성으로 축성했다. 그러다 한나라 때에 와서 시안은 일대 전기를 맞는다. 지금 시안에 도읍을 정한 한조는 36 평방킬로미터의 넓은 대지에 길이 25킬로미터에 달하는 성벽을 둘러치고 이름도 '자손들이 영원히 평안하기를 바란다(欲其子孫長安)'는 소망을 담아 '장안'이라고 지었다.

그러나 장안이 명성을 누리게 된 것은 수·당 때부터다. 수 문제(文帝)는 전대 왕조인 북주의 흔적을 씻어버린답시고 옛 수도는 몽땅 쓸어버리고 약간 떨어진 곳에 크게 흥할 것이라는 뜻에서 '대흥성(大興城)'을 새로 지었다. 그런데 성을 지은 사람이 서역 출신의 우문개(宇文愷)여서, 오늘날 장안성에는 어딘가 모르게 서역적 요소가 섞여 있다. 수나라를 계승한 당나라는 이름만 장안성으로 고치고 계속 증수·확장해 크기나 아름다움 면에서 단연 굴지의 세계도시를 만들었다.

8세기 당나라 최전성기 때, 장안은 길이 37킬로미터의 성곽에 84평방킬로미터의 면적을 지닌 거대 도시로서 인구는 무려 100만에 이르렀다. 노폭이 150~170미터에 이르는 도로가 동서남북으로 뻗었고, 시가지는 바둑판 같은 110개의 방(坊)으로 구획되었다. 시가지는 황궁에 이르는 주작(朱雀)대로를 중심으로 동구와 서구로 양분되고, 거기에 각각 동시와 서시라는 시장이 섰는데, 시장마다 '진기한 천하 보물이 다 모인다'는 200여 점포가 모여 있었다. '밤낮 시끄럽고 등불이 꺼질 줄 모르는' 야시장도 즐비했다. 특히 서시는 오아시스로를 통해 들어온 서역 상인들로 밤낮없이 붐빌 뿐 아니라, 서역을 뜻하는 '호(胡)'자가 붙은 노래(胡樂)와 춤(胡舞), 옷과 먹거리가 판을 쳤다. 이를테면 호풍(胡風) 일색이었다. 여기에 더해 가로수와 대나무 숲이 우거지고, 곡강지(曲江池)나 화청지(華淸池)같이 자연과 인공이 잘 조화된 경관들이 장안을 더더욱 돋보이게 했다.

그러나 대도 장안의 영화는 현종 때 안녹산(安祿山)의 난과 당말 농민전쟁 등으로 빛이 바래, 더는 도읍 구실을 하지 못했다. 그렇지만 그 영광의 자취가 하루아침에 사그라진 것은 아니어서 14세기 초 이곳을 찾은 마르코 폴로의 눈에는 여전히 '지극히 장엄하고 아름다운' 도시로 비쳤던 것이다. 오늘날 시안성은 14세기 말 명나라 때 수축한 것이며, 이때 이름도 '시안'으로 바뀌었다. 세계사에서 유례없이

1,100여 년 동안 11개 왕조의 도읍지로
자리를 굳혀 온 고도 시안은 지금 인구
660만을 헤아리는 산시성 성도이자, 서
북지방의 최대 상공업 도시로 새 번영
기를 맞고 있는 성싶다.

　흔히들 시안(장안)을 실크로드의 동쪽
끝, 혹은 출발지로 알고 있다. 현지 안
내원(조선족)은 그 증거물이 있다면서
우리를 옛 서시 터로 안내했다. 복잡한
길 한가운데 자그마한 거리공원 비슷한
곳에 나지막한 개원문(開遠門)이 세워
져 있다. 개원문이란 '먼 길 떠나는 시작을 알리는 문'이란 뜻이다. 문에 들어서면
낙타 등에 짐을 가득 싣고 서쪽으로 길 떠나는 대상을 형상화한 '실크로드 기점 군
상'이라는 석조물이 나타난다. 고행길이지만 7월의 석양볕에는 생기가 감돈다. 안
내원의 설명을 듣거나 조형물만 보면 영락없이 시안을 실크로드 오아시스로의 출
발지로 착각하게 된다. 그도 그럴 것이 시안은 동서 문명의 접합지라는 입지조건
외에, 실크로드의 개척과 숱한 연고로 얽혀 있기 때문이다.

　기원전 한나라 무제는 멀리 서쪽(오늘날의 아프가니스탄)으로 쫓겨 간 월지(月氏)
와 결맹해 숙적 흉노를 동서에서 협공하려고 장건(張騫)을 파견한다. 시안을 떠난
장건은 천신만고 끝에 월지를 찾아갔으나 이미 반(反) 흉노의 전의를 버리고 안주
하고 있던 월지를 움직일 수 없어 사행임무는 실패한 채 귀국한다. 그가 오간 길은
오아시스로의 남·북도다. 장장 13년이 걸린 장건의 이 제1차 서역사행을 역사에서
는 '서역착공(西域鑿空)', 즉 서역 길의 개척으로 본다. 사실 이 서역착공을 계기로

이슬람교 사원인 시안 청진대사 옆 시장에서 이슬람 복장을 한 여주인이 물건들을 정리하고 있다.

파미르 고원을 중심으로 한 오아시스로가 처음 뚫렸으며, 그 시발점은 당시 한나라 수도인 장안이었다. 그래서 당대까지 개척된 오아시스로의 남·중·북도의 기점도 모두 장안으로 인식되어 왔다.

이와 더불어 동서 문명을 절묘하게 접합시킨 여러 유물들은 요로에 자리한 시안의 위상을 더욱 드높였다. 중국 최대의 '석조문고'라는 비림(碑林)은 말 그대로 비석으로 숲을 이룬 박물관인데, 여기에는 한대부터 청대에 이르기까지 역대 명필들의 글을 새긴 석비 1,095기가 소장되어 있다. 그중 특별히 눈길을 끄는 것은 2호실에 있는 '대진경교유행중국비(大秦景敎流行中國碑)'다. 높이 2.7미터나 되는 이 비석에는 경교, 즉 고대 기독교의 일파인 네스토리우스파의 신앙적 교리와 의례가 간략하게 개괄되어 있으며, 7세기 중엽 중국에 들어온 이래 약 150년 간(태종~덕종 5대) 중국에 전파된 과정 등을 기록하고 있다. 781년 세워진 이 비가 어디서 만들어졌는가에 관해서는 이러저러한 견해가 있으나, 장안이 아니면 그 부근이라는 데는 이의가 없다.

이 비는 동양에서 가장 오래된 기독교 관련 비로서 경교를 포함한 고대 동방기독교의 전파상을 알려주는 귀중한 유물이다. 경주 불국사에서 발견됐다는 돌 십자가와 발해 유적에서 나온 협시보살의 십자가상 등 국내 고대 기독교 관련 유물은 경교의 동방 전파와 관련된 것으로 보인다. 그래서인지 기독교 동전사(東傳史) 연구의 권위자인 골든(E. A. Goldon) 여사는 1917년 이 비의 모조품을 금강산 장안사(長安寺) 경내에 세우기도 했다.

비의 의장이나 내용에서 주목되는 것은 동서 문명 간의 융합상이다. 의장에서 보면, 비는 상부와 비신, 좌대의 세 부분으로 구성되어 있는데, 상부는 용이 큰 여의주를 받쳐 들고 있고, 그 바로 밑에 십자가가 연꽃과 뜬구름 속에 새겨져 있다. 이것은 기독교(십자가)와 더불어 불교(여의주)와 도교(뜬구름)의 요소가 섞였음을 말해준다. 내용 면에서도 다른 종교와의 융화현상이 두드러진다. 적지 않은 교리적 개념들이나 용어들을 불교나 유교, 도교에서 빌려다 쓰고 있다. 예컨대, 하느님을 건(乾), 종교를 법, 주교를 법주, 구원을 제도, 사원을 법당이라고 칭하는 식이다. 그래서 일부에서는 '비경비불(非景非佛)', 즉 경교도 아니고 불교도 아니라는 혹평까지 내린다. 또 이 박물관 5호실에는 최근 시안 기차역 공사 때 발굴된 보살상 한 점을 전시중인데, 목걸이·복식 등으로 미루어 헬레니즘 문화의 영향을 받은 초기 간다라 상으로 짐작된다.

기독교와 더불어 서방 종교의 동전(東傳)에서 빼놓을 수 없는 것이 이슬람교다. 그래서 땅거미 질 무렵이지만 시안 청진대사(淸眞大寺)를 찾았다. 8세기 중엽 세워진 이 사원은 중국에서 가장 오래된 4대 사원 가운데 하나다. 마침 저녁예배 시간이라서 예배드리러 오는 사람들이 삼삼오오 모여들기 시작한다. 15년 전에 찾아왔을 때보다는 확실히 많은 사람들, 특히 젊은이들이 눈에 띄어 무언가 변화의 조짐이 예감되었다. 이 사원은 중국 전통식 건물로서 이슬람 사원이라면 으레 있어야 할 '미어자나(예배 시간을 알리는 첨탑)'가 따로 없다. 40대의 이맘 쟈산번(賈善本, 교명은 무함마드 이스하끄)은 사원 내부를 안내하고 아랍어 경문이 적힌 선물까지 주는 친절을 베풀었다. 방학이라서 20여 명의 어린 학생들이 종교연수를 하고 있다고 한다.

시안은 동서문물의 집산지이고 교역장일 뿐만 아니라, 동서양인들의 활동무대

실크로드 기점 군상에 아이가 올라가 놀고 있다.

이기도 했다. 가장 번성했던 당대에 동서양 각지를 드나든 사신이나 상인, 승려, 유학생, 연예인 등 이른바 '교류인'들은 더 말할 나위가 없고, 상주하는 외지인들도 부지기수였다. 안녹산을 비롯한 번장(藩將)이나, 시선 이백(李白), 양귀비 같은 위인도 서역 출신이었으니 말이다.

아무튼 시안은 동서 문명을 한곳에 아우른 거대한 박물관이다. 중국 당국은 지금 교외의 진시황릉과 거기서 1,500미터 떨어진 병마용(兵馬俑) 박물관까지 합쳐 외성이 6.2킬로미터에 달하는 세계 최대의 박물관을 세울 계획을 짜고 있다고 한다. 역사를 간직한 박물관이야 어떻게 설계하고 확충하든 간에 분명한 것은 시안이 오아시스로의 중요 길목에 자리 잡은 동서 문명의 접합지일 뿐, 결코 길의 동쪽 끝이거나 출발지는 아니란 점이다. 이를 반영하듯, '파수절류(灞水折柳)'와 '위수절류(渭水折柳)'라는 말이 전해 온다. 동쪽으로 떠나는 사람들에게는 파수 가에서, 서쪽으로 떠나는 사람들에게는 위수 가에서 버드나무를 꺾어 둥근 고리를 만들어 주었다는 고사다. 고리를 뜻하는 한자 환(環)은 '돌아오다'는 뜻의 환(還) 자와 발음이 같으므로 빨리 돌아오라는 염원을 담은 작별인사가 된다. 이처럼 시안은 길의 끄트머리가 아니라, 길손들이 동서로 떠나가는 길목에 자리하고 있었다. 시안이 한반도를 포함한 동쪽의 여러 지역이나 나라들과 오아시스로를 통해 교류를 지속해 왔다는 사실을 감안하면 이 점은 더욱 명백해진다. 이 점을 이해하고 인정하는 것은 오아시스로를 포함한 실크로드 전반에 대한 통념을 깨고 그 실체에 다가가는 길이다. 통념은 자칫 눈을 멀게 하는 법이다.

03 선현들의 체취가 배어 있는 고도
시안에서 우리 고승들의 향내를 맡다

　　　시안 곳곳에는 우리 선현들의 고귀한 발자국이 찍혀 있다. 그 자국들을 하나하나 추적할 때면 늘 그분들의 훈훈한 체취를 가슴 뿌듯이 느끼곤 한다.

　시안에 도착해 처음 찾은 곳은 시내 동남쪽 24킬로미터 지점의 야산 기슭에 자리한 흥교사(興敎寺)다. '호국흥국사'라고 쓰인 벽돌 정문을 들어서니 고색 짙은 대웅전이 나타난다. 안에는 금동와불상을 비롯해 당대부터 청대까지 조성한 불상들이 모셔져 있다. 그 가운데서 눈길 끄는 것은 미얀마에서 보내온 높이 30센티미터 가량의 백옥좌불상이다. 아담한 체구에 통통한 얼굴, 금칠한 주름가사를 걸친, 청아하기 이를 데 없는 불상이다.

　대웅전을 나서니 오른쪽 벽돌담장 너머로 나무숲에 싸인 고탑 3기가 모습을 드러낸다. 가운데 우뚝 솟은 탑은 높이 23미터나 되는 현장탑(玄奘塔, 일명 三藏塔 혹은 大遍覺塔)이다. 그 오른쪽은 기사탑(基師塔), 즉 규기탑(窺基塔)이고, 왼쪽은 측사탑(測師塔), 즉 원측탑(圓測塔)이다. 원측탑은 5층 현장탑보다 훨씬 낮은 3층 전탑이나, 그 주인공은 신라 왕손 출신으로 불학에 일가견을 이룬 원측(613~696) 법사다. 우리는 경건하게 옷깃을 여미고 두 손 모아 예를 올렸다. 1층에 법사의 진흙상이 새겨져 있다.

　그는 15세에 중국에 들어가 장안에서 고승들로부터 수학한 다음 인도에서 돌아온 현장삼장의 문하생으로 역경과 학문에 정진해 수제자가 된다. 스승과 더불어 우주만물의 본질을 인식하는 유식학(唯識學)을 깊이 터득해 중국 불교의 핵심인 법상종을 일으켰다. 법사는 산스크리트어 등 외국어에 비상한 재간이 있어 경전 번역에도 큰 업적을 쌓았다. 삼장의 다른 제자인 규기 쪽이 '현장의 지식을 가로챘다'는

흥교사 법당 안쪽에 모신 커다란 와불상이 관람객들의 눈길을 끈다.

등의 터무니없는 시기와 모략을 폈지만 원측은 『유식논서십권』 같은 명저들을 남긴 대학승으로, 오늘날까지도 세계적인 명성이 이어지고 있다.

생불로까지 추앙 받은 법사는 당 태종의 명에 따라 서명사(西明寺)에 주석하다 84세에 입적했다. 그의 유해는 향산사(香山寺)에서 다비되어 백탑에 봉안됐다가 송나라 때 다시 분골해 현장탑 옆에 모셔졌다. 흥교사 홍보책자에는 법사가 어릴 적부터 총명해 경문은 한 번 듣고 읽기만 해도 내용을 통달했으며, 현장법사를 도와 많은 경전을 번역함으로써 법상종 비조의 한 사람이 되어 불교의 동방전파에 기여했다는 찬사가 적혀 있다.

필자가 이 절을 찾은 다른 이유는 현장이 인도에서 가져와 이 절에 보관해 온 패엽경(貝葉經) 진본(너비 10 × 길이 80센티미터)을 보려는 것이었다. 패엽경이란 종이가 없던 시절 서남아시아 지역에서 나는 탈라라는 나무의 잎사귀에 적은 불경본을 말한다. 초기 불경은 물론, 종이 연구에서도 중요한 의미가 있는 유물이다. 공교롭게도 절 쪽에서는 유물 관리자가 열쇠를 지닌 채 외출했다며 끝내 보여 주지 않았다. 문틈으로 보관함을 잠깐 흘겨보기만 했다.

아쉬움 달래며 절을 떠나 서남쪽으로 한 시간쯤 달렸다. 혜초 기념비가 있는 쩌우즈 현(周至縣) 진펀(金盆) 댐 기슭에 이르렀다. 혜초는 인도에서 돌아와 만년 오대산에 들어가기 전까지 50여 년 동안 장안에 머물렀다. 스님만큼 오랫동안 장안에서 활동하면서 확연한 발자취를 남긴 한국인은 드물다. 스님은 세계 4대 여행기의 하나로 꼽히는 『왕오천축국전』을 펴냈을 뿐 아니라, 천복사(薦福寺)와 대흥선사(大興善寺)에 주석하면서 밀교 연구와 전파에 한생을 바쳤다. 천복사에서 스승 금강지(金剛智)와 8년 간 밀교경전을 연구하고, 대흥선사에서는 또 다른 스승인 불공삼장(不空三藏)의 강의를 수강하며 그의 6대 제자 중 한 사람이 됐다. 관정도량 등의 밀교의식을 주도했으며, 스승이 입적했을 때 그가 제자들을 대표해 황제에게 올리는 표문을 짓기도 했다. 궁중 원찰인 내도량에서 '지송승(持誦僧)'이라는 중책을 맡고 황제가 사는 대명궁에 수시로 드나들 정도로 신망이 높았다.

그러나 스님에 관한 우리의 연구는 아직 너무나 미흡하다. 이런 송구함이 늘 가

슴속에 응어리로 남아 있어, 시안에 올 때마다 행여 스님에 관한 부스러기 정보라도 얻을까 귀를 쫑긋 세우고 다녔다. 지금 찾아가는 길도 그런 심경과 바람에서이다. 꼭 10년 전 늦가을, 궂은비가 스산하게 내리던 날, 묻고 물어 시안에서 60킬로미터쯤 떨어진 쩌우즈 현헤이수이취(黑水谷)에 있는 선유사(仙遊寺)의 옥녀담(玉女潭) 거북바위를 찾아갔다. 774년 1월 스님이 대종의 명을 받아 기우제를 지낸 곳이다. 철야기도 이

시안 흥교사에 있는 3층 원측탑(측사탑).

'신라국고승혜초기념비'가 세워진 시안 쩌우즈 현 진펀 댐 기슭에서 만난 선유사 주지 창핑 스님. 답사단을 보내며 아쉬운 듯 합장한 채 인사를 했다.

레 만에 마침내 명주실 같은 감로수가 하늘에서 쏟아져 내렸다고 한다. 10년 전, 선유사 관리원은 어쩌면 필자가 옥녀담을 보는 마지막 한국 손님이 될 것이라고 예언했다. 과연 몇 해 뒤 그 곳을 흐르는 흑하(黑河)를 막아 댐을 만드는 통에 선유사와 옥녀담은 수몰되어 자취를 감추고 말았다. 그 댐이 바로 지금의 진펀 댐이다.

진펀 댐 관리소는 고갯마루에 있다. 이곳에서 나지막한 산기슭에 옮겨다 지은 선유사 탑과 2001년 세운 '신라국고승혜초기념비' 정자가 아스라이 보인다. 우리가 도착했다는 소식을 듣고 선유사 주지 창핑(常平) 스님이 총총걸음으로 다가왔다. 며칠 전 내린 비 탓에 질퍽거리는 황토와 풀숲을 헤치며 스님을 따라갔다. 정자는 그런대로 아담해 보이나, 비석은 관리가 너무 허술하다. 세운 지 4년밖에 안 되었는데도, 비문 글자가 군데군데 떨어져나가고, 낙서마저 덮치니 마냥 몇 백 년 된 낡은 유물처럼 보인다. 또 선유사는 탑만 덩그러니 옮겼을 뿐, 시설은 복원하지 못하고 있다. 오가는 길도 없다.

안타까운 마음에 이유를 물었더니, 스님은 수심어린 표정으로 지원이 끊겼기 때문이라고 설명한다. 기념비 제막식에는 몇몇 한국인들이 왔으나, 지금은 오는 한국인들이 별로 없다고 한다. 마음을 후비는 채근으로 받아들였다. 함께 기념사진을 찍자고 하니 한걸음에 거처를 다녀와 땀이 밴 옷을 새 옷으로 갈아입고 나온다. 오래도록 서서 손을 저으며 우리를 바래 주었다. 그 모습이 지금도 눈에 선하다.

기념정자 곁에는 '혜초기우제평'이라고 새긴, 옥녀담 거북바위에서 뜯어온 돌 한 덩어리가 놓여 있다. 그 돌덩어리를 보는 순간, 수몰 전 옥녀담과 그 위에 가로 놓였던 다리, 그리고 다리 너머에 있던 선유사의 모습이 삼삼히 떠오른다. 정자에서 그쪽을 바라보니 100미터 깊이에서 뿜어내는 물보라에 가려 온통 뿌옇고, 갑문만 희끄무레하게 보일 뿐이다. 착잡한 심경 속에 50미터쯤 내려오는데, 웬 비석 하나가 앞을 가로막아 서 있다. 당나라의 시와 미주(美酒)를 사랑했다는 임전방(林田芳)이라는 일본 서예가를 기려 2년 전 세운 비석이다. 혜초 기념비보다 한결 깔끔하다. 하필이면 별 연고도 없는 이곳에 비를 세운 까닭이 무엇일까. 씁쓸한 뒷맛을 느끼며 발길을 돌렸다.

이상의 두 분 승려 말고도 장안에 발자국을 남긴 선현들로는 불원천리 이곳에 파견된 사절들을 들지 않을 수 없다. 건릉(乾陵)의 사절석상과 이현묘(李賢墓)의 예빈도(禮賓圖) 속에서 그들의 면면을 찾아볼 수 있다. 시안 서북쪽 80킬로미터 지점에 있는, 높이 1천여 미터의 양산(陽山)을 이용해 만든 건릉은 당나라 3대 황제 고종과 측천무후의 합장묘다. 500미터의 참배 길을 따라 양편에 타조, 돌말, 돌사람, 돌사자 등 외호석물이 배치되어 있다. 그 다음으로 동서 양쪽에 머리가 잘려나간 61기의 외국사절석상이 늘어서 있는데, 동군은 동쪽 나라, 서군은 서쪽 나라에서 온 사절들이라

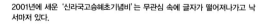
2001년에 세운 '신라국고승혜초기념비'는 무관심 속에 글자가 떨어져나가고 낙서마저 있다.

고 한다. 원래 사절의 국적과 이름은 각기 상의 등에 새겨져 있었으나 대부분 닳아 없어져 호탄국 등 4개 국 사절만 확인될 뿐이다. 관심거리인 신라 사절은 복식과 체형상 특징으로 볼 때 긴 망토 형 누부마기를 오른쪽으로 여며 걸쳐 입고 허리엔 띠를 맨 동군의 제3열 제2상이 아닐까 추정하기도 한다.

비교적 애매모호한 건릉의 사절석상에 비해 이현묘의 예빈도에 등장하는 사절의 신분은 좀 더 확실한 추정이 가능하다. 이현(654~684)은 고종의 여섯째아들로서 장회태자(章懷太子)로 봉해졌으나 어머니 측천무후의 박해를 받아 유배되었다가 자결을 강요당한다. 그의 형인 중종이 등극하자 동생을 복권시켜 건릉 곁에 묻었다. 그의 묘에서는 많은 벽화가 발견되었는데, 예빈도는 그 가운데 하나다. 이 예빈도는 묘길의 양쪽 벽에 그려진 것인데, 서벽은 파손되고, 동벽의 것만 남아 있다. 이 남은 그림 속에 외국 사절 세 명이 보이는데, 그중 조우관(새 깃을 꽂은 모자)을 쓴 사절이 하나 보인다. 그가 어느 나라 사람인가는 지금껏 논란거리다.

논란도 논란이거니와 벽화의 사료적 가치도 높고 하여 이 벽화를 소장한 산시성 박물관을 찾아갔다. 어렵사리 관리자인 판공실 주임을 만나 실물을 봐야 할 필요성을 거듭 역설했다. 하지만 벽화가 땅바닥에 떨어지는 사고가 일어난 뒤로는 매주 월·수·금 오후 3~6시에만 전담자가 공개한다면서 오늘은 화요일이니 불가능하다고 잡아뗀다. 유물을 보려면 1인 당 중국 돈 100원을 물어야 한다고 한다. 실물은 못 보고 현관 모사도에서 조우관을 쓴 사절을 보는 것으로 만족했다. 한때 그를 두고 일본인이니 발해인이니 하는 견해도 있었으나, 지금은 신라인 설에 무게가 쏠리며, 고구려인이란 주장도 있다. 신라인이건 고구려인이건 간에 어쨌든 조우관을 쓴 사절이 한반도에서 온 사람임에는 틀림없으니, 그 정도 확신으로도 안도감을 느꼈다.

시안을 찾는 한국 관광객들은 날로 늘어난다고 한다. 몇몇 명소에만 현혹되지 말고, 선현들의 체취가 밴 곳들을 우선 찾아가 참뜻을 되새기고 기리는 것이 후손들의 도리가 아니겠는가.

오아시스 육로의 병목, 둔황
신 비 한 문 명 의 샘 , 솟 아 나 는 개 발 의 기 운

시안을 떠난 비행기는 중원의 밋밋한 황토평원과 모래바다가 끝없이 펼쳐진 고비사막 언저리를 두 시간 남짓 가로질러 둔황 공항에 착륙했다. 백양나무와 미루나무 잎사귀들이 자동차 불빛에 어른거리는 포장길을 10여 분 달려 둔황 산장에 도착했다. 산장은 흙벽돌로 지은 사막풍의 단층 건물로 사막의 나그네들에게는 제법 어울리는 숙박소다. 마침 안마당에서는 둔황 가무단의 공연이 한창이다. 악사들의 악기나 악곡, 무희들의 춤사위나 의상은 모두 이곳 막고굴 벽화에서 본떠 와 한결 우아하고 고풍스럽다.

중국 학자들은 둔황을 '인후'에 비유한다. 마치 입에서 식도와 기도로 통하는 목구멍과 같다는 뜻이다. 하서회랑을 거쳐 몰려드는 동방 문물이 이곳을 지나면 몇 갈래의 길로 갈라져서 시원스레 빠져나가며, 반대로 그 길들을 거쳐 밀려오는 서역 문물은 이곳을 어렵사리 지나서야 동방에 전해지기에 그렇게 부른다고 한다. 우리말로 비유하면 병목이다. 이제 우리는 그 병목을 지날 참이다. 병목이니만치 얽히고설킨 이야기가 수없이 많다. 이런 호칭 말고도 둔황은 동서 문명의 '보물고'니 '미술관'이니, 화융(華戎: 한족과 서역인)이 '뒤섞여 사는 도시'니, '사막의 대화랑'이니 하는 등 여러 가지 상징적 이름으로 불리기도 한다. 그만큼 둔황은 지정학적으로나 문명교류사적으로 돋보이는 고장이다.

'크게 번성하다'라는 뜻을 지닌 둔황은 깐수성(甘肅省)과 칭하이성(靑海省), 신장성(新疆省)이 만나는 교통요지로서 신석기시대부터 사람들이 살기 시작했다. 춘추전국시대에는 수박과 참외 같은 과일이 많이 난다고 해서 과주(瓜州)라고 불렸으며, 월지(月氏)와 오손족(烏孫族)들의 방목지였다. 진나라와 전한 초에는 흉노가 차지했다가, 기원전 2세기 전한의 영역에 들어오자 하서(河西) 4군의 하나인 둔황

옥문관에서 둔황 시내로 돌아올 때 멀리서 바라본 밍사산 줄기가 황홀한 신기루처럼 보였다.

군을 설치했다. 5호16국시대에는 전량(前涼)의 영지가 됐으며 모래가 많은 곳이라
는 뜻에서 사주(沙州)라고 고쳐 불렀다. 한때 단명한 서량(西涼)의 도읍이 되기도
했다. 둔황이 도읍이 된 것은 그때가 처음이자 마지막이었다.

5세기 북위가 점령했을 때는 둔황진으로 개명했고 수·당대에 다시 둔황군으로
원상복귀했다. 당나라 전반기에 전성을 누렸지만, 후반기에는 일시적으로 토번(吐
蕃, 티베트)에게, 11세기 초엽부터는 서하(西夏)에게 190여 년 동안 점령당한다. 이
때 1천여 년의 둔황 역사를 증언하는 막고굴(莫高窟)은 땅속에 묻히고 만다. 서하를
멸망시킨 원대에는 사주로, 명대에는 사주위로, 청대에는 둔황현으로, 지금은 둔
황시로 조대마다 이름이 바뀌었다. 기복이 잦은 둔황의 연혁은 막고굴을 비롯한 주
변 유적에 그대로 투영되어 있다.

역사의 고비고비를 슬기롭게 이겨 온 둔황은 오늘날 옛 영광을 되찾는 성싶다.
거리 중심에 오뚝하니 선 '비파를 켜는 처녀상'이 그것을 상징한다. 신이 나서 한

발을 치켜들고 비파를 머리 뒤로 돌려 가며 켜대는 처녀의 모습은 퍽 발랄하고 활기차 보인다. 18만여 명에 달하는 둔황의 주민 대부분은 한족이고 회족, 티베트족, 위구르족 등 10개 소수민족은 1퍼센트에 불과하다. 녹지(오아시스) 면적은 전체 면적의 4.5퍼센트밖에 안 되지만, 지롄산(祁連山)에서 발원하는 길이 390킬로미터의 당하(黨河)가 시내를 관통한다. 여기에 초당 3톤씩 뿜어내는 샘물까지 합쳐지니 사막의 녹지 중 녹지다. 사막답지 않게 푸르싱싱한 면화와 과일밭이 눈길을 끈다.

실제로 둔황은 깐수성 최대의 면화와 과일 산지다. 시 산하 2개 진 중 하나인 치리진(七里鎭)은 유수의 원유단지로 부상하고 있다. 중국이 야심 차게 진행중인 '서부대개발'의 중심지 중 하나라고 한다. 별로 크지는 않지만 아담한 오아시스 도시로서 둔황은 오늘도 예나 다름없는 병목 구실을 하고 있다. 중국의 주요 도시들을 연결하는 공항과 기차역에는 매일 수천 명의 교통 인구가 든다고 한다. 시내에 실크로드호텔을 비롯한 현대적 호텔만도 10여 곳이고, 도로는 말끔하게 포장되었으며, 곳곳에서 신축공사가 벌어지고 있다.

서부대개발의 바람을 타고 성황을 이루고 있는 둔황 산장호텔의 로비. 흙벽돌로 지은 호텔의 사막풍 건물은 옛날 대상 숙소(캐러반 사라이)를 연상케 한다.

오늘의 둔황이 뿜어내는 모든 기염은 실크로드의 재발견을 실감케 한다. 그러나 그 밑그림은 영화로웠던 과거에 그려진 것이다. 어제의 둔황은 한마디로 문명의 보고이자 성지다. 국가의 보호를 받는 보물만도 59곳이나 있으며, 밍사산(鳴沙山)과 월아천(月牙川)은 전국 40대 관광명승지의 하나로 꼽힌다. 둔황의 명승유적 가운데 단연 백미는 세계문화유산으로 지정된 막고굴이다. 매번 찾을 때마다 가슴을 설레게 하는 막고굴은 보면 볼수록 깊어지는 그 오묘함과 신비의 세계에 매혹되어 때로 무아지경에 빠지기도 하고, 때로는 황홀한 선경 속에서 헤매게 되기도 한다.

둔황에서 동남쪽으로 약 20킬로미터 떨어진 지점에 이상야릇한 전설로 가득한 밍사산이 있다. 이 산의 동쪽 끝 깎아지른 절벽에 1.6킬로미터에 걸쳐 벌집 같은 석굴들이 뚫려 있다. 바로 막고굴이다. 일명 천불동이라고도 한다. 그것을 문자 그대로 풀이하면, 1천 기의 불상을 모신 동굴이라는 뜻으로 해석하는 것이 지금은 중론이다. 그도 그럴 것이 신장을 비롯한 몇 곳에 천불동이라는 이름의 동굴들이 더 있기 때문이다. 그러나 여러 천불동 가운데 둔황의 천불동이 단연 으뜸이다.

막고굴은 4세기 중엽 전진 시대에 악준(樂僔)이라는 승려가 처음 개굴하기 시작했다. 이후 원대까지 1천여 년 동안 각 왕조에 걸쳐 계속 뚫고 지은 것이다. 지금 남은 석굴은 550여 개이며, 소상과 벽화가 있는 굴은 474개다. 전체 석굴 안에는 4,400여 구의 소상과 연면적 약 4,500평방미터에 달하는 벽화가 있다. 이 벽화들을 1미터 폭으로 나열하면 무려 45킬로미터에 달한다고 한다. 이러한 소상이나 벽화에 못지않은 가치를 지닌 것이 이른바 '둔황문서'다. 한문, 산스크리트어, 위구르어, 소그드어, 쿠처어, 호탄어, 티베트어, 몽골어 등 다양한 언어로 쓰인 문서는 모두 합쳐 3만여 점이나 된다. 불교 관련 내용이 중심이지만, 동서교류 관계를 전해 주는 『왕오천축국전』이나 『인도제당법(印度製糖法)』 같은 진서, 마니교와 경교의 경전도 있으며, 심지어 사원의 경영 기록이나 호적, 토지문서 같은 공사(公私)문서도 있다. 그 보물들은 근 백 년 동안이나 명맥을 이어 오는 '둔황학(敦煌學)'의 마르지 않는 샘이 되고 있다.

1899년 헝가리 지질학자 로치(L. de Loczy)가 처음으로 막고굴을 탐방한 이래 숱한 이방인들이 탐험이라는 이름 아래 이 비장의 보물고에 앞 다퉈 모여들었다. 더러는 순수한 탐험심에서 왔지만, 대부분은 편취자(騙取者)의 오명을 스스로 뒤집어쓰는 행각을 벌였다. 영국의 탐험가 스타인(A. Stein)은 석굴의 주지인 왕원록(王圓籙) 도사를 꾀어 사경류(寫經類) 20상자와 회화류 5상자를 마제은(馬蹄銀: 말굽 모양의 중국 은화) 40닢과 바꾸어 런던으로 보냈다. 프랑스의 동양학자 펠리오(P. Pelliot) 역시 왕 도사를 매수해 사경류 1,500여 권이 든 24개의 상자와 회화·직물류 5상자를 헐값에 사들여 프랑스로 직송했다. 뒤이어 약삭빠른 일본의 오타니(大谷) 탐험대가 왕 도사가 숨긴 잔여 문서 중 500여 권의 사본을 챙겨 갔다. 뒤질세라 러시아의 고고학자 올덴부르그(S. F. Oldenburg), 미국의 고고학자 워너(L. Warner)도 한달음에 달려와 같은 수법으로 각각 벽화 10장과 20여 장을 뜯어 갔다. 무모한 외국 편취자들에 의해 뜯기고 찢긴 상처는 지금도 곳곳에 남아 있다.

그때는 주인이 약해 속여 넘길 수 있어서 그렇게 됐다손 치더라도 지금은 엄연한 주인이 나서서 장물을 되돌려달라고 해도 무슨 '문화유산의 보편주의적 가치' 운

막고굴의 상징인 높이 35미터의 북대불전(9층 누각) 전경.

온히먼서 앙탈을 부리고 있나. 문화유산은 어디에 있든 간에 창조자인 주인에게 되돌려줘야 한다는 것은 일종의 불문율이다. 저들 박물관의 공동(空洞)에 안달이 나 남의 유산을 사취해 놓고는 아닌보살하는 것은 공분을 피할 수 없는 작태다. 우리도 이러한 뼈아픈 경험을 겪고 있지 않은가.

막고굴이 약 반세기의 수난사를 접고 진정한 주인에 의해 다시 빛을 발하고 있는 것은 모두에게 퍽 다행스러운 일이다. 그 과정에서 막고굴에 관한 연구나 기사는 안내원 말대로 수레 몇 대에 실어도 다 실을 수 없을 정도로 엄청나다. 필자가 그간 몇 차례 찾았지만, 갈 때마다 무언가 새록새록 느껴지고 안겨 오며, 얻게 되는 것이 있어 마냥 신비스럽기만 하다.

이번 여정에는 일반 관광객들에게 공개하는 몇 굴에다가 특별히 보고 싶은 다섯 굴을 합해 모두 15굴을 둘러봤다. 이번 답사의 화두 중 하나는 과연 그 뛰어난 벽화를 누가 그렸는가 하는 화사(畵師) 찾기다. 벽화 여기저기에 돈 많고 권세 있는 귀인들의 공양이나 시주로 그려졌다는 기록은 있어도, 그 어디에도 누가 그렸다고 밝힌 것은 없다. 조대마다 전해오는 몇몇 명화가들로는 그 엄청난 그림들을 그릴 수가 없었을 터, 분명 수많은 화사들의 위대한 지혜가 빚은 결과물일 것이다.

막고굴 북쪽 끝에는 벌집처럼 뚫린 동굴군이 있다. 조사 결과 물감 그릇과 안료 등이 남아 있는 점으로 미루어 화공들 주거지였음이 밝혀졌다. 그들은 어리 같은 비좁은 방에서 헐벗고 굶주리고 새우잠을 자면서 위대한 '사막의 대화랑'을 일궈냈다. 장경동(藏經洞)에서 발견한 조승자(趙僧子)의 '전아계(典兒契)'라는 문서에는 공장도료(工匠都料: 도편수)인 그의 살림이 하도 구차해 아들을 6년 동안 친구에게 전당 잡히고 보리 20석과 좁쌀 30석을 얻었다는 내용이 적혀 있다. 다른 한 장의 문서에는 공장들의 고달픈 처지를 이렇게 시로 토로하고 있다.

> "공장은 재주를 배울 필요가 없나니(工匠莫學巧)
> 재주가 있으면 남의 부림이나 받게 된다(巧卽他人使)
> 내 몸은 태어날 때부터 노예 신세이고(身是自來奴)
> 아내 역시 벼슬아치들의 노비로다(妻亦官人婢)."

노예 신세에 있는 공장들에게는 재주가 오히려 화근이 된다는 역설적인 부르짖음이다. 『역대명화기(歷代名畫記)』에는 당나라 때의 명화가 염립본(閻立本)에 관한 다음과 같은 일화를 싣고 있다. 어느 날 그는 태종의 봄놀이에 함께 행차했는데, 연못에서 노는 진귀한 새를 그려 보라는 명을 받는다. 그는 땀을 흘리며 이리저리 뛰어다니고 연못 주변에 엎드리기까지 하면서 그려 바쳤다. 그는 이를 부끄럽게 여겨 훗날 아들에게 "화가로서 유명하게 되어도 이리저리 뛰어 다니는 심부름꾼과 다름 없다. 그림을 배워서는 안 된다"라고 훈계를 내렸다고 한다. 명화가의 경우가 이러했으니, 일반 화공들의 처지야 더 말할 나위 없이 비참했을 것이다.

막고굴에 남은 불후의 화폭 하나하나는 모두 천대받고 멸시당하던 민초 화공들의 손끝에서 나온 걸작들이다. 인류의 거룩한 문명은 모두 노동하는 민초들에 의해 만들어진다. 일시 천하를 발호하던 군주도 죽으면 한 줌 흙이 되어 쓸모없는 해골만 남기지만, 이름이 남겨지지 않은 공장들은 영생하는 작품을 남겨 놓는다. 돈과 권력만을 능사로 여기며 학문과 예술, 민중을 업신여기는 세태에 대한 경고로 받아들여야 할 것이다.

05 막고굴이 간직한 한국 문화유산

'신라승탑'에서 혜초의 입적지를 예감하다

　　　　　　열사의 사막도 새벽만 되면 서늘해진다. 사막은 그 서늘함에서 어제의 더위를 씻어낸다. 밀려드는 새벽잠을 쫓아내고, 모래산이 날카로운 능선 너머로 떠오르는 신비의 해돋이 장관을 만끽하려고 둔황에서 남쪽으로 4킬로미터쯤 떨어진 밍사산 어귀에 새벽 6시 전에 도착했다. 그러나 '뛰는 놈 위에 나는 놈이 있듯' 벌써 사람들로 붐빈다. 밍사산은 불어대는 강풍에 무너져내리는 모래 소리가 산울림처럼 들린다 해서 붙여진 이름이다. 높이가 1,600여 미터나 되며 길이만도 동서 40킬로미터, 남북 20킬로미터나 되니 모래산치고는 드물게 큰 산이다.

　낙타를 타고 산기슭에 이르러 모래산 경사면에 기다랗게 드리운 나무계단을 타고 가까스로 정상에 올랐다. 오르는 데 30분이 걸렸다. 이윽고 사막의 아스라한 지평선 너머에서 금빛 햇살이 부챗살처럼 펼쳐진다. 어느새 잔잔하던 모래 바람이 윙윙거리기 시작한다. 밍사산은 제 등성이에 오래 머무는 것을 허용치 않는 모양이다. 멀리 푸른 물감으로 점 찍어 놓은 듯한 둔황 시가지가 한눈에 안겨 온다. 둔황 사람들은 단옷날 이 산에 올라가 미끄럼을 타면 한 해의 액을 면한다고 믿어 오고 있다. 그러나 지금은 믿음이 상술로 변해서인지 100여 미터 높이의 산 중턱에서 돈을 받고 함지박 같은 미끄럼대를 빌려 준다. 모래 바람 흩날리며 미끄럼 타는 사람들은 남녀노소 따로 없이 모두들 액땜에 신이 나 한다.

　산기슭에는 초승달 모양의 신비로운 월아천(月牙泉)이 고여 있다. 2천여 년 전부터 기록에 나오는 이 월아천은 마를 새 없이 사막의 나그네들에게 마실 물을 대 주는 천혜의 생명수다. 길이가 동서 224미터, 남북으로 최대 39미터, 깊이 2미터쯤 되는 샘물가에는 이름 모를 수초들이 파릇파릇하다.

새벽의 서늘함은 가뭇없이 사라지고 뙤약볕이 내려쬐기 시작한다. 온도차는 20도가 넘는다. 열사의 험로를 누벼야 하는 우리네 '고행'은 이제 막이 오른다. 산장에서 동남쪽을 향해 25킬로미터쯤 황량한 사막을 달려 막고굴에 도착했다. 막고굴고급 해설원이자 한국둔황학연구회 회원인 리신(李新) 선생이 문어귀에서 기다리고 있었다. 첫 대면이지만 미리 들어서 알고 있다면서 반갑게 맞아 주었다. 리 선생은 막고굴의 한국 관련 유물을 연구하고 한국에 소개하기 위해 10여 년 전부터 한국어를 독학해 왔다고 한다. 지금은 제법 유창한 한국어로 전문가답게 안내를 전담하고 있다. 이런 분이 있다는 것은 이곳을 찾는 한국 사람들에겐 행운이 아닐수 없다.

우리가 처음 찾아간 곳은 17호 굴이다. 이 굴은 막고굴의 북쪽 끝부분에 자리한 3층 누각 1층에 있는 16호 굴 안 곁간굴이다. 사방이 10미터 정도로 막고굴에서는 꽤 큰 굴에 속하는 16호 굴 전실에서 연도로 들어서자 오른쪽 벽면에 '017'이라는 번호가 붙어 있는 17호 굴의 작은 벽문이 나타난다. 높이 180센티미터, 폭은 아래넓은 부분이라야 92센티미터에 불과해 보통사람이 겨우 드나들 수 있는 작은 문이다. 안을 들여다보니 굴 크기는 사방이 3미터쯤 되는데, 중앙에 당나라 고승 홍변(洪䛒)의 소상이 있다. 상의 좌우에는 미녀와 비구니가 고승을 향해 협시하는 모습이 이채롭다.

이런 곁간굴 형식에 관해서는, 중국 전통 분묘축조법의 일부로 묘도 좌우에 부장품을 넣으려고 지은 '이실(耳室)'이라는 설과 인도 비하라 석굴식으로 승려들이 수도하는 승방이라는 설 두 가지가 있다. 이 굴은 1900년 막고굴의 주지 왕원록 도사가 쌓인 토사를 치우다가 갑작스레 벽이 무너지면서 발견됐다. 그 안에 뒷날 서방탐험가들이 털어 간 숱한 경전과 회화 유품들이 가득 쌓여 있었다고 해서 '장경동(藏經洞)'이라고도 부른다.

이 굴에 관해선 그밖에 여러 가지 이야기가 많지만, 우리에게 중요한 것은 이 굴에서 신라승 혜초가 남긴 불후의 여행기 『왕오천축국전』이 프랑스의 동양학자 펠리오(P. Pelliot)에 의해 발견된 사실이다. 그래서 우리가 제일 먼저 이 굴을 찾아간 것이다. 1908년 베트남 하노이에 와 있던 펠리오는 이 굴에 소장된 사경류 1,500여

모래가 윙윙 운다는 밍사산과 비 한 방울 내리지 않는 사막 한가운데서도 2천여 년 동안 한 번도 마르지 않은
오아시스의 연못. 초승달 모양을 닮아 월아천(月牙川)으로 불린다. 능선 너머 멀리 지평선이 둔황 시가지다.

종을 헐값에 사들였는데, 그 속에 이 여행기가 들어 있었다. 여행기는 한 권의 두루마리 필사본으로 책명도 저자명도 떨어져 나간 총 227행의 절략 잔간이다. 이 국보급 진서는 후손들의 불초로 오늘날까지 90년 넘게 연고도 없는 낯선 땅 프랑스 파리 국립도서관에 유폐되어 있을 뿐만 아니라, 연구도 남들보다 뒤져 있으며, 해명하지 못한 점들도 적지 않다.

필자는 이러한 불초를 조금이라도 씻어 보려고 지난해 역주본을 펴내면서 여행기의 내용과 스님의 행적을 밝히려 했다. 물론, 성과가 없지는 않았지만 미제의 과제들도 많이 남겨 놓았다. 가장 큰 공백은 스님의 입적지를 알아내지 못한 점이다. 780년께 산시성(山西省) 오대산에 들어가 건원보리사(乾元菩提寺)라는 절에서 입적했다는 기록 한 줄만 되뇔 뿐, 그 절이 도대체 어디 어느 사찰인지는 오리무중이다. 최근 한 연구자가 '보리'라는 말의 연원부터 추적해 그 사찰을 오대산에 있던 금각사(金閣寺)의 별칭 혹은 숙종 원찰로서의 상징적 보통명사일 것이라는, 주목할 만한 연구결과를 내놓았다. 그러나 그 자신도 '가설'로 제기한 것인 만큼 확증까지는 갈 길이 멀다.

이런 미궁 속을 헤매는 우리에게 61호 굴은 한 줄기 유의미한 불빛을 던져 주었다. 원래 이 굴은 사방이 14미터 정도로 막고굴 중에서도 손꼽히는 큰 굴이다. 이 굴이 유명한 것은 크기도 크거니와, 동·남·북 세 벽면에 강렬한 색채로 한족, 위구

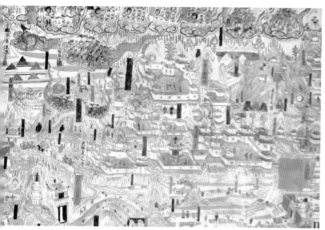

현존하는 세계 최대의 실사 지도라고 하는 61호 굴의 서벽화인 '오대산지도'. 이 가운데 '신라승탑(동그라미 안, 오른쪽 확대한 그림)'
이라는 명문과 함께 신라 고승의 사리탑으로 추정되는 탑이 그려져 있다('석굴문물보존연구소'에 있는 모사품).

르족, 호탄 출신의 여성 공양자 52명을 그린 벽화가 있고, 굴 중앙에 놓여 있는 기
단 뒤 서벽에 거의 완벽한 '오대산축소도'가 그려져 있기 때문이다. 전체 면적 250
평방킬로미터에 달하는 오대산의 축소도인 이 그림의 길이는 13미터, 폭은 3.4미터
로 막고굴에서도 가장 큰 벽화 중 하나다. 리 선생은 남아 있는 지도 가운데 세계에
서 가장 큰 것이라고 설명하면서, 송대에 그렸다고 하나 당대에 그렸다는 견해도
있다고 했다. 지도에는 중국에서 가장 오래된 목조건물인 남선사(南禪寺)와 불광사
(佛光寺)를 비롯한 67개의 명찰 이름이 명기되어 있을 뿐만 아니라, 여러 생활풍속
도 그려져 있어 대단한 진품으로 평가받고 있다.

그런데 그 속에서 '신라○탑'이라는 글자가 어렴풋이 보인다. 20년 전에는 '신라
승탑(新羅僧塔)'으로 또렷이 보였다고 한다. '신라 승려의 탑(사리탑)'이라는 뜻으로
신라의 한 고승이 입적한 곳임을 시사한다. 순간, 강한 전율을 느꼈다. 그렇다면 그
스님은 궁중 원찰에서 지송승이라는 지고의 지위를 누리다가 이곳에 와 천화한 혜
초가 아닐까 하는 예감이 번뜩인다. 그 곁에 '신라송공사(新羅送供師)', 즉 '공양을
보내는 신라인'이라는 글자도 있었으나 지금은 닳아 보이지 않는다고 리 선생은 소
개한다. 속단은 이르지만 혜초의 입적지를 밝히는 새 실마리를 찾아낸 셈이다.

막고굴에 간직된 우리네 문화유산을 언급할 때마다 입에 오르내리는 것이 이른

53

바 조우관(鳥羽冠: 새의 깃털을 꽂은 모자)과 이 관을 쓰고 있는 인물에 관한 이야기다. 원래 조우관은 일찍부터 북방 유목민족들이 즐겨 쓰던 모자였다. 그 상관관계는 밝혀지지 않았지만, 이 땅에서는 고구려나 신라시대에 갑자기 나타난다. 특히 고구려에서는 귀천 구별 없이 널리 쓰이고 있었다. 그러한 조우관을 쓴 인물상이 막고굴 벽화를 비롯한 중국 고적 유물에서 여러 점 발견되어 학계의 관심을 끌고 있다. 관이나 주인공의 모양새, 그림의 배경 등이 엇비슷한 것도 있지만, 시각에 따라서는 달리 보이는 것도 있어서 여러 가지 논란이 일고 있다.

중당시대에 조성된 220호와 335호 굴에 그려진 조우관의 배경은 다 같이 '유마힐경변상도(維摩詰變相圖)'의 공양도다. 시안 이현묘의 예빈도에서 본 것처럼, 새의 깃털 모양이나 주인공의 얼굴 생김새, 직령(直領)에 오른쪽 여밈을 한 옷차림 등에서 보면 전형적인 조우관을 쓴 한국인(고구려나 신라)의 모습이다. 최근 같은 시기에 조성된 237호 굴 변상도에도 조우관을 쓴 인물이 있다는 주장이 있어 그 그림을 자세히 훑어 보니 조우관은 있으나, 청대에 다시 그린 것이어서 신빙성에 의문이 든다.

이러한 벽화 말고도 시안에서는 뚜껑의 표면을 장식한 꽃잎에 조우관을 쓴 다섯 명을 그린 은함(사리함)이 발견되었으며, 산시성 법지사지에서 출토된 옥으로 만든 정방형 사리함 표면에도 조우관을 쓰고 앉아 있는 두 사람이 그려져 있다. 이러한 벽화나 유물에 조우관을 쓰고 등장하는 인물들은 고구려를 비롯한 한반도에서 온 인물임에 틀림없다. 그렇지만 그들은 사절, 공양사 신분의 실제 인물이라기보다는 문수보살이 유마거사의 병문안을 하거나 공양하는 자리, 또는 인도 불교 전설에 나오는 불사리 분배 장면 같은 엄숙한 자리에 조우관을 쓴 한반도인을 비롯한 여러 외국인들을 참석시킴으로써 당 중심의 천하사상을 은연중 과시하려는 양식화된 도상이라고 봐야 할 것

237호 굴의 조우관을 쓴 인물(청대에 다시 그림).

'석굴문물보존연구소' 모형관 안에 있는 285호 굴의 대형 불상.

이다.

그밖에 98호 굴 남벽을 비롯한 여러 굴의 벽화에는 장구의 신명나는 가락에 맞춰 덩실덩실 어깨춤 추는 익숙한 장면도 눈에 띈다. 428호 굴 벽화에 그려진 하늘을 나는 비천상은 고구려 덕흥리(德興里) 고분 전실 천장에 그려진, 천마상(天馬像)을 연상케 하며, 435호 굴 벽화에서 인물상을 흑백색으로 두드러지게 나타내는 기법은 고구려 수산리(水山里) 고분의 기단을 입체감 나게 그린 기법과 동일한 음양법(陰陽法)이다. 이러한 현상은 두 지역 간의 문명이 공유한 보편성을 말해 주고 있다.

이렇게 막고굴을 비롯해 외국에 간직된 한국 관련 기록이나 유물을 우리의 문화유산으로 간주하고, 그 실체를 따지고 캐묻는 데는 그럴 만한 이유가 있다. 우리와 당대의 외국(중국 포함) 간에 이루어진 관계나 우리의 대외적 위상의 일면을 보여주고 있을 뿐만 아니라, 우리 자신의 거울이 되기도 하기 때문이다. 우리에게 기록이나 유물이 없어서 몰랐던 일을 외국의 유물 속에서 찾아낼 수 있으며, 또 유물의 비교를 통해 남들과의 공유성을 확인하고, 우리의 나음과 모자람을 가려낼 수도 있다. 따라서 어디를 가나 우리와 관련된 것은 모두 우리의 소중한 문화유산으로 여기고, 잘 가꿔 나가야 할 것이다.

오아시스 북도의 관문, 옥문관
살아남은 자만이 지날 수 있는 서역 개통의 문

둔황을 오아시스 육로의 인후라고 하면, 서역행 길목을 지키는 옥문관(玉門關)과 양관(陽關)은 마치 인후에서 갈라지는 식도와 기도의 여닫이 같은 곳이다. 이를테면, 옥문관은 투루판을 지나 톈산(天山) 산맥을 따라 중앙아시아로 뻗는 오아시스로의 북도 쪽 관문이고, 양관은 타클라마칸 사막 언저리에서 쿤룬(崑崙) 산맥을 따라 인도 방면으로 이어지는 남도 쪽 관문이다. 우리의 답사길은 북도를 따르는 길이므로 옥문관은 첫 관문인 셈이다.

그래서 답사단 일행은 막고굴을 둘러보고 나서 둔황에서 서북쪽으로 90킬로미터 떨어진 옥문관으로 직행했다. 길은 반쯤만 포장되고 나머지는 모래와 자갈이 섞인 울퉁불퉁한 비포장 길이어서 한 시간 반이나 걸렸다. 길가에 앙상하게 가시 돋친 낙타풀만 띄엄띄엄 눈에 띈다. 이따금씩 나타나는 밋밋한 모래언덕이 그나마 사막의 단조로움을 조금은 덜어 준다. '옥문관 관리소'라는 팻말이 붙은 허름한 흙벽돌집 앞에 차가 멎자, 난데없이 말고삐잡은 네댓 명이 몰려와 저마다 외마디 일본말로 자기 말을 타고 유적지까지 가라고 법석이다. 원래 유적지는 밟아 보는 데 묘미가 있는 터라 '말 타고 꽃구경' 할 수는 없었다.

관리소 맞은편에 20평 남짓한 '옥문관 박물관'이 있다. 옥문관 인근에서 발견된 죽간(竹簡: 글씨를 쓴 대나무 조각), 비단, 마지(麻紙), 나무 빗 등 생활용 유물과 장성이나 봉수대 같은 대형 유물 사진도 전시되어 있다. 눈길을 끄는 것은 옥문관 터임을 입증하는 몇몇 죽간이다. 통관증에 해당하는 '과소부(過所符)'라고 쓰인 죽간이 이채롭다. 인근의 지형지물을 자세히 알리는 한 장의 지도는 비록 서툴기는 하지만

둔황 서북쪽에 자리 잡은 옥문관의 입구. 옛 원형을 살리기 위해 후대에 세운 사립문 안으로 사각형 흙탑 모양의 옥문관이 보인다.

그곳을 이해하는 데 큰 도움이 되었다. 박물관을 나온 우리는 몇 오리 마른 나뭇가지를 엮어서 만든 엉성한 사립문 비슷한 문을 열어젖히고 800미터쯤 떨어진 옛터까지 걸어갔다. 지금 남아 있는 관문의 크기는 동서 24미터, 남북 26미터, 높이 9.7미터로 부지면적은 약 630평방미터다. 역대 장성의 관문치고는 작은 편이다. 그래서 '소방반성(小方盤城)', 즉 네모난 작은 성문이란 속명이 붙여졌다. 북면과 서면에 문이 하나씩 나 있는데, 북문은 서북쪽으로 가는 오아시스로의 북도로, 서문은 서남쪽으로 뻗은 남도로 출발하는 문이다.

원래 옥문관은 '옥이 들어오는 문'이라는 뜻으로 지어진 이름이다. 일반적으로 옥이라고 하면, 고대에는 연옥을, 근대에 와서는 경옥을 말한다. 고대 연옥의 주산지는 타클라마칸 사막의 남변에 있는 남도의 요지 허텐(和田, 和闐, 호탄)이었다. 중국은 일찍이 은·주 시대부터 온화함, 투명함, 순수함, 강직함, 공정함의 다섯 덕을 갖췄다는 이 보석을 허텐으로부터 수입했다. 그 수입로의 지킴이 구실을 한 곳이 바로 옥문관이다. 당시 월지인들이 옥 교역을 전담했다고 해서 그들을 '옥의 민족'이라고 했으며, 허텐을 시발로 하여 옥을 교역한 길을 '옥의 길'이라고도 불렀다. 사실상 그 길은 오아시스로의 남도에 해당한다. 고서에 옥을 가리켜 '화씨벽(和氏璧)'이라고 한 것은 '화씨', 즉 허텐 사람들(월지인)이 캐내는 옥이라는 뜻에서 유래했다.

고대 중국의 사서나 시집, 그리고 인도 구법승을 비롯한 여행자들의 기록에는 옥문관에 관한 내용이 유난히 많다. 옥문관이 차지하는 위상이 그만큼 높았다는 증거다. 기원전 2세기 한 무제(漢武帝)는 장안 서쪽의 하서회랑을 공략하고 주천군(酒泉郡)을 설치하면서 가장 서쪽의 변방 요새에 '옥문관도위(玉門關都尉)'를 설치했다. 그때부터 이 관을 넘는 것을 '출새(出塞)'라고 했는데, 그것은 변방을 벗어나 다른 나라로 가거나, 외적을 정벌하러 나간다는 뜻이다. 위진남북조시대까지만 해도 옥문관은 출새하는 군사들의 '군영이 즐비하고 거마가 폭주'하는 곳이었다. 그러나 수·당대에 이르러 원정 나간 님에게 전하는 '따뜻한 봄바람마저도 넘지 못하는 황막한 관문(春風不度玉門關)'으로 변해버렸다. 이러한 역사적 현장이기에 중국 정부는 이곳을 '전국중점문물보호단위'로 선포하고 연구와 관리에 국가적 관심을 돌리

옥문관의 전경. 원래는 좌우로 장성과 연결돼 있었으나 지금은 형체만 덩그러니 남아 있다.

고 있다.

　더욱이 옥문관을 지나면 '악마의 늪'이라는 죽음의 사막 '백룡퇴(白龍堆)'가 기다
리고 있다. 400년에 인도를 향해 떠난 동진(東晋)의 고승 법현(法顯)은 이곳을 지나
면서 느낀 바를 『불국기(佛國記)』에 이렇게 적고 있다. "위로는 나는 새도, 아래로
는 달리는 짐승도 없다. 아무리 둘러봐도 망망하여 가야 할 길 찾으려 해도 어디로
가야 할지를 알 수 없고, 오직 언제 죽었는지 모르는 사람들의 해골만이 길을 가리
키는 표지가 되어 준다."

　이 백룡퇴가 얼마나 험악한 곳이었으면 우리 판소리의 '열녀춘향수절가(烈女春
香守節歌)' 중에도 이런 대목이 나올까. 그네를 뛰며 노니는 춘향을 보고 이 도령은
마음이 울적하고 정신이 아찔해 "단봉궐(丹鳳闕) 하직하고 백룡퇴 간 연후에 독류
청총(獨留靑塚) 하였으니 왕소군(王昭君)도 올 리 없고……"라고 중얼거린다. 뜻인
즉, 중국 전한 때 궁궐을 하직하고 흉노 선우(單于)에게 시집간 효원제(孝元帝)의 궁
녀 왕소군이 외로운 무덤일 수밖에 없는 백룡퇴로 갔으니 돌아올 리 만무한데, 어

디서 그 같은 절색이 나타났을까, 하며 춘향의 미색에 놀라는 장면이다. 아무튼 선현들은 죽음을 마다하지 않고 '악마의 늪'에서 서역 개통이라는 월척을 낚았던 것이다. 그들 가운데 우리네 혜초 스님도 들어 있다. 오아시스 육로의 북도를 따라 귀로에 오른 스님은 분명 백룡퇴에서 살아남아 옥문관을 거쳐 둔황에 들렀다가 장안으로 발길을 옮겼을 것이다. 그 모습이 지금 막 저 사막 지평선에서 사라져 가는 신기루처럼 아련하다.

사방에 울타리를 쳐 놓아 관문 안에 들어갈 수는 없다. 지형을 좀 살피고 싶어 얼마 떨어진 언덕 위에 서서 사방을 조망했다. 우선 서북쪽으로 5킬로미터쯤 떨어진 당곡수(當谷燧)에 있는 한대 장성이 한눈에 안겨 온다. 보통 장성 관문은 성곽에 붙어 있는데, 이 옥문관만은 성곽에서 꽤 멀리 떨어져 있어 그 진실성이 의심을 받기도 했으나, 지금은 지형상 부득이했다는 데 의견이 모아지고 있다.

이 '한장성(漢長城)'은 2,100여 년 전인 기원전 2세기 초 축조한 것으로서 명대에 산해관(山海關)에서 가욕관(嘉峪關)까지 개축된 만리장성보다 무려 1,500년 앞서 지은 것이다. 그래서 이 한장성을 만리장성의 원형이라고 일컫는다. 진대에는 장성, 한대에는 새원(塞垣), 명대에는 변장(邊墻) 등으로 다르게 불렸거니와 축조 방법도 지역에 따라 천차만별이다. 둔황 동쪽의 안서부터 서쪽의 로프노르(羅布泊) 호수 부근까지 150여 킬로미터에 이르는 '둔황장성'의 경우는 당시 서호(西湖) 일대에 무성한 각종 수초와 모래자갈을 1대 4 비율로 엇바꾸어 가면서 쌓는 방법을 취했다. 이 한장성의 기단 너비는 3미터, 높이는 2.6미터나 된다. 2천 년을 넘긴 유적답지 않게 아직도 늠름한 자태를 뽐내고 있다.

옥문관 주위로 눈길을 돌리니 걸리는 것은 온통 봉화대뿐이다. 80여 개의 크고 작은 봉화대가 관문을 에워싸고 서 있다. 봉화대 가까이에는 예외 없이 움푹 파인 곳이 드러나는데, 봉화용 나무를 수북이 쌓아 뒀던 곳이라고 한다. 중국의 전쟁사를 살펴보면 봉화 제도가 대단히 발달했음을 알 수 있다. 봉화는 규모에 따라 가장 큰 것은 장(障), 다음은 정(亭), 수(燧) 순이고, 가장 작은 것은 봉(烽)이라 하며, 각각 전문 사관에 의해 관리된다. 그리고 적정에 따라 봉화용 나무 규모도 달랐는데, 이곳에서 발견된 죽간 기록에 의하면 적이 50~500명일 때는 나무 한 섶을, 500~1천

명일 때는 두 섶을, 3천 명 이상일 때는
3~4섶을, 만 명 이상일 때는 5섶을 태우기
로 되어 있었다.

　만리장성의 서쪽 끄트머리인 한장성 너
머에는 로프노르 호로 흘러들어가는 소륵
하(疏勒河)가 흰 실오리처럼 늘어서 있다.
20년 전만 해도 물이 차 있었으나 지금은
거의 고갈 상태라고 한다. 그래서 강바닥
에 앙금으로 남은 염분이 햇빛에 반사되어
희게 보인다. 지금 우리가 서 있는 옥문관
땅도 마찬가지다. 이곳도 소륵하 지류에
의해 형성된 소택지였으나, 지금은 완전히
말라버려 희끄무레한 소금기만 번뜩인다.

　오늘날 황막하기 그지없는 땅이지만, 그 옛날 이곳에는 삶이 약동하고 있었다.
그래서 여러 아름다운 전설들이 전해 오고 있다. 권단(權旦)이라는 마음 착한 목동
이 어느 날 옥문관 서남쪽 남대호(南大湖)라는 큰 연못에서 옥처럼 아름다운 세 미
녀가 무자맥질하는 것을 발견한다. 권단을 본 큰 두 자매는 두 마리 백학이 되어 홀
연히 하늘로 날아올랐으나, 막내는 그만 권단에게 날개옷을 빼앗겨 날아오르지 못
하고 그와 성혼해 백 일을 보낸다. 옥황상제는 엄명으로 막내딸을 불러들인다. 모
두의 화를 면하기 위해 권단이 감춰 둔 날개옷을 꺼내 주자 선녀는 피눈물을 흘리
며 작별한다. 그 피눈물로 남대호는 붉게 물들었다고 한다. 실의에 빠진 권단은 속
세를 떠나 삭발하고 절에 들어간다. 그리고 그 후 가끔 백학 한 마리가 호반을 배회
하며 슬피 울곤 했다고 한다.

　그래서 사람들은 이 연못을 옥녀천(玉女泉)이라 부르며 그 애틋한 사연을 전해
오고 있다. 우리네 금강산 팔 선녀 전설을 떠올리게 한다. 이렇게 서로 다른 환경

에서 유사한 문화 현상이 일어나는 것을 문명의 보편성이라고 한다. 다만 얼개에서 권단과 선녀는 애절한 이별을 하는 비운으로 끝나나, 금강산 팔담의 나무꾼과 선녀는 산신령이 도움으로 다시 만나 행복하게 사는 행운으로 결(結)을 맺는 것이 다르다.

지금은 보잘것없는 유적 하나에 불과하지만 이렇게 숱한 이야기가 서린 옥문관을 떠난 것은 석양이 뉘엿거릴 무렵이었다. 이것저것 듣고 본 것들을 되새기다 보니 되돌아오는 길은 무료하지 않았다. 둔황 시가를 얼마 남겨 놓지 않고 오른편 모래 언덕가에 둔황의 고풍과 별로 어울리지 않는 건물들이 보인다. 입구 팻말에는 '둔황고성(敦煌故城)'이라고 쓰여 있다. 알고 보니, 1987년 중-일 합작으로 일본 작가 이노우에 야스시의 소설 『둔황』을 영화로 제작할 때 지은 '둔황고성'이라는 세트장이다. 늦은 시각이라서 들르지 못했지만 송대의 둔황 성곽과 거리를 재현한 세트장으로, 둔황에 관한 영상물을 찍을 때면 단골로 등장하며 관광 명소로도 인기가 있다고 한다. 원래 역사에는 재현이란 없는 법, 그 환각에 빠지기 쉬운 재현의 진정성을 유념해야 한다.

07 문명의 용광로, 투루판
불과 모래, 바람이 풀무질한 문명의 융합상

　　실크로드 오아시스로(육로)에 관한 여행기들을 보면, 길 갈래가 상당히 혼돈스러워 개념 정리부터 필요한 것 같다. 옥문관 터로 들어가기 전 오른편에는 '관광로'라는 안내판이 신장으로 행하는 길을 가리키고 있다. 이 길은 전한 때 '악마의 늪' 백룡퇴(白龍堆)를 지나 언기(焉耆)와 쿠처(庫車)에 이르는 오아시스로의 북도였다. 지금도 가끔 대상로나 버스 관광로로 이용되고 있어 이러한 팻말이 세워져 있지만, 대부분의 여행객은 둔황-하미-투루판을 잇는 기찻길을 따라 오간다. 그런데 이 길은 후한 때 영평 16년(73년)에 한나라 군대가 이오(伊吾, 지금의 하미)를 공략하고 거기에 선화도위(宣禾都尉)를 설치한 것을 계기로, 둔황에서 북상해 이오를 거쳐 서북향으로 고창(高昌, 전한 때의 차사전왕정[車師前王廷])에 이르는 이른바 '신도(新道)'로 개척한 길이다. 그 후 남북조 시대를 거쳐 당대에 이르러 이 신도는 톈산 산맥 북쪽 기슭을 지나는 오아시스로의 북도로, 전한 때의 북도는 중도로, 그리고 양관(陽關)에서 출발하는 남도는 그대로 남도로 고착되었던 것이다.

　　둔황에서 쿠처까지는 기차를 타고 답사하기로 했다. 때문에 둔황 시가에서 차로 2시간쯤 북쪽으로 밤길을 달려 둔황역(옛 유원역[柳園驛])에 도착했다. 신장으로 통하는 유일한 철도 길목이어서 관광객과 행인들로 붐빈다. 밤 11시 20분, 표는 예매했지만 출발을 5분 앞두고도 앉을 자리를 배정받지 못했다. 현지 안내원 꿍즈청(龔志成)이 안달복달하며 기차 안을 뛰어 다녀 겨우 좌석을 구했다. 그러나 정작 그는 수많은 인파 때문에 기차가 출발하기 전에 내리지 못했다. 새벽 6시에 일어나 17시간 남짓한 강행군을 해 온 터라 일행 모두는 파김치였고, 스물네 살의 젊음으로 버텨 오던 꿍즈청의 눈자위도 움푹 패어 들어갔다. 그가 하미 역에서 내려 되돌

63

아갈 때까지 우리는 3시간 동안이나 이야기를 나눴다. 순박하고 호기심 많은 젊은 이다. 새벽 두 시 반, 손을 저으며 어둠 속으로 사라지는 그의 뒷모습이 지금도 눈 앞에 선하다.

우리가 가는 길은 둔황에서 하미(이오)를 거쳐 투루판(고창)에 이르는 후한 때의 '신도'다. 차창 밖이 어두운 데다 꿍즈청과 이야기하는 바람에 '막하연적(莫賀延磧: 고비사막의 일부)'을 살피지 못하고 훌쩍 지나쳐버렸다. 막하연적은 옥문 관에서 신장으로 들어가는 길목에 있는 백룡퇴와 더불어 험난하기로 이름난 사막 이다. 일찍이 현장법사는 이곳을 지난 소회를 이렇게 밝히고 있다. "인적은 물론, 날짐승도 없는 황막한 천지로서 밤에는 요사한 도깨비불이 별처럼 환하고 낮에는 모래바람이 소나기처럼 퍼붓는데, 닷새 동안 물 한 방울 마시지 못해 입과 배가 말 라붙어 당장 숨이 끊어질 것 같았다." 그리고 그는 여윈 말에 몸을 싣고 가다가 모 래 위에 엎드려 관음을 염한 덕에 겨우 살아남았다고 한다. 기차로 휙휙 지나가는 오늘날 나그네들에게는 꿈같은 이야기다. 그러나 그 속에 오늘로 이어진 역사가 녹 아 있음을 명심해야 한다.

아침 7시, 투루판 역에 도착했다. 돌궐어로 '풍요로운 곳'이라는 뜻의 투루판은 사방이 높은 산들로 에워싸인 동서 120킬로미터, 남북 60킬로미터의 사막 속 작은 분지 오아시스다. 해발 800미터의 기차역에서 시내 호텔에 이르는 길은 내내 내리 막길을 가는 기분이다. 호텔이 자리한 투루판 중심부는 해면보다 60미터나 낮으니 그럴 수밖에 없다. 투루판 총면적 5만 평방킬로미터 중에서 80퍼센트인 4만 평방킬 로미터는 고도가 해면보다 낮다. 가장 낮은 곳은 한가운데의 아이딩 호(艾丁湖)인 데, 수면이 해발 −154미터로 세계에서 가장 낮은 사해(−392미터)에 버금간다. '아 이딩'은 위구르어로 '달빛'이라는 뜻이므로 일명 '월광호(月光湖)'라고도 한다. 아 마 달빛처럼 시원함을 가져다 주는 호수라는 염원에서 붙여진 이름인 것 같다.

며칠 간 열사에 시달렸지만, 이곳의 지글거리는 불볕더위에 비하면 약과다. 말 그대로 화기(火氣)에 숨 막힐 정도다. 높은 산들로 에워싸인 데다 고도마저 낮으니 태양열이 주위로 발산되지 못해 더울 수밖에 없다. 한여름 낮 기온은 보통 50도를 약간 밑돌며, 지열까지 합쳐 최고 83.3도까지 올라간 기록이 있다. 연평균 강우량은 16.6밀리미터밖에 안 되는데, 증발량은 3천 밀리미터나 되니 땅은 말라 모래와 자갈로 엉킨 사막이 되고 말았다. 그래서 아이딩 호 총면적은 1949년부터 1958년 불과 10년 사이에 7분의 1로 급격히 줄었다고 한다. 그러다가 1998년 여름 대홍수 때 거의 본래의 수량으로 돌아간 바 있으나, 다시 줄어들고 있다고 한다. 분지는 이렇게 뜨거운 반면에 만년설로 뒤덮인 주변의 고산지대는 차기 때문에 특히 봄이면 강풍이 불어 닥친다. 한마디로, 이곳 지형지세는 고온, 건조, 강풍의 세 가지 특징으로 집약된다. 그래서 자고로 이곳이 화주(火洲, 불의 땅), 사주(沙洲, 모래의 땅), 풍주(風洲, 바람의 땅)라고 불려 왔던 것이다.

　불과 모래와 바람은 역설적으로 이곳을 문명의 용광로로 만들었다. 불, 즉 고온은 포도나 면화 같은 특산물 산지로 이름을 떨치게 했고, 모래, 즉 건조한 기후는 카레즈 같은 전무후무한 관개시설을 발달시키고 유물 보존을 가능케 했다. 바람, 즉 기류 또한 문명 소통을 가져왔고 오늘날은 에너지원까지 제공하고 있다. 이 삼박자 선율을 타고 투루판의 유구한 역사는 흘러 왔고, 그 흐름 속에서 다양한 문화가 합류해 조화를 이루면서 독창적인 투루판 문화를 창출해 교류사에 나름의 발자취를 남겼다. 지금까지 확인된 바로는 전역에 178개의 유적지가 널려 있어 평균 280평방킬로미터마다 유적지가 있는 셈이다. 이러한 유적 분포밀도는 세계적으로도 유례를 찾기 힘들다. 그만큼 높은 문화사적 위상을 실증하고 있다.

　투루판 박물관에 전시된 코뿔소 화석이라든가 춘추전국시대의 미라 등은 이곳의 유구한 역사 문화를 말해 준다. 7천 년 전 신석기시대부터 사람이 산 흔적이 있으며, 3천 년 전부터 정착농경이 시작되어 일정한 권력구조도 출현했다. 원래 토착민들은 톈산 산맥 북쪽에서 유목하다 남하한 이란계 차사인(車師人)으로 중국 전한 시대(기원전 3~기원후 1세기)에 야르호(交河故城)를 도읍 삼아 차사전국(車師前國)을 세웠다. 그 후 한나라와 흉노가 번갈아 직·간접적으로 통치하다 5세기 중엽 북량(北涼)이 여기에 지방정권을 세웠다. 그러다가 한족 출신의 국씨(麴氏) 고창국이 들어서 640년 당에 멸망할 때까지 140여 년 간 통치한다. 9세기 중엽부터는 북쪽 초원에서 남하한 위구르족이 차지했으며, 13세기 초에는 몽골군에게 점령되어 4대 칸 국의 하나인 차가타이 칸 국의 지배하에 들어갔다. 17세기 중엽부터 청나라가 설치한 중가르 부에 속했다가 1881년 신장성이 신설되자 하나의 행정구역으로 독립했다.

기복 무상한 역사 속에서 투루판은 혈통을 달리하는 다민족 지역으로 변했다. 오늘날 50만 인구 중에서 위구르족과 회족, 한족이 주류를 이루나, 그 비율은 변화중이다. 1949년부터 2004년까지 55년 사이에 위구르족은 90퍼센트에서 70퍼센트로, 회족은 9.6퍼센트에서 7.6퍼센트로 줄어든 반면, 한족은 1퍼센트에서 22퍼센트로 급증했다. 투루판의 미래를 상징적으로 예시하는 수치다. 그밖에 여러 소수민족도 공존한다.

민족적 다양성보다 문화적 다양성은 폭이 더욱 넓은데, 그 중심에 종교가 있다. 고대에는 주류인 불교에 유교나 마니교, 경교(네스토리우스파 기독교) 등의 동서 종교가 합류되었다면, 중세부터는 이슬람교 일색이다. 시내 서쪽으로 10킬로미터쯤 떨어져 있는 '버들잎 모양'의 교하고성은 2천 년 전 차사전국의 수도로 남북 1,700미터, 동서 300미터에 달하는 불교 사원구역이었다. 중앙 탑을 중심으로 승방, 소탑들이 배치된 양식은 인도의 사라나르 불적이나 나란다 탑군 등에서 보이는 초기 인도의 사원 건축 양식이다. 교하고성의 반대편 동쪽 40킬로미터 지점에 있는 국씨 고창국의 도읍터 고창고성의 궁전 부근 절터에서도 인도식 복발탑(覆鉢塔: 노반 위에 바리때를 엎어 놓은 것처럼 둥근 탑)이나 방형탑 흔적을 찾아볼 수 있다. 모두 인도에 원류를 둔 불교의 동전을 말해 주는 유적 유물들이다.

시 중심에서 동쪽으로 60킬로미터쯤 가면 수바스 강을 낀 '토욕구(吐峪溝)'라는 깊은 계곡이 나타나는데, 그 동서 양편에 94개의 동굴이 올망졸망 뚫려 있다. 어귀에는 신장에서 가장 오래된 무슬림 마을인 자그마한 마자촌이 있다. 3세기에 만들어진 이 동굴군은 1879년 발견되었으나, 2004년 10월에야 처음 공식 개방했다고 한다. 특이한 것은 불교와 마니교의 공존현상이다. 흔히 마니교 동굴이라고 하는 42호 동굴을 보면, 원래는 불교의 관상(觀想)을 위한 굴로서 지금도 동·서 벽에는 이

2천 년 전 차사전국의 도읍지였던 교하고성. 두 하천 사이로 치솟은 30미터의 벼랑 위에 세워진 버들잎 모양의 고성으로 면적이 약 50만 평방미터에 이른다. 성 안에는 초기 인도의 사원 건축양식에 속하는 불탑, 승방, 불전과 관청, 감옥, 민가의 흔적이 남아 있다.

아스타나 고분군 입구에 12지신을 형상화한 석상들과 중국 신화 속에 인류의 시조로 전해오는 '복희여와도' 탑이 서 있다. 1914년 영국 탐험대가 발굴한 이 고분군 지하 무덤에서 미라, 묘지명, 토우, 견직물 등 많은 유물이 나왔다.

와 관련한 벽화들이 남아 있다. 그러나 후일 마니교가 들어오면서 중앙벽에는 나뭇가지마다 금박장식을 한 '생명의 나무' 49개를 비롯해 온통 마니교 관련 그림들이 들어차게 되었다. 이 굴에서는 마니교 경전도 발견되었다.

동서 5킬로미터, 남북 2킬로미터의 아스타나 고분군에서는 고창국과 당나라 때의 무덤 456기가 발굴되었는데, 출토 유물로 미루어 보면 이곳이야말로 문명의 접합장이라는 실감이 난다. 무게가 총 6톤이 넘는 2,700여 건의 문서가 출토되었다. 그 중에서 300여 건은 토카라어나 소그드어, 위구르어로 쓰인 불교와 마니교, 경교 등 종교문서다. 그런가 하면 사방 4미터나 되는 216호 분 묘실 정면에는 유교의 윤리적 가르침을 풀이한 6첩 병풍이 그려져 있다. 그중 4첩은 성인도로서 왼쪽부터 앞가슴이나 등에 '옥인(玉人)', '금인(金人)', '석인(石人)', '목인(木人)'이라는 글자가 새겨져 있다. 이것은 공자묘의 네 성인을 말하는 것으로, 흰 옷을 입은 옥인은 청렴결백을, 입을 삼중으로 막은 금인은 언행신중을, 석인은 돌처럼 결심이 굳어 흔들리지 않는 결심부동을, 목인은 거짓이 없이 바르고 곧은 무위정직(無僞正直)을 뜻한다. 모두 유교적 윤리도덕을 해학적으로 반영한 것이어서 퍽 흥미롭다.

한편, 8세기 전반 이슬람군의 동정(東征)을 계기로 카슈가르를 비롯한 신장 서부지역에 이슬람교가 전파된 이래 10세기 전반 이 지역에 출현한 카라한 왕조가 이슬람교를 수용했고, 이슬람교는 불교와 마니교, 경교, 조로아스터교 등 기존 종교들의 틈을 비집고 들어와 13세기 초에는 투루판까지 전파되었다. 계속 세를 늘려 오던 이슬람교는 드디어 16세기 말에 이르러서는 투루판을 포함한 전 신장지역에서 압도

499년 한족 출신 국문태가 세운 고창국의 대표 유적인 고창고성. 우산으로 뜨거운 햇볕을 가리고 선 관광객들 뒤로 500미터 높이의 봉우리들이 무려 100킬로미터나 늘어서 있는 화염산과 만년설이 뒤덮여 있는 톈산이 보인다.

적 지위를 차지하면서 이슬람화가 본격화된다. 이제 다른 종교들은 이슬람교의 그늘에 가리어 자취를 감춘다. 시가에서 멀리 바라보이는 우람한 소공탑(蘇公塔)이 그 상징물이다. 청나라 건륭제(乾隆帝) 때 첫 투루판 군왕이 된 애민호자(額敏和卓)를 기리기 위해 1777년에 아들 술라이만이 은 7천 냥을 털어 높이 37미터, 밑지름 10미터나 되는 이 흙벽돌 탑과 사원을 세웠다. 신장에서 가장 높은 탑이라고 한다.

그런가 하면, 성터나 고분벽화에서도 여러 이질문명들의 융합상을 여실히 찾아볼 수 있다. 교하고성의 장묘구역에서는 괴수가 호랑이 목을 물어뜯는 북방 유목문화의 대표적 공예문양인 동물투쟁도와, 서역과의 교류를 시사하는 채도가 나왔다. 토욕구와 베제클리크(柏孜克里克, Bezelklik) 천불동 벽화에는 서방에서 전래된 비천상 모습이 뚜렷이 보이며, 중국 신화 속에 인류시조로 전하는 '복희여와도(伏羲女媧圖)'가 아스타나 고분군 40호 분에서 출토되었다.

여러 역사적 사실들이 보여 주다시피, 마니교나 경교 등 서방 종교는 투루판의 고산 장벽을 넘지 못한 채 더 이상의 동전(東傳)을 멈췄다. 또한 이곳은 중국 왕조가 직접 통치한 최서방 지역으로서 유교를 비롯한 중화 문명도 이곳을 넘어 본격적인 서전(西傳)은 하지 못했다. 북방 유목문화도 대체로 이곳을 남전(南傳)의 경계선으로 삼는다. 이러한 사실은 투루판이야말로 주위의 여러 문명들을 받아들여 분지다운 뜨거운 열도로 한 용광로 속에 녹여내고 응고시켜 특유의 '투루판 문화'를 만들어냈음을 말해 주고 있다.

고창고성 안에 있는 장방형의 돔 사원터. 현장법사가 불교 경전을 구하려
인도로 가던 도중 들러 국왕의 간청으로 한 달 간 설법한 곳이기도 하다.

08

베제클리크 석굴의 수난
'아름답게 장식한 집'에서 만난 문명 파괴의 현장

문명탐사를 다니다 보면 파괴된 유물과 자주 맞닥뜨리게 된다. 유물의 파괴는 크게 보면 자연적인 파괴와 인위적인 파괴 두 가지가 있다. 풍화작용이나 지진 같은 자연에 의한 파괴는 어쩔 수 없는 일이지만, 인간이 일부러 자행한 인위적인 파괴는 반문명적 작태로서 반달리즘(vandalism), 즉 문명파괴행위라고 한다. 그런데 이러한 파괴자들은 얄궂게도 '구제'니 '보존'이니, '보편적 가치'니 하는 감언이설로 자신들의 범죄행위를 감싸면서 사죄는커녕 편취해 간 유물들마저도 주인에게 돌려주지 않으려고 갖은 앙탈을 부리고 있다.

문화유적의 분포밀도에서 단연 손꼽히는 투루판은 그러한 문명파괴행위의 처절한 증언장이다. 그중에서도 베제클리크 석굴은 가장 극명한 현장이다. 7월 23일, 투루판에서 보낸 둘째 날이다. 아침 6시에 일어나 시에서 60킬로미터나 떨어진 토욕구 석굴에 갔다가 고창고성을 둘러보고나서 아스타나 고분군에 이르렀을 때는 이미 정오를 훨씬 넘긴 시간이다. 여기서 천변만화(千變萬化)의 화염산을 끼고 30분쯤 달리다가 산기슭을 가로지르는 목두구(木頭溝) 계곡에 이르렀다. 계곡은 푸르죽죽한 나무로 뒤덮여 있고 그 한복판에 물이 흐르고 있다. 멀리 톈산의 만년설경이 한눈에 안겨 온다. 깎아지른 듯한 협곡의 서쪽 벼랑 중턱에 벌집처럼 뚫린 굴들이 송송하다. 그곳이 바로 위구르어로 '아름답게 장식한 집'이라는 뜻의 베제클리크 석굴이다.

입구 광장에서 계단을 타고 10여 미터 내려가니 절벽을 따라 초승달 모양으로 늘어선 석굴들이 나타난다. 지금까지 발굴된 석굴은 모두 83개인데, 그중 벽화가 일부라도 남아 있는 것은 40여 개뿐이다. 이 석굴을 만든 시기는 6세기 국씨(麴氏) 고창국 시대에 시작해 7세기 당 서주시대를 걸쳐 13세기 원나라 때까지인데, 전성기

투루판 시내에서 동쪽으로 60킬로미터 거리에 있는 산 절벽에 벌집처럼 굴을 뚫어 만든 토욕구 천불동의 전경. 3세기에 만들어진 것으로 강 양쪽에 94개의 석굴이 있는데 베제클리크 석굴과 마찬가지로 내부 유물은 대부분 도둑맞고 심하게 파괴된 상태다.

는 10세기를 전후한 회골(回鶻, 위구르) 칸 국 시대다. 이 석굴은 파라미어와 서하어, 위구르어 등 여러 언어로 쓰인 숱한 불경 사본과 여러 시기에 걸쳐 그려진 천불도(39, 42, 69호 굴)를 소장하고 있는 불교문화의 보고다. 특히 베제클리크가 왕가의 전속 사원이 된 회골 칸 국 시대에 그려진 각종 공양상(9, 14, 16, 18, 20, 24, 27, 31호 굴)과 경변도(經變圖, 15, 17, 31호 굴), 보살도 등 벽화가 극치를 이룬다.

이 석굴은 마니교 연구가들의 이목을 끌기도 한다. 본래 막북(漠北: 고비 사막 이북)에 살면서 마니교를 신봉하던 위구르인들이 9세기 중엽에 고창지대에 옮겨 오면서 마니교가 전파되었다. 그래서 석굴에는 위구르어로 쓰인 마니교 경전이 보전되어 있었고, 삼신광명수(三身光明樹) 같은 마니교 성수가 그려져 있으며, 마니 동상(높이 9센티미터)도 발견되었다. 그밖에 금동불상(높이 37센티미터)과 불탑지, 황동대야, 각종 자기그릇, 어린이의 유희 그림(48호 굴), 밭에서 소먹이는 그림(46호 굴), 악기 연주도(16, 33, 48호 굴), 용의 비상도(31호 굴), 비천도(16호 굴) 등 수많은 유물이 발견되어, 마니교와 더불어 당시 사람들의 생활상과 교류상을 밝히는 데 귀중한 자료를 제공한다.

어이없게도 이 유물의 내부분은 지금 베제클리크 석굴 속 제자리에 남아 있는 것이 아니라, 독일을 비롯한 여러 나라 박물관에 뿔뿔이 흩어져 있다. 엄격히 말하면, 이것은 역사의 현장을 증언하기 위해 후세에 남겨진 참 유물(遺物)이 아니라, 그 현장을 이탈해 무연고지로 흘러가 이미 일그러지고 변조된 '유물(流物)'이고 편취된 장물(臟物)일 따름이다. 이제 우리가 둘러본 여섯 개 굴에서 그 속내평을 한번 드러내 보자.

처음 들어간 17호 굴부터가 만신창이다. 원래는 전면에 커다란 불상이 각각 좌우로 3좌씩 있었는데 온데간데없고 광배 자리만 허전하게 남아 있으며, 천장 벽화도 거의 뜯겨졌고 남아 있는 벽화 속 불상들의 눈도 성한 것 하나 없이 몽땅 도려내졌다. 다음 20호 굴은 회골 칸 국 시대의 공양상으로 유명한 굴이다. 문으로 들어서면 중앙에 정방형의 중당이 있고, 그 주위에 좁은 회랑이 둘러 있는데, 그 좌우 벽에 서원을 주제로 한 왕이나 왕후, 귀족들의 공양도가 빼곡히 그려져 있었다. 공양상마다 한문이나 위구르어, 산스그리트어로 방제(榜題: 제사 받는 사람의 이름)가 쓰여 있다. 그러나 지금은 산산조각을 내어 떼어 간 자리들만 휑하니 남아 있다. 모두 독일의 폰 르콕(A. von Le Coq)이 뜯어 가서 베를린 박물관에 두었는데, 제2차 세계대전 때 폭격으로 상당수가 불타버렸다고 한다.

회골 칸 국의 후기 동굴벽화에 속하는 27호 굴의 벽화는 내용상 앞의 20호 굴의 것과 비슷하다. 역시 르콕의 분탕질에 걸려 텅 비다시피 되어버렸으며 소조불상들의 눈도 성한 데가 없다. 게다가 무지한 사람들이 청소한답시고 물로 알칼리성 황토벽을 씻어내다가 벽이 그만 거무튀튀하게 변색되고만 것도 이 굴이 당한 또 하나의 수난이다. 31호 굴 동벽에는 배를 타고 피안으로 가는 석가의 본행경도(本行經圖)와 열반경변도, 공양도의 세 폭 그림이, 불단 정면에는 회골 칸의 공양도가, 서벽에는 복식 세밀도가 화려하게 그려져 있었으나 지금은 거지반 없어졌다. 게다가 다른 사람들이 남은 부분을 뜯어 가지 못하게 흙으로 덧칠해 놓았다고 하니 그 심보가 얼마나 고약한가. 벽면 곳곳에 송곳으로 긋거나 갈퀴로 긁은 자국이 역력하

베제클리크 33호 굴의 벽화. 석가의 열반을 애도하기 위해 각국에서 온 100여 명의 왕자들이 도열한 장면인데, 신라 왕자로 추정되는 인물(신라 화랑모를 쓴 인물)도 보이나 아직 확실하지 않다.

다. 그림을 떼어 간 자리에는 네 장의 사진만이 오도카니 붙어 있다. 이 굴에선 마니교 벽화 위에 불교 벽화를 덧칠한 2중 벽화가 퍽 이채롭다.

33호 굴의 뒷벽에는 석가의 열반을 애도하는 그림이 있는데, 아랫부분은 없어지고 윗부분만 남아 있다. 그림의 좌측에는 보살과 천룡팔부(天龍八部) 등 호법신들이, 우측에는 각국에서 온 100명의 왕자가 도열해 있다. 이 왕자들의 눈만은 온전히 남아 있다. 마지막으로 39호 굴에서는 또 다른 횡포의 흔적이 드러났다. 벽 한 채를 아예 통째로 떼어 갔는가 하면, 제단 속을 마구 파헤치다가 아무것도 없으니 그냥 되묻은 흔적도 보였다.

우리가 둘러본 이상의 6개 굴은 어느 것 하나 제 모습이 아니다. 나머지 굴들의 상황도 대동소이하다고 한다. 이와 같이 베제클리크 석굴은 이중 삼중으로 인위적인 파괴를 당했다. 그것도 문명을 외치는 현대인에 의해서 말이다. 첫 장본인은 르

위구르어로 베제클리크는 '아름답게 장식한 집'이라는 뜻이다. 목두구 계곡의 깎아지른 협곡의 서쪽에 벌집처럼 구멍이 뚫린 곳이 석굴이다. 서구 도굴꾼들로 인해 석굴 안의 유적들은 거의 뜯기고 파괴되었다.

콕을 비롯한 독일인들이다. 1902년부터 1914년 사이에 독일은 네 차례에 걸쳐 '탐험대'라는 이름의 도굴꾼들을 투루판 지역에 투입시켰다. 첫 탐험대는 베를린 민속학박물관의 인도부 부장이며 불교미술 연구가인 그륀베델(A. Grünwedel)을 대장으로, 미술사가인 후트를 부대장으로, 그리고 박물관 직원인 바르투스를 대원으로 구성되었다. 대 무기상 크루프의 막대한 재정지원을 받고 있던 그들은 5년 전에 러시아 탐험가 클레멘스(D. Klemenz)가 투루판에는 적어도 130개의 불교 석굴사원이 몰려 있다고 쓴 보고서에서 암시를 얻고 이곳을 첫 탐험 대상지로 잡았다. 예비조사에 불과했던 첫 탐험에서 46상자나 되는 유물을 챙겨 오자 횡재의 꿈은 한층 부풀었다. 급기야 황제와 크루프의 후원을 받는 재단이 설립되고 장기적인 탐험을 주관할 전문위원회도 꾸려졌다.

그러던 중 그륀베델의 건강이 악화되고 후트마저 갑자기 죽자 위원회는 2차 탐험대 대장에 르콕을 임명한다. 베를린의 부유한 포도주 판매상의 아들로 태어난 르콕은 기업에는 등을 돌리고 영국과 미국을 전전하다가 베를린 동양언어학원에서 아랍어, 페르시아어, 산스크리트어 등 동양 언어를 배운다. 마흔두 살 때에 처음으로 민속박물관에 무보수 견습생으로 채용된다. 그러다가 이 행운의 기회를 잡은 그는 1904년 9월 투루판으로 향한다. 그의 저서 『사막에 묻힌 중국령 동투르키스탄의 유물들』에는 이때의 모험 행각을 자세히 기록하고 있다. 그에 따르면, 시베리아를 가로질러 중국 국경에 도착한 그는 안전치 못하다는 러시아 영사의 말을 듣고 금화 1만 2천 루브르를 넣은 주머니 위에 앉아서 라이플 권총을 한손에 든 채 우루무치까지 온다. 약 두 달 후인 11월 18일, 드디어 카라호자(고창)에 도착해 그곳에 약 4개월 머물면서 베제클리크 석굴을 비롯한 여러 유적지들을 정신없이 돌아다니며 유물 편취에 몰두한다. 베제클리크 석굴 밑 강가와 멀리 토욕구 석굴로 들어가는 어구에 그가 머물었던 집터가 있다. 그는 10년 간 하미에서 카슈가르에 이르는 신장 전역을 샅샅이 누비고 다녔다.

르콕을 위시한 2차 탐험대는 모두 103상자의 유물을 뜯어 갔고, 그 후 그륀베델이 합류해 1905~1907년에 진행한 3차 탐험에서 128상자의 유물을 또 가져갔다. 1913년, 르콕은 또 한 차례 중앙아시아 탐험에 나섰다. 그는 베제클리크 석굴에서 노획한 '기적의 전리품'에 관한 '성공담'을 후일 이렇게 아무런 양심적 가책도 없이 덤덤히 회상한다. "오랜 시간 힘들여 작업한 끝에 벽화를 모두 떼어내는 데 성공

했다. 20개월 걸려 그것들은 무사히 베를린에 도착했다. 그 벽화들은 박물관의 방 하나를 가득 채웠다." 르콕은 스케치와 측량을 통해 박물관에 유물을 재구성하자는 일부의 주장이나 우려를 무시

토욕구 입구의 마자촌에 있는 독일 탐험가 르콕이 머물렀던 집.

77

한 채 무조건 실물을 뜯어 가자고 주장한 극단적인 문명파괴자다. 애당초 학자도 탐험가도 아닌 그가 무기상의 재욕(財慾)에 놀아나다 보니 그럴 수밖에 없었을 것이다.

우리는 여기서 베제클리크 석굴에서 벌어진 르콕의 반달리즘적인 행태 하나만을 일례로 들었다. 그러나 이르는 곳마다 앞 다투어 유적을 짓뭉개고 유물을 뜯어 간 여타 편취자들의 경우도 사정은 마찬가지다. 르콕에 이어 영국의 스타인이나 러시아의 올덴부르그(S. F. Ol'denburg), 일본의 오오타니도 베제클리크 석굴을 파괴하는 데 각각 한 몫 했다. 20세기 초반에 영국, 프랑스, 독일, 러시아, 일본 등 7개 국 도굴꾼들이 투루판을 포함한 중앙아시아 일원에서 가져간 유물은 유럽과 미국의 30여 개 박물관에 지금껏 '유물(流物)'로 유폐되어 있다. 그 과정은 이들 간의 낯 뜨거운 질투와 모해의 연속이었다. 영국의 스타인은 늘 경쟁자들에게 조소를 보내면서 독일인들은 '항상 떼거리로 사냥하러 다닌다'고 비난했다. 독일과 러시아 간에는 유적의 발굴을 둘러싸고 무력충돌 일보직전까지 간 예도 있다. 그래서 영국의 피터 홉커크(Peter Hopkirk)는 저서 『실크로드의 악마들』에서 이들을 겨냥해 듣기에는 좀 섬뜩하지만 '악마들'이라고 일침을 가한다.

베제클리크 석굴의 수난은 여기에만 그치지 않는다. 비(非) 이슬람적인 민간신앙에 현혹된 일부 무슬림들은 불상의 눈을 이른바 흉안(凶眼, 아이눈 랏마)으로 착각한 나머지 불상의 눈을 도려내는 어처구니없는 만행을 서슴지 않았다. 그리고 한때 중국 땅을 공포 속에 몰아넣었던 홍위병(紅衛兵)의 난동도 문명파괴에 대한 단죄에서 벗어날 수가 없다. 여기 베제클리크 석굴의 곳곳에는 그것을 입증하는 흔적이 남아 있다. 비이성적이고 반문명적인 문명파괴행위는 더 이상 재현되어서는 안 된다. 무모한 도굴꾼들과 무지막지한 파괴자들에 의해 뜯기고 할퀴고 찢기어 '아름답게 장식한 집'이 텅 빈 헛간으로 변한 현실 앞에서 울분과 허탈감, 안타까움을 함께 느끼면서 무거운 발걸음을 되돌렸다.

09

투루판의 명물, 카레즈와 포도
혹독한 환경에 맞선 응전의 전리품

문명은 과연 어떤 곳에서 탄생하는가. 문명사가들이 던지는 해묵은 질문이다. 대체로 자연환경이 유리한 곳에서 탄생한다는 것이 종래의 통설이다. 나일 강을 비롯한 세계 4대 강 유역에서 강물이 범람해 기름진 땅을 만들어내는 등 유리한 환경이 조성돼 인류가 그곳에서 고대문명을 꽃피웠다는 것이다. 그러나 20세기 중엽 영국의 문명사가 토인비는 이와 상반되게, 문명은 불리한 자연환경의 도전에 인간이 성공적으로 응전한 곳에서 탄생한다는, 이른바 문명탄생의 '도전과 응전' 원리를 내놓았다. 사실 강물의 범람은 옥토를 만들기에 앞선 자연의 도전이며, 그 이용은 지혜로운 응전일 따름이다. 높은 산과 울창한 수림이라는 어려운 환경 속에서 태어난 마야나 잉카 문명은 토인비의 이 같은 논리를 뒷받침하는 증거가 되기에 충분하다.

이제 우리는 그 논리를 여기 투루판의 현실에서 한 번 검증해 보기로 하자. 필자가 이곳을 유심히 살피는 이유 중 하나가 바로 그것이다. 주위는 만년설로 뒤덮인 고산지대이고 땅은 해면 이하로 움푹 패어 강풍이 불어대는 데다가 바싹 마른 사막 속의 오아시스 분지다. 한여름과 한겨울의 기온 차는 무려 60~70도를 헤아리며 증발량은 강우량의 180배나 된다. 한

포도는 한여름 투루판의 명물이다. 시내 호텔 앞에 터널처럼 우거진 포도나무 넝쿨과 주렁주렁 열린 포도송이가 뜨거운 여름 햇볕 아래 시원한 그늘을 만들어 주고 있다.

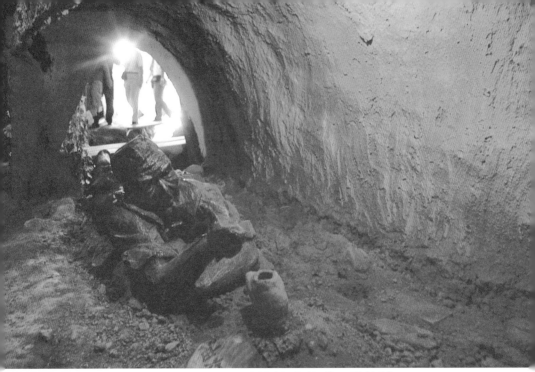

투루판 시내에 있는 카레즈 박물관에는 지하 인공수로의 건설 과정과 방법 등을 실물 모형으로 재현해 놓았다.

마디로, 형언하기 어려운 자연환경의 극한(極限)지대다. 그러나 신석기 시대부터 이 땅에 태를 묻은 투루판 사람들은 결코 이러한 자연의 극한상황에 굴하지 않고 그것을 극복해야 할 자연의 도전으로 여겼고, 과감하게 응전에 성공함으로써 마침내 이 땅을 '풍요로운 곳'이라는 뜻의 투루판으로 가꾸어냈다. 그 본보기가 바로 카레즈(坎兒井)와 포도라는 '응전의 전리품'이다. 어떤 이는 이를 두고 '신이 내린 선물'이라고 하지만, 그 '신'도 이곳 사람들의 놀라운 응전력에 감복하여 이러한 선물을 내렸을 것이다.

투루판에 도착한 첫날 곧바로 카레즈 박물관으로 향했다. 박물관 어귀에서는 여느 유적지와 마찬가지로 아롱다롱한 위구르 옷 차림의 소녀들이 손에 몇 장의 사진을 들고 방문객들에게 눈웃음을 띄우며 경쾌한 리듬의 춤을 춘다. 카레즈의 우물과 고성유지, 포도 건조장 같은 투루판의 상징물들을 배합한 박물관 건축양식이 퍽 이채롭다. 관내 전시품 중에는 대형 카레즈 모형을 비롯해 카레즈의 굴설 과정과 방법, 공정에 쓰인 공구 등 유물들이 각종 사진과 함께 전시되어 있다. 전시품을 둘러보고 나서는 박물관 지하를 관통하는 카레즈 현장으로 안내되었다. 깊이 10여 미터에 폭은 1미터 되나마나한 좁은 지하 터널에는 손발이 시릴 정도의 찬물이 줄줄 흐르고 있었다. 저 멀리 톈산의 눈 녹은 물이 화염산 바닥을 뚫고 이곳까지 흘러 온, 신기한 한 갈래의 카레즈다.

일행은 박물관 곁에 있는 아담한 식당에서 점심을 들면서 이 신기한 문명현상에 관해 이야기를 주고받았다. 원래 '카레즈'는 페르시아어의 '지하수'라는 말에서 유래했다고 하는데, 확실치는 않다. 그러나 지금은 카레즈라고 하면 거의 투루판의 전유물로서 건조지대의 지하 인공수로를 지칭한다. 사실 다른 건조지대에도 이러한 지하수로는 일찍부터 있었는데, 아프가니스탄에서는 투루판과 같이 '카레즈'라고 부르나, 이란에서는 '까나트'로, 시리아와 북아프리카에서는 '호가라'라고 부른다.

카레즈의 기원에 관해서는 이란을 비롯한 서역에서 5세기경 조로아스터교(拜火敎)가 들어오면서 함께 만들어졌다는 것이 통설이지만, 그 시기를 11세기 이슬람세력의 전래 때로 보는 견해도 있다. 반면에 중국 학자들 중에는 카레즈를 굴착할 때 쓰인 도구, 가령 흙을 나르는 광주리인 '운토광(運土筐)'이 중국어 이름이며, 또한 『사기』나 『한서』 같은 책 속에 우물을 파서 물이 통하게 했다든가, 수로를 파 물이 솟아오르게 했다든가 하는 기록이 있다는 것을 근거로 중원에서 유래했다고 말하는 이도 있고, 심지어 투루판에서 2천 년 전에 자생한 것이라고 주장하는 사람도 있다. 1990년 투루판에서 카레즈 국제학술대회가 열렸을 정도로 카레즈에 관한 국제적 관심은 높다.

대체로 카레즈는 네 부분으로 구성되어 있다.

카레즈를 만들기 위해 흙을 파거나 퍼내는 등 작업에 쓰인 공구들이 전시돼 있다.

포도구는 투루판 시에서 동북쪽으로 10킬로미터 떨어진 골짜기에 수로를 따라 약 8킬로미터에 걸쳐 조성한 거대한 포도농원이다. 이 곳에서 나는 포도는 특히 맛이 달기로 유명하다. 200여 종의 포도뿐만 아니라 갖가지 과일들이 톈산에서 카레즈를 타고 흘러온 물을 먹고 푸르싱싱하게 자라고 있다.

수직으로 파내려 간 우물인 수정(垂井), 우물과 우물을 잇는 물길인 암거(暗渠), 하구로 내려오면서 땅 위로 드러난 물길인 명거(明渠), 그리고 물길의 종점에서 물을 저장하고 배수하는 저수 댐 격인 노패(澇埧) 이다. 사각형이나 타원형으로 파내려 가는 수정은 물길에 공기와 햇빛이 통하게 하고, 인부들이 드나들면서 흙모래를 파내는 통로로도 쓰인다. 한 갈래의 카레즈를 만들기 위해선 수십 개의 우물을 파야 한다. 경사지게 이어지는 암거는 상류로 올라갈수록 고도가 높기 때문에 우물은 그만큼 더 깊이 파야 한다. 그래서 고도가 높은 곳에서는 우물 깊이를 30~70미터, 낮은 곳이라도 10~20미터 정도는 파야 한다. 투루판을 다니다 보면 가끔 난데없이 숲이 우거지고 그 사이로 물이 흘러 가는 모습을 발견하게 되는데, 그것이 바로 암거를 지나 흘러온 명거의 물이다. 그 물길을 따라가 보면 영락없이 나지막한 곳에 노패가 나타나는데, 거기서 물을 끌어올려 주거지와 농경지에 공급한다.

이렇게 만들어진 카레즈는 근 천여 갈래나 되며, 한 갈래의 길이는 수 킬로미터에서 수십 킬로미터에 달한다. 전체 연장 길이는 무려 5천 킬로미터로, 베이징에서

항저우에 이르는 경항(京杭) 대운하(3,200킬로미터)보다도 길다. 그래서 카레즈는 이 운하와 만리장성과 더불어 중국 3대 역사의 하나라고 한다. 인부 3~5명이 한 팀을 이루어 한 갈래를 파는 데 수개월에서 수년까지 걸린다고 하니 카레즈야말로 투루판 사람들의 숱한 노력과 희생, 그리고 지혜로 이루어낸 문명의 귀중한 소산이다. 카레즈는 그토록 뜨겁고 건조한 날씨에도 증발에 의한 물의 손실을 최소화하고, 강풍과 모래로 인한 피해나 오염으로부터 수질을 보호하며, 질 좋고 시원한 물을 사시장철 인간과 자연에 공급한다. 한마디로, 카레즈는 투루판의 생명수요 혈맥인 셈이다.

카레즈가 엄혹한 자연환경의 도전을 이겨낸 문명의 일례라면, 2천여 년 간 가꾸어 온 포도는 그러한 자연환경을 슬기롭게 활용함으로써 이루어낸 또 하나의 귀중한 소산이다. 석양이 가뭇거리기 시작한 오후 6시 무렵, 시 중심에서 동북쪽으로 10킬로미터쯤 떨어진 골짜기에 이르니 벌써 멀리서부터 향긋한 포도 냄새가 풍겨 온다. 그곳이 바로 화염산 서쪽 기슭에 자리한 남북 길이 8킬로미터, 최대 폭 2킬로미터에 달하는, 온통 포도밭으로 뒤덮인 포도구(葡萄溝)다. 우리가 찾아간 날은 8월의 수확을 코앞에 둔 7월 22일이라 포도는 거의 무르익어 가고 있었으며, 포도축제 준비도 한창이었다.

어귀부터 포도가게가 길 좌우에 쭉 늘어섰는데, 가게마다 형형색색의 포도가 산더미처럼 쌓여 있다. '포도구'라고 쓰여진 대문에 들어서니 주렁주렁 매달려 있는 포도송이로 운치 있게 꾸며 놓은 포도 터널이 손님을 맞는다. 터널의 오른쪽에는 포도밭이 펼쳐져 있고, 왼쪽은 절벽을 따라 연못이나 식당, 기념품 상점 등 시설물들이 들어섰다. 무릉도원을 연상케 하는 별천지다. 연못가 절벽에는 펑전(彭眞)이 1988년 9월 이곳을 방문할 때 남긴 '포도구'라는 제자(題字)가 큼직하게 새겨져 있다. 부근 여러 곳에 새겨 놓은 '포도구'라는 글씨는 바로 펑전의 이 제자를 본 딴 것이다. 펑전은 한때 중국공산당 정치국 상무위원 겸 베이징 시 당서기로서 덩샤오핑과 차세대를 견주던 인물이다. 문화대혁명 초반에 주자파(走資派: 자본주의를 지향하는 파)에 몰려 실각했다가 명예가 회복된 후 아마 이곳에 찾아온 것 같다. 세월이 무상함을 새삼스레 느끼게 한다. 이 포도 터널의 끄트머리에 있는 한 포도주 가게에

들러 주인이 직접 담근 포도주를 맛본
것이 오래도록 기억에 남는다.

돌아오는 길에 한 포도농가에 들렀
다. 이것은 관광의 필수 코스다. 활짝
열린 문에 들어서니 10여 평 남짓한 응
접실이 나타난다. 일행이 한 자 높이의
마루 위에 놓여 있는 평상에 둘러앉자
주인은 갖가지 포도와, 아직은 덜 익어
제 맛은 아니지만 그래도 달콤한 하미
과와 수박을 대접한다. 마당에서는 아
롱다롱한 위구르 옷차림의 여남은 살
소녀가 빙글빙글 돌며 '포도춤'을 춘다.
바깥에 있는 포도나무 넝쿨이 천장을 뚫고 들어와 낮게 드리우고 있어 앉은 자리에
서 탐스러운 포도송이를 따기도 한다. 이곳 포도나무의 평균 수명은 150년이나 되
며, 400년 넘는 것도 있다고 한다. 포도 종류만도 2백여 종이나 되는데, 그것을 말
리는 이색적인 건조장이 곳곳에서 눈에 띈다. 투루판의 건포도는 자고로 유명하
다. 일단 대접을 받았으니 사 주는 것이 예의라 싶어, 400년 묵은 나무에서 땄다는
최상의 '왕중왕'을 비롯해 '여인향', '수상건(樹上乾: 자연건조한 것)', '흑진주' 등 4
종을 섞은 건포도 1근씩을 중국돈 60원을 주고 샀다. 한 달 남짓한 여행을 마치고
서울에 돌아와 꺼내 보니 맛이나 색깔에 전혀 이상이 없다. 역시 명품은 다르다.

여름 과일의 여왕이라는 포도의 원산지에 관해서는 중앙아시아 페르가나 분지의
대원국(大宛國)이라는 설과 카스피 해 설 두 가지가 있는데, 그 역사는 기원전 3천
년경으로 거슬러 올라간다. 중국에는 기원전 2세기 전한 때 장건(張騫)이 서역에 사
신으로 갔다 오면서 가져온 것으로 전해지고 있다. 우리나라는 고려 때 중국(일설은
투루판)에서 들여왔다고 한다. 포도라는 이름은 이란어 부다와(bud-wa)나 그리스

어 보트루수(botrus)의 음사라는 것이 중론이다.

　지금 세계적으로는 매해 약 6천만 톤씩 생산하는데, 이것은 세계 과일 총생산량의 3분의 1에 해당하여 단연 1위를 점한다. 종류로는 유럽종과 미국종, 교배종 3종이 있는데, 우리나라에서는 주로 추위와 병충해에 강한 교배종을 심는다. 당분과 비타민 등 여러 가지 유효한 성분을 함유하고 있어 몇 가지 질병에 양약으로도 쓰이고 있다. 그리고 다남(多男)을 상징하는 포도무늬는 복식이나 회화, 공예품의 무늬로 널리 쓰이고 있다. 우리나라의 경우 조선조 초기에 전래한 포도무늬는 복식에서 동자문(童子紋)과 결부되어 특유의 포도동자문을 만들어냈다.

　2천 년 전 투루판 사람들은 낯선 포도나무를 서방에서 들여와 크게 다른 지역 환경에 맞게 순화(馴化)시키는 슬기를 발휘함으로써 비로소 오늘과 같은 최상의 포도를 생산할 수 있게 되었다. 순화력은 문명의 탄생과 성장의 중요한 요인이다.

10 쿠처와 한반도의 오랜 인연

쿠처에서 만나는 자랑스러운 겨레붙이들

오후 6시 10분에 투루판을 떠난 기차가 밤새도록 달려 쿠처(庫車) 역에 도착한 것은 다음날 아침 6시다. 거리상으로는 별반 멀지 않지만, 톈산 산맥의 남쪽 기슭을 구비구비 돌아가다 보니 꼬박 하룻밤이 걸렸다. 기차가 떠나 30분쯤 지나자 갑자기 바람 소리가 윙윙거리며 길옆에 늘어선 갈대가 심하게 휘적거린다. 지도에서 찾아보니 여기가 바로 그 유명한 '노풍구(老風口)'다.

'늘 바람이 부는 어귀'라는 이름이 말해 주듯이 이곳은 보통 초속 20~30미터, 심할 때는 사람까지 날려 보낼 수 있는 60~80미터의 강풍이 불어대는 지대다. 만년설을 인 톈산에서 일어난 강한 서북풍이 이곳 사막에 이르러서는 무시무시한 강풍으로 돌변하는 자연현상이다. 옥문관을 지나서 맞닥뜨리는 '악마의 늪' 백룡퇴나, 둔황 역을 지나서 펼쳐지는 '죽음의 사막' 막하연적에 필적하는 험악한 곳이다. 이러한 곳들을 지나야 하는 것은 오아시스에서 한때를 편히 보낸 길손들이 다음 오아시스에 안착할 수 있도록 신이 내린 시련의 '통과의례'라고 한다.

한여름인데도 고산지대라서 산기슭에서 흘러내리는 시냇물은 살얼음을 드러내고 차창엔 서릿김이 감돈다. 고산지대를 지나면 질펀한 초원지대가 펼쳐지고 이어 백양나무가 우거진 오아시스들이 점점이 널려 있는 이 톈산 남도는 자고로 서역으로 가는 주 통로다. 시간에 쫓겨 기차로 밤길 여행을 하다 보니 그 모든 비경을 맛보지 못하는 것이 못내 아쉽기만 하다. 어스름 속에 쿠처의 모습이 드러난다. "왕궁의 화려함은 신의 거처와 같고", "외성은 장안성과 흡사하고 가옥은 장려하기만 하며", 높이 27미터의 일불상 앞에서 5년마다 한 번씩 수십 일 간 계속되는 무차대회(無遮大會)를 열고, 1천이 넘는 행상(行像: 불상을 모신 행렬)이 구름처럼 몰려들던 그 옛 명성에 비하면 자그마한 현 소재지에 불과한 오늘의 쿠처는 너무나 초라하다.

쿠처는 한나라 이래 줄곧 '구자(龜玆)'로 부르다가 원나라 때 일시 회골어의 역음으로 '곡선(曲先)'이나 '고선(苦先)' 같은 이름이 생겼다. 그리고 청나라 건륭제 때 지금의 '쿠처'로 개명했다. 중국 사서에는 기원전 1~2세기경부터 '구자'라는 이름

쿠처 시내에서 북동쪽으로 20여 킬로미터 떨어진 곳에 자리 잡은 고대 불교 유적지 쑤바스 고성.

당나귀는 쿠처 사람들의 주요 교통수단이다. 엄마가 모는 당나귀 수레 위에서 옥수수를 먹고 있는 아이의 모습이 목가적이다.

이 등장한다. 『한서』의 「서역전」에 보면, 구자는 인구 8만 1천여 명에 군사 2만여 명을 보유한 서역 36개 국 중 9대국의 하나로, 수도는 장안에서 3천 킬로미터 떨어진 연성(延城)이었다. 일정한 국가체제도 갖추고 쇠를 녹여 야금하는 법도 알 정도로 발달한 나라였다. 지정학적으로 교통 요지에 위치하고 국력도 강하기 때문에 한조는 시종일관 이곳을 중시해 왔다. 그래서 흉노가 이 지대를 위협하자 기원전 60년에 동쪽으로 150킬로미터 떨어져 있는 오루성(烏壘城)에 첫 서역도호부를 설치해 흉노의 내침에 대비했다.

그 무렵 오손(烏孫)으로 시집간 한나라 공주의 딸과 정략결혼을 한 구자 왕은 1년 동안이나 장안에 머물면서 한의 문물과 제도를 배웠다. 그러던 구자가 후한 초의 혼란기를 틈타 다시 일어난 흉노에 아부해 한을 이반하자 후한 화제(和帝)는 73년 반초(班超)를 파견해 서역 전역을 평정하고 구자를 다시 복속시켰다. 위진남북조 시대에도 국력은 계속 성장해 경제적 부를 누려오다가 당대에 이르러서는 여섯 도호부의 하나인 안서도호부가 설치되어 서역경영의 핵심부 구실을 했다.

오아시스 육로의 북도 요충지에 자리하고 있는 쿠처는 동서 문명교류에 큰 기여를 해 왔다. 그 여파는 멀리 떨어진 이곳 한반도까지 밀려 왔다. 혜초와 고선지를 비롯한 우리네 선현들이 그곳에 거룩한 발자국을 남겨 놓았고, 그곳 악무가 우리 속으로 전해져 왔으니 쿠처야말로 우리와 오랜 인연을 맺고 겨레사의 외연권(外延圈)에 들어 있는 일원이라고 하겠다.

일찍이 신라 고승 혜초 스님은 인도에 구법을 갔다가 돌아오는 길에 개원 15년 (727년) 11월 상순, 당시 안서도호부가 자리한 이곳에 도착한다. 스님의 여행기『왕오천축국전』 중에서 유일하게 행적의 시간을 밝힌 것은 이곳 하나뿐이다. 그래서 그 의미가 특별히 크다. 스님은 여행기에서 이렇게 밝히고 있다. "다시 소륵(疏勒, 오늘의 카슈가르)에서 동쪽으로 한 달을 가면 구자국(龜玆國)에 이른다. 이곳이 바로 안서대도호부로서 중국 군사의 대규모 집결처이다. 이 구자국에는 절도 많고 승려도 많으며 소승법이 행해지고 있다. 고기와 파, 부추 등을 먹는다. 중국 승들은 대승법(大乘法)을 행한다." 이어 스님은 그때 안서도호부 절도사가 조군(趙君)이며, 중국인 승려가 주지로 있으면서 대승법을 행하는 절은 두 곳밖에 없음을 전한다. 간략한 기록이지만 8세기 쿠처에 관한 귀중한 사료로 평가받고 있다.

쿠처는 기원전 1세기 전한 때에 이미 불교가 들어오기 시작해 서역에서 불교가 가장 흥성한 나라 중 하나였으며, 불교의 동전에 크게 기여했다. 초기 포교시대인 2~5세기 때는 주로 북인도에서 설일체유부에 속하는 소승법이 들어와 유행했으나, 7세기부터는 점차 사라지고 대신 대승법이 일기 시작했으며, 그것이 투루판을 거쳐 중국에 전파되기에 이른다. 스님의 기록에서 한 가지 밝혀야 할 점은 조군에 관한 사실이다. 당시 안서도호부의 절도사(종2품)는 친왕인 두섬(杜暹)이었으나 그는 명의를 두었을 뿐 현지에 부임하지 않고, 부도호인 조군이 임무를 대행하고 있었다. 그래서 혜초는 조군을 절도사로 알고 있었던 것 같다. 아무튼 남아 있는 기록으로 보면, 혜초는 이역만리 쿠처에 간 최초의 한국인이다.

혜초와 거의 동시대 인물로 한반도와 쿠처 간의 인연을 맺어 준 사람은 고구려 유민 장군 고선지(高仙芝)다. 그 인연은 혜초보다 더욱 끈끈하다. 고선지가 어디서 출생했는가는 아직 미지로 남아 있지만, 어릴 적 안서군 중급장교로 있던 아버지 고사계(高舍鷄)를 따라 유년시절을 3만 안서군의 주둔지인 쿠처에서 보낸 것만은 사실이다. 그는 약관 20세에 아버지와 관품이 비슷한 유격장군에 발탁된다. 중국 사서에는 음보(蔭補: 조상의 덕으로 벼슬자리를 얻는 일)에 의한 발탁이라고 하지만, 그것만은 아니고 오히려 그의 출중한 용모와 무예, 지략에서 비롯된 것이라고 판단된다. 고선지는 불과 11년 사이(740~751년)에 안서 부절도사에서 절도사로 승격해 다섯 차례나 대군을 이끌고 세계 전쟁사에 보기 드문 서역원정을 단행한다. 그런데 그 출발지와 개선지가 패전의 고배를 마신 마지막 탈라스 전쟁을 빼고는 모두 쿠처다.

명실상부한 '파미르의 주인' 고선지가 이끈 다섯 차례의 서역원정으로 파미르 고원 동쪽 지역의 항당세력이 제거되었고, 이 지역에 대한 당의 경영권이 확보됨으로써 고선지는 대당 건설에 결정적인 기여를 했다. 그는 오늘날 중국의 서부 변경이 확정되는 역사적 기틀을 마련한 셈이다. 또한 제지술의 서전을 비롯해 동서문물의 교류가 촉진된 것도 그의 서역원정이 가져온 불후의 결과물이다. 여기에 더해 우리 겨레사에서도 그 지대한 역사적 의미를 찾아보게 된다. 그는 당의 무장이기에 앞서 고구려 땅에 태를 묻은 고구려인의 후손이다. 그는 고국에 대한 그리움과 망국유민의 한과 설움을 오직 무(武)를 닦는 정열로 승화시켜 마침내 당대 으뜸가는 용장으로 성장했다. 몸은 비록 이역 땅 당나라에 두고 있었지만, 위대한 고구려인의 얼과 슬기를 세계만방에 드날린 자랑스러운 한국인이다.

그러나 이곳 그 어디에도 이 절세의 위인을 기억하거나 기리는 징표는 없다. 그저 흔적 한 점이라도 찾아보는 것이 이번 쿠처 행의 첫째 바람이었다. 그래서 쿠처의 옛 성벽이 확인되었다는 현지 안내원의 말에 귀가 솔깃해서 이곳에서의 첫 행선지를 그곳으로 잡았다. 고선지가 출정할 때마다 그 성벽을 넘나들었을 것이기 때문이다. 그러나 숙소인 고차반점(庫車飯店)에서 15분 거리에 있는 성터에 도착했을 때 나는 실로 망연자실하지 않을 수 없었다. 그 장려했던 궁성이 남긴 성벽 유적이 이토록 허술하다니. 길가에서 5미터쯤 떨어진 수풀 속에 '구자고성유지(龜玆故城遺址)'라고 쓴 팻말이 비스듬히 꽂혀 있을 뿐, 아무런 관리시설도 없다. 2~3미

고선지 장군이 서역으로 출정하기 전 통과했던 구자(쿠처)고성. 옛 영화는 사라지고 잡풀만 무성한 채 달랑 '구자고성유지'라는 팻말만 꽂혀 있다.

터 높이의 흙무지가 옥수수 밭 한가운데로 300미터쯤 뻗어 가다가 꼬리를 감춘다. 인기척이 나니 이곳저곳에서 볼일을 보던 사람들이 엉거주춤 머리를 내민다. 그래도 장군의 족적을 되밟아 봤다는 일말의 긍지에 이 모든 허전함을 털어버리고 발길을 돌렸다.

이렇게 맺어진 인연 속에는 문물의 오감도 한 몫 단단히 했다. 우리는 고구려 고분벽화나 신라의 유물 중에서 쿠처와 공유하고 있는 몇 가지 문명요소들을 발견하게 된다. 그 대표적인 것이 악무다. 중국 수나라 때의 구부기(九部伎)나 당나라 때의 십부기에 사용되는 악기들 중 서역악기에 속하는 5현이나 요고, 동발, 공후, 피리, 저, 소 등 악기가 고구려기와 구자(쿠처)기에 공통으로 등장한다. 그밖에 고구려의 장천 1호 분 벽화에는 5현과 피리가, 고구려 집안 4호 분 벽화와 신라의 비암사(碑巖寺) 아미타불삼존석상에는 요고가, 신라의 상원사(上院寺) 범종 종신에는 공후가 그려져 있다. 이 모든 것은 두 지역 간에 있었던 활발한 악무 교류를 말해 주고 있다.

9세기 대문호 최치원(崔致遠)이 저술한 『향악잡영오수(鄕樂雜詠五首)』에는 신라 때 유행한 금환(金丸), 월전(月顚), 대면(大面), 속독(束毒), 산예(狻猊) 등 다섯 가지 놀이를 소개하고 있는데, 모두 서역 계통의 놀이들이다. 그중 오늘날까지도 전승되고 있는 산예는 다섯 마리의 사자랑이 추는 해학적인 사자춤으로, 쿠처에서 전래한 것이다. 최치원의 묘사에 의하면, "멀리 서방 사막을 지나오느라 털옷은 다 해지고 온몸엔 티끌만 뒤집어 쓴 사자가 인덕(仁德)이 배어 있는 머리와 꼬리를 흔들면서 영특한 기개와 재주를 자랑한다." 이런 사자춤이 오늘날까지도 '북청사자놀이'나 '봉산탈춤', '통영오광대' 같은 사자춤으로 이어지고 있는 것이다. 이렇게 보면 쿠처와 우리는 다 같이 춤과 노래를 즐기는 한 동아리의 문명인들이다.

키질 석굴과 한락연
상처 입은 고대 문명 되살린 중국의 피카소

쿠처는 석굴로 이름난 고장이다. 쿠처 부근에만도 10여 개의 석굴이 널려 있어 신장 전체 석굴의 5분의 3 이상을 차지한다. 그중 키질(克孜爾, Kizil) 석굴은 단연 으뜸이며, 둔황 석굴, 룽먼(龍門) 석굴, 윈강(雲崗) 석굴과 더불어 중국 4대 석굴의 하나로 꼽힌다. 그리고 4대 석굴 중에서도 조영이 가장 오래되고 그 내용물에 교류적 요소가 많다는 면에서는 타의 추종을 불허한다. 특히 1만여 평방미터에 달하는 벽화가 지닌 예술적 가치는 둔황 석굴의 그것과 비견할 만하다고 한다. 심지어 그 가치가 둔황보다 더 높다고 주장하는 이도 있다. 이 모든 것을 차치하고, 키질 석굴이 우리에게 더 뜻 깊게 다가오는 것은 그 실체와 진가가 우리 겨레붙이의 노력으로 바르게 밝혀졌기 때문이다.

그래서 흥분된 심정을 가까스로 가라앉히면서 쿠처와 바이청(拜城)을 잇는 고배로(庫拜路)를 따라 서쪽으로 30분쯤 달리니 염수(鹽水) 계곡이 나타난다. 문자 그대로 짠 물이 흘러내리는 계곡인 성싶다. 한여름이라서 폭이 100미터는 족히 될 강물은 몽땅 말라버리고 강바닥엔 흰 염분만 햇볕에 반짝거린다. 이곳을 지나 30분 더 가서 내리막길에 접어드니 깊숙한 수게트(蘇格特) 계곡이 나타난다. 그 오른쪽엔 무자르트(木札爾特) 강이 황량한 츠르타크(却勒塔格) 산을 끼고 아득히 흘러가고, 왼쪽으론 깎아지른 듯한 밍우타그(明屋達格) 산의 절벽이 2킬로미터나 쭉 늘어섰다. 이 절벽에 벌집처럼 뚫려 있는 것이 바로 그 유명한 키질 석굴이다. 석굴의 분포에 따라 이 수게트 계곡은 곡서구(谷西區)와 곡내구(谷內區), 곡동구(谷東區), 후산구(後山區)의 네 부분으로 나뉜다. 쿠처에서 석굴 정문까지 거리는 67킬로미터다.

정갈하게 꾸며 놓은 정문에 들어서니 먼저 눈에 띄는 것이 1994년에 세운 구마라습(鳩摩羅什)의 청동좌상이다. 그는 쿠처에서 태어나 불교의 불씨를 지핀 후 장안에

둔황 석굴, 룽먼 석굴, 윈강 석굴과 함께 중국 4대 석굴의 하나인 키질 석굴의 전경. 석굴의 고장 쿠처에서 67킬로미터 거리인 밍우타그 산 절벽에 300개가 넘는 굴이 벌집처럼 뚫려 있다. 앞마당에는 쿠처 불교의 불씨를 지핀 명승 구마라습의 동상이 세워져 있다.

가서 경론 74부 300여 권을 번역해 동아시아 불교 삼론종의 조사가 된 명승이다. 인자한 명승은 마냥 깊은 사색 속에 찾아오는 손들을 반겨 맞으며, 바른쪽 석굴군으로 안내한다. 지금까지 확인된 석굴만도 236개나 되는데, 아직 발굴되지 않은 것까지 합치면 300개가 넘을 것이라고 한다. 그중 벽화가 있는 석굴은 모두 75개다.

이 석굴군은 3세기부터 9세기에 이르는 약 600년 동안 여러 조대를 걸쳐 조성된 다양한 내용의 석굴로서 부처의 본생과 본행, 교화와 공양을 주제로 한 벽화가 그 핵심이다. 벽화기법에서는 어느 석굴 벽화보다도 서역기법을 많이 받아들였고, 거기에 중원기법을 가미해 특유의 쿠처풍 벽화를 그려냈다. 그러나 소승 신앙으로부터 시작된 불교가 7~8세기에 이르러 대승에 편중되자 벽화 미술은 점차 사양길에 접어든다. 그래서 키질 석굴 벽화는 초창기(3세기 말~4세기 중엽)와 발전기(4세기 중엽~5세기 말), 전성기(6~7세기), 쇠퇴기(8~9세기)의 4단계를 걸치게 된다.

일행은 안내하는 대로 10호 굴과 17호 굴을 비롯해 모두 9개 동굴을 둘러봤다. 여

기도 러시아나 독일, 일본 등지에서 온 도굴꾼들에 의해 뜯기고 할퀴어진 자리가 곳곳에 역력하다. 천 년을 훨씬 넘긴 벽화들이지만 그렇게 색조가 선명하고 형상이 또렷할 수가 없다. 탐방 내내 특별히 유의한 것은 교류상을 보여 주는 벽화들의 실물 확인이다. 천장의 비천상을 비롯해 '천궁기악도' 중의 각종 서역 악기와 페르시아식 연주(聯珠) 무늬 등 하나하나가 활발했던 문명교류상을 여실히 입증해 준다. 그런가 하면 그 교류 속에서 일궈낸 독창성이 또한 돋보인다. 17호 굴 주실 벽화는 마름모꼴 격자 속에 본생담(本生譚)을 그려 넣은 쿠처 특유의 벽화 미술로서 눈길을 끌었다. 그리고 6세기 중국

쿠처 시내에서 키질 석굴이 있는 수게트 계곡까지 가는 고배로. 황량한 돌산 풍광이 끝나면 푸른 숲과 맑은 강이 흐르는 계곡이 나타난다.

북제(北齊)시대 미술에 나타난 이른바 '조의출수(曹衣出水)' 기법도 생생하게 접할 수가 있었다. 명화가 조중달(曹仲達)은 육체적 미감을 살리기 위해 의상의 무늬를 인체의 구조에 따라 변화를 줌으로써 마치 물속에서 나온 사람처럼 의상이 몸에 밀착되는 미술기법을 창안했다. 이 '조의출수'는 그 후 중국 불화의 중요한 의상기법의 하나로 전승되었다.

탐방 중 발길을 가장 오랫동안 멎게 한 곳은 10호 굴이다. 원래 이 굴은 선방으로서 벽화는 없다. 약 2.5미터 높이의 주실은 방형이고 창문과 벽난로 자리가 있다. 길이 3.35미터, 폭 1.95미터의 제자(題字)가 동쪽에서 서쪽 방향으로 북면 상반부에 세로로 새겨져 있다. 글자의 크기는 평균 8~10밀리미터며 새김 깊이는 0.5밀리미터 정도다. 그리고 주실 한가운데에는 빛바랜 사진 한 장이 갸름한 나무받침대 위에 놓여 있다. 그 제자와 사진의 주인공은 다름 아닌 중국 조선족 출신의 화가 한락연(韓樂然)이다. 글자는 조수였던 천톈(陳天)이 새긴 것이라고 한다.

제자의 원문은 이렇다. "본인은 독일의 르콕이 쓴 신장문화보고(寶庫)기와 영국의 스타인이 지은 서역고고기를 읽고 나서 신장이 고대 예술품을 대단히 많이 간직하고 있음을 알고는 곧 신장에 올 생각이 났다. 그리하여 1946년 6월 5일 단신으로 이곳에 와 벽화를 보니 실로 아름다운 옥이 눈앞에 가득한 것처럼 훌륭한 것이 너무나 많았다. 모두가 우리나라 여타 동굴들로는 도저히 따를 수 없는 그러한 고상한 예술적 가치를 지니고 있다.

아쉽게도 대부분의 벽면은 외국 고고대(考古隊)에 의해 벗겨졌는데, 이것이야말로 문화사에서의 일대 손실이다. 본인은 이곳에서 유화 몇 폭을 모사하려고 14일간이나 머물면서 준비를 충실히 하는 데 진력하였다. 이듬해 4월 19일 조우보우치(趙寶琦), 천톈, 판꾸어챵(樊國强), 쑨비둥(孫必棟)을 데리고 두 번째로 이곳에 왔다. 우선 번호를 매겼는데, 정부(正附) 번호(韓氏編號)를 매긴 동은 모두 75좌다. 그러고 나서 개별적으로 모사·연구·기록·촬영·발굴을 진행하여 6월 19일에 잠정적으로 한 단락을 지었다. 고대 문화를 더욱 빛나게 하기 위해 참관하는 제위께서는 이곳을 특별히 애호하고 잘 보관해 주시기를 삼가 바라는 바이다." 이 제자에서 우리는 키질 석굴에 대한 화가의 각별한 애착과 투철한 선구자적 역사문화의식, 그리고 외

쿠처 시내에서 키질 석굴로 가는 길목에 대협곡을 지나 만난 염수계곡. 원래 바다였던 곳이 융기해 육지로 변한 곳으로, 여름에는 짠 맛이 나는 하얀 가루로 뒤덮여 있다.

래 도굴꾼들에 대한 의분을 그대로 읽을 수가 있다.

　한락연, 그는 필자의 고향 대선배다. 중국 옌볜(延邊) 룽징(龍井)은 우리들의 고향이다. 선생을 비롯 고향을 빛낸 선배들의 존함이 늘 어른들 속에서 인구회자되던 일이 어릴 적 기억으로 어슴푸레 남아 있다. 그러다가 1950년대 초반 베이징대학 재학 시절, 선생은 이미 세상을 떠나셨지만 몇몇 동료분들로부터 선생의 일생에 관해 들을 수가 있었다. 그로부터 50여 년이 지난 지금, 선생의 제자와 사진 앞에 선 필자의 감회는 이루 다 헤아릴 수 없다. 옷매무시를 단정히 하고 속으로 큰 절을 올렸다.

　선생(1898~1947)의 본명은 한광우(韓光宇)고 어릴 적 이름은 한윤화(韓允化)다. 가난한 농민의 가정에서 태어난 데다가 일찍이 아버지를 여읜 윤화는 소학교를 졸업하고는 학업을 더 이상 잇지 못하고 전화국과 세무서에서 말단 사환으로 생계를 유지했다. 그러다가 3·1운동의 여파로 '룽징 3·13' 반일시위가 일어나자 세무서 안에서 몰래 태극기를 그려 시위자들에게 나누어주면서 시위에 앞장선다. 이를 계기로

세상사에 눈뜨기 시작한 청년 광우는 소련 블라디보스토크를 거쳐 상하이로 갔다. 어릴 적부터 남달리 그림에 소질이 많았던 선생은 본격적인 그림 공부를 위해 1920년 상하이 미술전문학교에 입학해 주경야독한다.

생활이 어려운 데다가 각종 사회활동에 적극 참가하는 가운데서도 우수한 성적으로 1924년 1월 미술학교를 졸업한다. 1924년 1월 15일자 〈동아일보〉는 '미술계의 2수재'라는 제하에 '생각이 높고 심히 활발한 청년' 한광우가 4년 간 줄곧 우등 성적으로 중국 최고의 미술학교를 졸업했다는 기사를 번듯하게 싣고 있다(다른 학생은 의주군 출신의 김복형). 졸업하자 동북 펑톈(奉天, 지금의 선양[瀋陽])에 가서 기독교청년회의의 도움으로 첫 유화 전시회를 열고, 사립미술전문학교를 세워 교장으로 취임한다. 후일 다시 소련 블라디보스토크에 갔다가 하얼빈에 돌아와서는 보육중학교 미술교사로 일하다가, 치치하르에 가서 '낙천(樂天)사진관' 사진사로 변신하기도 한다. 항일구국의 투지에 불타는 열혈청년의 행동반경은 실로 종횡무진이었다.

그러다가 1929년 선생은 보다 큰 포부를 안고 프랑스 유학길에 오른다. 역시 식당 잡부로, 신문사 사진기자로 일하면서 파리의 국립루브르예술학원에 입학해 천부적 화재(畵才)를 다듬질했다. 유학 기간 피카소처럼 거리화가라는 명성을 얻기도 했으며, 여러 유럽 국가들을 주유하면서 국제적인 반 파시즘 운동에도 가담했다. 1937년 8년 간의 유럽 생활을 마치고 중국에 돌아와서는 우한과 충칭, 시안 등지를 전전하면서 작품 활동과 더불어 보다 성숙된 모습으로 항일구국투쟁에 헌신한다. 그러던 중 1940년 시안에서 국민당 당국에 체포되어 3년 간의 옥고를 치른다. 옥중에서도 '다리 위에서'를 비롯 수채화 40여 점을 그린다.

출옥 후 란저우(蘭州)로 자리를 옮긴 선생은 평생 소원이던 석굴 벽화의 복원작업에 착수한다. 둔황 천불동에 두 번이나 가서 '뇌신(雷神)' 같은 모사 수작을 남겼으며,「키질 벽화와 둔황 벽화의 관계」라는 학술논문까지 발표한다. 그리고 1946년과 1947년 두 차례에 걸쳐 키질 석굴을 탐방해 불후의 공적을 세운다. 키질로 가는 길에 투루판에 들러서는 고창성과 아스타나 등 유적지에서 미라를 비롯한 여러 점의 유물도 발굴해 학계를 놀라게 했다. 그러다가 1947년 7월 30일 국민당 257호 군용기를 타고 우루무치를 이륙해 란저우를 향하다가 쟈위관(嘉峪關) 상공에서 '기후 악화'로 비행기가 추락했다는 것이 선생의 마지막 길에 관한 보도의 전부다.

선생의 50 평생은 헐벗고 굶주리며 나라를 잃고 서러워하는 사람들과 삶을 같이한 역정이다. 키질 석굴에서의 나날들이 이를 잘 말해 주고 있다. 선생은 의약품을 한 보따리 가지고 와서 200여 명의 환자들에게 무료로 나누어 주었다. 우루무치에

있는 한 친구에게 보낸 편지에서는 매일 아침 6시부터 밤 10시까지의 시간대 별 빡빡한 일과를 알리며, 자유시간만 되면 주민들과 한 덩어리(合樂一團)가 되어 노래 부르고 호금을 타며 춤추는 즐거움을 소개하고 있다. 선생이 그린 화폭에도 이러한 고상한 인간미가 고스란히 배어 있다. 학우들과 지우들의 회고에 의하면, 선생은 늘 한글 서적과『일본의 조선 침략사』같은 책을 소지하고 있었으며, 고국에 대한 사랑과 망국의 한을 잊지 않았

한락연이 모사한 키질 석굴의 비구승 벽화.

다고 한다.

선생은 중국 내에서만도 20여 차례의 개인전을 열었으며, 165점의 유작(그중 키질 석굴 작품은 29점)을 남겼다. 그는 서구의 사실주의적이며 인상주의적 화풍과 동양 전통의 필묵(筆墨) 화풍을 잘 조화시켜 화면의 층차(層次)가 분명하고, 입체감이 넘치며, 색조가 묵직하면서도 명쾌하고, 지역 특색이 선명한 풍속화, 풍경화, 초상화, 그리고 벽화의 모사화 등 다양한 소재의 그림을 그려 '유작마다 국보(件件遺作 是國寶)'라는 절찬을 받고 있다.

다행히도 한국에서는 중국 한인 출신의 민족주의자로 평가되어 1993년과 2005년 두 차례나 선생의 유작 전시회가 열렸으며, 2005년 8월에는 국가보훈처로부터 광복 60주년 기념 독립운동가 포상이 있기도 했다. 한락연 선생은 '중국의 피카소'로서, 열렬한 사회활동가로서, 굳건한 '역사문물의 지킴이'로서 시대적 사명에 충실한 지성인의 귀감이다.

12 신 실크로드의 요충지, 우루무치
치욕 씻고 다시 일어서는 실크로드의 기지

실크로드의 역사는 문명의 명멸역사이며, 그 중심에는 늘 도시가 자리하고 있다. 마치 피를 공급하는 심장과 그 공급로인 혈관의 관계처럼, 도시의 성쇠에 따라 길의 여닫힘이나 소통이 결정되곤 한다. 옛날 말을 타고 초원을 누비고 낙타 등에 업혀 사막을 지나며 돛배에 실려 바다를 가르던 그 전통적 실크로드 시대에는 물론이거니와, 기차와 기선, 비행기로 지구가 땅·바다·하늘의 입체적 교통망으로 뒤덮인 오늘의 신 실크로드 시대에는 더더욱 그러하다. 실크로드와 도시의 관계는 서로 맞물리는 변증법적 관계다. 그러한 관계의 역사적 현장을 확인하고 싶어, 보통 쿠처에서 카슈가르로 서행하는 오아시스로 답사의 상궤(常軌)를 벗어나 딴 길로 찾아간 곳이 바로 신흥 도시 우루무치(烏魯木齊)다.

2005년 7월 24일 오후 2시 40분, 타림 분지의 뜨거운 지열이 아른아른 피어오르는 속에 우리 일행을 태운 서북항공 소속 40인승 소형 비행기는 사뿐히 쿠처 공항을 이륙했다. 곧바로 기수를 동북쪽으로 돌리자 만년설을 머리에 인 중중첩첩의 톈산 산맥 멧부리들이 손에 잡힐 듯 발 아래로 스쳐지나간다. 동전닢만 한 오아시스들이 간간이 눈에 띈다. 이윽고 듬성듬성 숲이 우거진 초원 한가운데 햇빛에 번뜩이는 고층건물과 공장 굴뚝들이 시야에 들어온다. 곧 우루무치다. 공중에서 봐도 현대적 면모를 갖춘 신흥 도시임을 이내 알 수 있다. 여기까지 비행에 1시간 10분이 걸렸다. 한창 더울 때인데도 고산 초원지대라서 그런지 기온이 30도를 약간 웃돈다. 여러 날 50도에 가까운 열사 속을 누비며 부대끼던 우리에겐 사뭇 시원하게 느껴졌다.

몽골어로 '아름다운 목장'이라는 뜻의 우루무치는 신장웨이우얼자치구의 수도로서 톈산 산맥의 북쪽 기슭, 우루무치 강 기슭의 해발 915미터의 고지에 자리하고 있는 신흥도시다. 옛날부터 이곳은 중가리아 분지의 서단 초원지대로 여러 종족 계통의 유목민들이 섞여 살고 있었다. 기원전 1세기, 전한이 타림 분지에 서역도호부를 설치하면서 둔황에서 하미를 통하는 이른바 톈산북도가 뚫려 이곳을 지나가기는 했지만, 별로 알려지지는 않았다. 이곳이 세상에 알려지게 된 것은 7세기

만년설로 덮인 톈산 산맥의 봉우리들이 구름 사이로 보이고 있다. 톈산 산맥의 북쪽 기슭에 자리 잡은 우루무치는 쿠처에서 하늘 길을 이용해 가려면 이렇게 높다란 톈산을 지나야 한다.

이곳에서 동쪽으로 130킬로미터 떨어진 정주(庭州)에 북정도호부(北庭都護府)가 설치되면서부터다. 당시 이곳은 윤태현(輪台縣)의 소재지였다. 8세기 중엽 당 세력이 물러나자 위구르족을 비롯한 여러 민족들이 사방에서 몰려들었지만 약 천 년 동안은 '무풍지대'로 남아 있었다.

그러나 근세에 접어들면서 러시아와 영국 등 서구세력들의 눈독과 만청의 서진 정책은 더 이상 이러한 '무풍'을 허용하지 않았다. 18세기 중엽에 청나라는 중가리아 일대를 정복하고 톈산 남쪽 기슭의 카슈가르 칸 국을 병합하고, 우루무치에 안서제독을 주둔시키면서 이름도 '이끌어 깨우치게 하다'라는 뜻의 '적화(迪化)'라는 비칭으로 바꿨으며, 회교를 배척하는 정책도 단행했다. 이에 격분한 무슬림들이 19세기 중엽 대규모 반청독립운동을 일으켜 일시 우루무치를 장악했다. 당황한 청나라 정부는 흠차대신(欽差大臣) 좌종당(左宗棠)을 급파해 무력으로 이 운동을 진압하고, 1884년에는 준부(準部)와 회부(回部)를 합쳐 신장성이라 칭하고 우루무치를 성도로 삼았다. 이때부터 우루무치는 신장의 심장부로서 톈산 이북의 초원로로 들어가는 관문 구실을 하기 시작했다. 그러다가 1944년 위구르족과 카자흐족이 주동이 되어 쿠처에 동투르키스탄공화국을 세웠지만 얼마 못가서 중화인민공화국의 성립과 더불어 중국군이 진주해 정권을 넘겨받았으며, 1955년에 지금의 신장웨이우얼자치구를 설립했다.

호텔에 여장을 풀어 놓고 거리 이름부터가 신식 느낌을 주는 해방로와 인민로가 교차하는 남문 바자르(재래시장)로 향했다. 우루무치의 3대 바자르 중 가장 큰 이 3층짜리 바자르는 그야말로 '고양이 뿔 외는 없는 것이 없다'는 오만가지 잡화시장이다. 화려한 민족의상으로부터 액세서리, 금은세공품, 호탄의 옥 제품, 갖가지 향신료, 시시케밥(꼬치구이) 등에 이르기까지 이루 헤아릴 수 없이 많다. 러시아를 비롯해 중앙아시아 각지에서 온 행상들이 법석인다. 저마다 큰 보따리 몇 개씩을 챙겨 들고 있다. 거리엔 형형색색의 얼굴이나 옷 모양을 한 사람들로 붐빈다. 그도 그럴 것이 이 도시에는 위구르족 말고도 카자흐, 타지크, 회족, 한족, 몽골족 등 13개 민족이 어우러져 살고 있다. 실로 '민족의 십자로'라는 말을 실감케 한다. 그만큼 인구도 급속하게 늘어나 1906년 3만 9천에 불과했는데, 지금은 208만으로 무려 53배나 늘어난 셈이다.

다음날, 우리는 신장 역사박물관을 찾았다. 사전에 연락이 있어 이 박물관 연구원인 쟈잉이(賈應逸·여) 교수가 문밖에서 기다리고 있었다. 쟈 교수와는 1년 전 한국 중앙아시아연구회가 주최한 국제학술대회에서 만나 안면을 익혔다. 박물관은 10월 1일 개관 50주년을 앞두고 신관 신축공사가 한창이어서 전시실은 일부만을 공개했다. 조금은 아쉬웠지만, 쟈 교수의 친절한 안내 속에 전시품들을 돌아보고 대략을 파악할 수가 있었다. 자치구의 종합 박물관으로서 구내 주요 출토품들은 거의 다 모아 전시해 놓고 있다. 소장품만도 3만여 점에 달한다고 한다.

나의 관심거리는 문명교류와 관련된 유물들인데, 그 양이 적지 않다. 하미에서 출토된 두 귀 달린 채도항아리를 비롯해 페르시아계 유리그릇, 알타이계 구리솥, 시베리아 계통의 토기, 북방계의 석관묘 등이 그 대표적 유물들이다. 눈길을 끈 것은 누란에서 출토된 '잠자는 미녀'를 비롯한 여러 점의 미라다. 이 미라에 관해 쟈 교수는 이집트 미라는 약물 처리를 한 것이나, 신장 것은 자연건조된 것이므로 응당 구별해서 '건사(乾死)'라고 일컬어야 한다고 일리 있는 주장을 한다. 참관을 마치고 일행은 쟈 교수와 약 30분 간 좌담을 가졌다. 비단과 채도, 유리와 불탑 등의 전파 문제에 관해 유익한 견해를 나눴다. 특히 종전에 중국 학자들은 채도의 자생설만을 고집해 왔는데, 최근 신장지대에서 유물이 계속 발굴되는 점을 감안할 때, 이제는 '사상을 개방'해 서역으로부터의 전래 가능성에 대해서도 귀를 기울여야 할 것이라는 그의 제언에 공감이 갔다.

돌아오는 길에 시 중심에 자리한 홍산 공원 앞을 지났다. 붉은 색 암괴로 이루어진 산이라고 해서 '홍산(紅山)'이라는 이름이 붙여졌다. 해발 1,391미터 높이의 산

쿠처에서 타고 온 비행기에서 바라본 우루무치 시내의 모습.

정상에는 우루무치의 상징이라는 9층 진룡탑(鎭龍塔, 1788년 세움)이 아스라하게 보인다. 전설에 의하면, 원래 이 산은 한 마리의 용이었는데, 우루무치에 대홍수를 일게 해 여신 서왕모(西王母)가 화가 나서 머리 위에 탑을 세워 용을 진압했다고 한다. 그 탑이 바로 이 진룡탑이라는 것이다.

서왕모의 전설은 여기만 있는 것이 아니다. 이곳에서 동쪽으로 110킬로미터쯤 떨어진 톈산 산맥의 두 번째 고봉인 보고타봉(博格達峰, 해발 5,445미터)의 중턱(해발 1,980미터)에 있는 고산호 천지(天池)에도 그에 관한 애틋한 전설이 깃들어 있다. 둘레가 11킬로미터나 되는 이 천연호수는 우리네 백두산 천지보다는 작지만, 이름도 같거니와 모두 성산으로 추앙되고 있다. 전설에 따르면, 이 호수는 서왕모가 목욕하는 곳이고, 호수 동서에 있는 작은 못 두 개는 발을 씻는 곳이라고 한다. 또한 3천 년 전 주나라 목왕(穆王)이 여덟 필 준마가 끄는 수레를 타고 서쪽 지방을 주유할 때 서왕모가 성대한 환영연회를 베푼 장소인 요지(瑤池)가 바로 이 천지라고 한다. 이렇듯 이곳 우루무치는 신성한 기운이 서린 고장이다.

그러기에 백 년 전 서양 탐험가들이 '찌들 대로 찌든 지저분한 거리'라고 묘사했던 치욕을 말끔히 가셔내고 일약 현대적인 신흥 도시로 발돋움한 것이다. 석유와 석탄, 철광 등 풍부한 지하자원을 갈무리하고, 강철과 전력, 시멘트와 방직 등 중공업과 경공업의 여러 분야를 두루 망라하고 있으며, 여기에 사통팔달된 교통망을 겸비하고 있다. 중국의 주요 도시들을 연결하는 철도는 물론, 이미 중앙아시아의 타슈켄트까지 잇는 철도가 개통되고 있으며, 한국을 포함해 주변 8개 국과의 항공로도 일찌감치 열렸다. 해마다 20조 원 이상이 투자되는 서부대개발사업의 견인차 역할을 하는 우루무치는 12퍼센트의 고성장률을 기록하고 있다고 한다. 그리고 이러한 굳건한 경제적, 문화적 잠재력을 바탕으로 유럽을 포함한 전 세계를 겨냥한 국제물류센터를 건설중이다. 그들의 야심 찬 구호는 '경제 실크로드의 선점'이다.

지금 우루무치는 중앙아시아와 유럽으로 진출하는 수출기지로서 세계의 주목을 받고 있다. 그리고 미국과 일본 등 40여 개 나라에서 1,300여 개 회사가 진출해 이 기지를 차지하려고 앞 다투어 경쟁을 벌이고 있다. 우리나라에서도 여러 기업이 들어와 경쟁에 당당히 합류하고 있다. 그런가 하면 2001년에 문을 연 '한글학교'는 우리 문화 홍보는 물론, '한류'를 이끌어 가는 구심 노릇을 하고 있어 흐뭇하다.

이 모든 것에서 우리는 21세기의 실크로드, 즉 신 실크로드가 잉태하고 있는 잠재력과 분출하고 있는 활력을 피부로 느끼고 있다. 이러한 역사의 현장은 비단 우루무치에만 있는 것이 아니라, 이제 우리 일행이 따라가는 길의 곳곳에 펼쳐져 있을 것이다. 이것이 바로 우리가 지향하는 실크로드의 재발견이다.

13 생명이 약동하는 '죽음의 바다' 타클라마칸
마 른 모 래 가 르 고 열 리 는 삶 의 바 다

2005년 7월, 중국 신장웨이우얼자치구 내의 오아시스로를 답사
할 때는 북도를 따르다 보니 남도는 빠졌다. 그래서 근 7개월이 지난 2006년 2월, 이번에는
지인들과 함께 일반 여행객으로 남도 답사 길에 나섰다. 답사는 18일 쿠처에서 타클라마칸을
종단하는 일정부터 시작했다.

아침 8시 20분인데도 아직 어두컴컴하다. 남도의 요지 민펑(民豊)까지 750킬로미
터(그중 사막 길은 522킬로미터)나 되는 이 종단로는 오아시스로 북도와 남도를 이어
주는 유일한 포장도로다. 원래는 남도가 양관에서 시작해 누란을 거친 후 쿤룬 산
맥의 북쪽 기슭을 따라 민펑으로 이어지는 길이었으나, 근래에 이 구간이 모래에
파묻혀 험로가 되는 바람에 모험가들 말고는 쿠처에서 서행해 머나먼 카스(카슈가
르)를 에돌아야 남도를 밟아볼 수 있었다. 그러나 1993년부터 3년 간에 걸쳐 세계에
서 사막길치고는 가장 긴 이 312번 '사막공로(沙漠公路)'를 뚫은 후부터는 남·북도
를 이렇게 직접 종단할 수 있게 되었다.

쿠처를 빠져나와 지름길인 룬난(輪南) 방향으로 한 시간쯤 달리니 그제야 안개
속으로 희불그레한 아침 햇살이 비끼면서 야트막한 모래밭이 드러난다. 저 멀리 몇
군데서는 유전이 가동하고 있음을 알리는 가느다란 불꽃이 아침 미풍에 한들거리
며, 길에는 가끔 유조차도 오간다. 30분쯤 더 달리니 드디어 타클라마칸 사막의 진
입을 알리는 '타림(塔里木) 사막공로 입구'라는 대형 아치가 차량들을 잠시 멈춰 세
운다. 여기서 길손들은 '죽음의 바다'를 건너갈 채비를 최종 점검한다.

타클라마칸 사막, 이름만 들어도 모골이 송연한 대상이다. 세계에서 가장 큰 모
래사막의 하나로서 면적은 약 40만 평방킬로미터에 달한다. 서부의 일부 지역을

제외하고는 높이가 20~90미터에 달하
는 사구가 마치 성난 격랑처럼 일렁거리
는데, 그 가운데 80퍼센트는 강한 돌풍
에 밀려 수시로 옮겨 앉기 때문에 행인
들의 앞길을 갈팡질팡하게 만든다. 한여
름의 대낮 기온은 70도를 웃돌며, 평균
강우량은 16밀리미터에 불과하다. 겨울은 또 겨울대로 혹한이다. 게다가 가장 끔찍
한 것은 급작스레 몰아닥치는 검은 회오리 돌풍 '카리부란'이다. 이 '미친 듯한 악
마의 소용돌이'에 휘말리기만 하면 영락없이 공중에 휘영청 떠올라 휘몰아치는 돌
멩이에 얻어맞아 변을 당하기가 일쑤다. 문자 그대로 악천후다. 그런가 하면 '황금
을 먹는 개미떼'를 만나기만 하면 그 악착같은 공격 앞에 살아남을 길이 없다. 타클
라마칸 사막이 갈무리하고 있는 이 모든 것은 인간과의 악연일 수밖에 없다. 그래
서 위구르인들은 이 사막을 '돌아올 수 없다'는 뜻의 '타클라마칸'이라 명명했던
것이다.

일찍이 644년 현장은 구법차 인도에 갔다가 돌아오는 길에 '대유사(大流沙)'라고
하는 이 사막을 지났다. 그는 『대당서역기』에서 그때를 이렇게 회고하고 있다. "행
인들이 지나간 후에는 어떠한 발자국도 남아 있지 않으니 사람들은 왕왕 길을 잃고
헤매게 된다. 사방을 둘러보매 황사만이 쌓여 일망무제하니, 도시 방향을 분간할
수가 없다. 그리하여 내왕하는 행인들은 죽은 자가 남긴 해골을 주워 모아 길 표지
로 삼는다. 여기에는 물이나 풀이 없으며 바람은 대개가 열풍이다. 열풍이 휘몰아
칠 때면 사람이나 짐승은 혼미해져서 병에 걸리게 된다." 이것은 현장의 체험기다.
오랫동안 이 사막은 인간과 격리되어 있었다.

그러다가 19세기 말께부터 그 밋밋한 모래판에 서구 탐험가들의 발자국이 찍히
기 시작했다. 그러나 과욕에 목숨을 잃은 이들도 여럿 있었다. 종단이나 횡단에 성
공한 이는 거의 없었다. 그래서 그들은 한결같이 겁에 질려 타클라마칸 사막을 '죽

땅속에서 물을 퍼 올리는 수정방(우물집)과 방풍림에 물을 대 주는 고무호스. 이런 호스는 50센티미터 간격으로 열대여섯 줄씩 늘어서 있다.

음의 바다'라고 묘사했던 것이다. 그 헤어날 수 없는 '죽음의 바다'에 빠진 고혼은 어제만이 아니라, 오늘에도 있다. 8년 간 중국 각지를 종횡무진으로 답사한 '상하이 영웅' 위춘순은 1996년 6월 이 사막의 동변에 펼쳐진 로프노르 분지 횡단을 목표로 객기를 부리다가 출발 7일 만에 로프노르 호 서남쪽의 한 텐트 안에서 싸늘한 시체로 발견되었다. 사인은 '극심한 온도 변화'였다. 이렇게 타클라마칸 사막은 인간의 무모한 도전을 결코 용서치 않았다.

비록 지난 시기 비행기를 타고 몇 번 상공을 지난 적은 있지만, 육로로 그 '죽음의 바다'를 헤쳐 보기는 이번이 처음이다. 알고 있는 것은 이 공포의 대상이 인간의 주책없는 범접을 불허한다는 것뿐인지라, 입구에 들어서기는 했지만 어쩐지 불안을 털어버릴 수가 없다. 애써 태연자약하려고 했지만 여러 가지 악몽이 머릿속을 배회한다. 단 한 가지 위안되는 것은 길이 뚫렸다는 사실이다. 이 '죽음의 바다'에 길이 뚫렸다는 것은 분명 하나의 기적이다. 이 기적으로 인해 '죽음의 바다'에서 삶의 싹이 움터 결국에는 '삶의 바다'로 변모할 것이다. 아니, 그런 변모는 지금 막 현실로 다가오고 있다.

입구에서 한 시간쯤 달리니 강폭이 꽤 넓은 타림 강이 나타난다. 길이 2,719킬로미터로 중국에서 가장 긴 내륙하다. 사막에 이러한 강이 흐른다는 것부터가 이상야릇하지만, 그 흐름에서 무언가 삶의 씨앗을 잉태하고 있음을 느꼈다. 이제는 그저 흐르다가 덧없이 모래 속에 파묻혀버리는 죽은 강이 아니라, 사막에 생명수를 공급해 주는 살아 있는 강 구실을 하고 있기 때문이다. 이러한 삶의 징후는 길 양 옆에 심어 놓은 방풍림에서 더욱 실감하게 된다. 모래사막은 불모지로서 바람에 따라 춤추며 자꾸 늘어만 간다. 지구상에 사막이 늘어나는 것은 인류에 닥칠 대재앙의 전조라고 모두들 아우성인데, 그 재앙을 막을 방법은 오로지 나무를 심어 방풍림을 조성하는 것뿐이다.

신장 생태연구소와 지리연구소 등 연구기관에서는 지난 10년 동안 50여 종의 나무를 실험 연구한 끝에 이 사막에서 키워 방풍림으로 쓸 수 있는 수종 네 가지를 찾아냈다. 그 첫째가 전설에서나 들어오던 3천 년 호양(胡楊: 서역 버드나무)이다. 키가 3~4미터나 되는 이 나무는 천 년 살고, 죽어서도 천 년 서 있으며, 또 천 년 썩지 않는다고 한다. 그만큼 수령이 길 뿐 아니라, 사막 풍토에 걸맞다고 한다. 그다음은 뿌리가 5미터나 뻗는 붉은 대의 홍류(紅柳)와 키 20센티미터 가량에 뿌리가 깊으며 작은 무더기를 이루어 바람을 잡는다는 사사(梭梭), 그리고 야생 대추나무인 사괴조(沙拐棗)다. 2005년 한 해만 이상 네 가지 나무를 200만 그루나 사막공로 연변에 심었다고 한다. 이 가운데 호양은 본래부터 자라 오던 나무라 군데군데 숲을 이루고 있으며, 갓 심은 어린 호양은 그런대로 다보록하게 자라고 있다. 그밖에 노위(蘆葦: 갈대)도 길가에 심었으나 거의 말라 죽고 앙상하게 줄기만 남아 있는데, 키가 자라지 않아 실패한 실험이라고 한다.

'죽음의 바다'를 '삶의 바다'로 소생시키는 과정 중 그야말로 기적 같은 일은 방풍림을 살리는 관개시설을 개발한 것이다. 쿠처를 떠나 세 시간쯤 지나자 갑자기 길 양 옆에 웬 관이 50센티미터 간격으로 열대여섯 줄씩 쭉 늘어선 게 보인다. 어떤 곳

호양은 3천 년이라는 긴 수령을 가질 뿐 아니라 사막 풍토에 맞아 사막 확산을 막는 방풍림으로 적합하다.

에서는 방풍림과 나란히 놓여 있다. 호기심이 동해 차를 멈추고 내려서 다가가 보니 지름 1.5센티미터 가량의 고무호스인데, 일정한 간격으로 자그마한 구멍이 뚫려 있다. 방풍림에 물을 대 주는 고무호스다. 이런 호스는 예외 없이 깊은 땅속에서 전기 펌프로 물을 퍼올리는 수정방(水井房: 우물집)과 연결되어 있다. 대개 2~3킬로미터 간격으로 있는 이런 집을 일명 '부부방'이라고도 한다. 당국의 조처에 따라 젊은 신혼부부들은 결혼한 후 이곳에 와서 일정 기간 이 집과 주변 도로를 관리해야 한다. 몇 년 단위로 교체한다고 한다. 길 위에 덮인 모래를 치우는 등 도로 관리를 하는 저 자색 작업복 차림의 사람들은 모두가 젊디젊은 신혼부부들이다.

   젊음을 이 황막한 곳에서 대자연의 정복에 묵묵히 바치는 그들의 의지와 정열은 정말로 가상스러웠다. 이런 젊은이들이 있기에 중국의 미래는 밝지 않을 수 없다. 붉은 기와에 남색 벽, 창문가에 두른 흰 띠, 길이 4~5미터, 너비 2~3미터, 높이 2미터의 집 구조는 한결같다. 이런 집이 전 노정에 140여 개나 되니, 고무호스의 총

연장 길이는 어림잡아 350킬로미터는 족히 될 것 같다. 제아무리 모질고 거친 사막이지만, 깊이 파면 석유가 나오고 물이 솟아오른다. 타클라마칸 사막에 매장된 원유는 중국 전체 원유 매장량의 30퍼센트나 된다고 한다. 오늘날 이 30퍼센트의 석유가 '죽음의 바다'로만 알고 있던 이 사막에 활력을 불어넣고 있다.

오후 2시께 타중(塔中)이라는 길가 마을에 도착했다. 근 6시간 동안 적막한 사막 한복판을 달려오다가 갑자기 인가가 나타나니 신기한 느낌마저 들었다. 여기서 '대사막 속의 운치 있는 식당'이라는, 조금은 낭만 어린 이름의 무슬림 식당 '청진 대막풍정원(淸眞大漠風情園)'에서 점심식사를 했다. 새파란 포도넝쿨로 벽 모퉁이를 장식한 말끔한 '귀빈실'에서 깔끔한 볶음밥과 면을 맛있게 든 것이 지금도 지워지지 않는 인상으로 남아 있다. 그 막막한 사막 속에 그런 삶이 있으리라고 미처 예상치 못해서였을 것이다. 식당 옆 허름한 집에는 '구육토과(狗肉土鍋: 개고기 샤브샤브)'라는 큼직한 간판이 붙어 있다. 신장 사람들은 개고기를 먹지 않는데, 스촨(四川) 사람들은 즐겨 먹는다. 이곳에 유전이 개발되면서 인근 스촨 사람들이 일자리를 찾아 오다 보니 이런 식당이 사막 한가운데 생겨난 것이다. 시간이 갈수록 더 많은 사람들이 몰려와 사막은 또 다른 삶의 터전이 될 것이다.

길가에는 이정표와 위험 지역 주의표, 파괴 경고표 등 각종 표지판이 여느 도로와 다름없이 나붙어 있다. 그만큼 차량과 사람들이 내왕한다는 것을 보여 준다. 민펑을 약 60킬로미터 앞둔 지점부터는 지형에 따라 방풍림에 물을 대 주는 고무호스가 얼마간 끊겼다가 다시 이어지곤 한다. 그리고 얼마 지나서부터는 길 양편으로 자그마한 내가 흐르고, 질펀한 습지엔 이름 모를 수초가 무성하다. 낙타와 양떼들이 한가로이 풀을 뜯으며, 목동들이 달리는 차를 향해 정겹게 손을 휘젓는다.

머리에 흰 눈을 가득 뒤집어 쓴 쿤룬 산맥 멧부리에 불그레한 석양이 물들기 시작할 무렵 목적지 민펑에 도착했다. 장장 열 시간의 대장정이었다. 약간의 공포에 질려 쿠처를 떠날 때의 기분과는 달리, 흥겹고 매력 있는 길이었다. 이제 더 이상 타클라마칸은 '죽음의 바다'가 아니다. 바야흐로 생명들이 약동하는 '삶의 바다'로 개벽되어 가고 있다. 이 개벽은 또 하나의 기적으로 인류의 자연 개척사를 수놓게 될 것이다.

14 옥의 고향, 허톈
옥의 길 따라, 비단의 길 따라

민평(民豊)은 타클라마칸 사막을 북에서 남으로 종단하는 '사막공로'의 종착지이며, 양관(陽關)에서 시발한 오아시스로 남도를 동서로 이어 주는 중계지다. 지금은 현(우리나라의 군) 소재지이나, 원래는 자그마한 읍에 불과했다. 그러다가 세상에 알려지게 된 것은 부근에서 니야(尼雅, Niya) 취락유적지가 발견되면서부터다. 사실 우리가 이곳을 찾아온 주목적도 그 유적지를 둘러보고 싶어서였다. 니야 유적지는 타클라마칸 사막의 남쪽 기슭을 흐르는 니야 강 유역에 산재한, 기원전 3세기부터 기원후 4세기까지의 취락유적지로서 민평 북방 120킬로미터 지점에 자리하고 있다. 기원전 1세기 전한 때 이곳에는 인구 3,360명을 가신 정절국(精絶國)이 있었으며, 그 후에는 인근의 사차국(沙車國)과 선선국(鄯善國)의 지배하에 있었다.

오랫동안 사막에 묻혀 있던 니야 유적지는 영국의 탐험가 스타인에 의해 비로소 세상에 알려지게 되었다. 그는 1901년 이후 세 차례나 이곳을 탐방해 유적지를 확인하고 많은 유물을 발굴했는데, 규모는 동서가 7킬로미터, 남북이 22킬로미터나 된다. 유물 가운데는 석기, 목기, 도기, 농기구, 뽕나무밭뿐 아니라, 간다라 미술을 통한 그리스-로마 문명의 동진을 시사하는 아테네 상, 에로스 상, 헤라클레스 상 같은 그리스 신상을 그려 넣은 봉니(封泥: 비밀 보장을 위해 서한을 묶은 끈 매듭을 진흙으로 봉한 것)와 문서 등이 있다.

유물 중에서 가장 값진 것은 목간이나 가죽에 카로슈티 문자로 쓰여 있는 약 800점의 '카로슈티 문서'다. 작성 연대가 3~4세기로 추정되는 왕의 명령이나 통보, 각종 계약서, 개인 서신, 명부 등이다. 이 문서에 의해 당시 오아시스로 남도 연변에 있던 나라들의 실태가 밝혀지게 되었다. 이외에도 '오성출동방이중국(五星出東

요트칸 유적지로 가는 길에 밀밭에서 개토작업을 하는 순박한 농부들을 만났다.

方利中國', 즉 '금, 목, 수, 화, 토성 다섯 개 별이 동방에서 떠오르는 것은 중국을 이롭게 하기 위함이로다'라는 한자가 새겨진 한 대의 비단 조각이 눈에 띈다. 이것은 중원 정부가 정절국 왕실에 보낸 하사품으로서 자기 중심의 중화주의를 여실히 반영한다.

그런데 동서문명 교류사에 자못 큰 의미가 있는 이 유적지를 돌아보려던 꿈은 거품이 되고 말았다. 홍콩 측과 합자 운영되는 중쿤집단(中坤集團)이 유적지 관리권을 매입해 한창 보수중이기 때문에 답사가 허락되지 않는다는 것이다. 유명한 유적지를 사적 자본의 모리(謀利)에 맡긴다는 것은 도무지 납득이 안 가는 일종의 어거지다. (6개월 뒤인 2006년 2월, 우루무치 신장 고고학박물관에 갔을 때, 부관장으로부터 이 유적지 관리가 국가로 환수되었다는 소식을 들었다. 사필귀정이다.)

니야 유적지를 답사 못한 아쉬움을 남긴 채, 스산한 민펑의 아침 한기를 가르며 서쪽을 향해 떠났다. 315호 국도를 한 시간 반쯤 달리자 전한시대부터 오아시스로 남도국의 하나였던 우기국(于闐國)의 동쪽 중진 위톈(于田)이 나타났다. 옛 모습은 별로 찾아볼 수 없고, 길 양 편에는 3~4층 현대건물이 늘어섰다. 시 중심의 대로변에는 마오쩌둥 주석이 이 지방 종교 지도자였던 꾸얼반을 맞이하는 동상이 우뚝 서 있고, 동상 기단에는 마오쩌둥이 우기를 찬송하는 7언 시가 새겨져 있다. 중원과 변방 소수민족 간의 결속을 상징하는 구조물이다. 시내를 빠져나오자 대사막의 언저리인데도 질펀한 습지가 펼쳐진다. 아마도 쿤룬 산맥에서 흘러내리는 칼리아 강의 유역인 데다가 겨우내 내린 눈이 녹기 시작해서인 것 같다. 한 시간쯤 더 달려 단단 오일리크(Dandan Oylik) 불교 유적이 있는 처러(策勒)를 지났다.

이 유적지는 비단의 서전과 관련된 전설을 간직하고 있어 유명한 곳이다. 현장은 『대당서역기』에서 중국 공주가 잠종을 모자 속에 몰래 숨겨서 호탄으로 출가했다는 이야기를 전하고 있다. 스타인은 바로 이 내용을 그린 판화, 즉 '견왕녀도(絹王女圖)'를 이곳에서 발견해 그 사실을 실증했다. 7세기 중엽, 불법을 구하기 위해 인도에 갔다가 돌아오는 길에 구살단나국(瞿薩旦那國: 우기국, 호탄국)에 들른 현장은 이 전설을 다음과 같이 기록하고 있다.

'옛날 이 나라는 뽕나무를 심고 누에를 기르는 법을 몰랐다. 왕은 동국(東國: 동방 나라, 즉 중국)에 누에가 있다는 소문을 듣고는 사신을 보내 구하기로 했으나, 중국 군주는 종자의 외국 유출을 엄격히 통제하고 있었다. 왕은 잠종을 알아내기 위한 일종의 정략으로 군주에게 청혼한다. 그 속내를 알 수 없는 군주는 기꺼이 승낙했다. 미래의 왕비를 맞으러 간 사신은 왕의 분부대로 예비 왕비에게 "우리 나라에는 누에 종자가 없으니 비께서 친히 휴대하셔서 옷을 지어 입으소서"라고 간한다. 그러자 그는 누에 종자를 몰래 구해서 모자 솜 속에 감추고 무사히 변방 검색을 통과해 드디어 우기에 종자를 가져왔다. 왕비는 누에고치 살상을 금지하는 등의 규정과 양잠이나 비단 짜는 법을 돌에 새겨 보급했다.'

때는 후한시대로서 3세기를 넘지 않는다. 6세기 중엽에 네스토리우스파(景敎) 사제가 인도 북부에서 누에고치를 지팡이 속에 숨겨 로마로 반출해 서구에 양잠법이 알려지게 되고, 14세기 중엽 문익점(文益漸)이 원나라에서 붓 뚜껑에 목화씨를 숨겨 가지고 와서 우리나라에 면화가 재배되었다는 이야기를 연상케 하는 대목이

허텐의 명물 옥은 월지인들을 통해 중국으로 수출되었다.

다. 단단 오일리크 유적에서 발견된 '견왕녀도'는 중국의 양잠술이 서역으로 전파되었음을 알려주는 한 증거다.

처러를 지나자 굵직한 백양나무 가로수가 길 양 옆에 빼곡히 늘어선 것이 정말로 가관이었다. 그러다가 한참 지나니 난데없이 자갈 사막이 나타나 허텐(和田) 부근까지 이어진다. 정오에 허텐 빙관(여관)에 도착해 여장을 풀었다. 오늘의 허텐은 옛날 우기국 서쪽의 한 중진으로서 본래는 티베트어로 '옥이 나는 곳'이라는 뜻의 '우기'였으나, 명나라 때 허텐('양 우리'라는 뜻)으로 불리다가 청나라 초기에 '우기(혹은 화기[和闐])'로 이름이 바뀌었다. 1959년 다시 지금의 허텐으로 개명하고, 1983년에 시로 승격해 현 소재지가 되었다. 지금 인구는 허텐 현이 약 120만이고, 허텐 시는 20만 명 정도다. 그 가운데 위구르족이 95퍼센트로 절대 다수이고, 한족은 3퍼센트이며, 기타 하사크, 타지크 등 소수민족이 1퍼센트 되나마나하다.

이곳은 온대성 건조기후대로서 추위나 더위가 그다지 심하지 않고, 쿤룬 산맥에서 발원하는 위룽커스 하(玉龍喀什河, 일명 백옥하[白玉河])와 카라커스 하(喀拉喀什河, 일명 묵옥하[墨玉河 혹은 烏玉河])가 동서로 흘러 땅이 기름지다. 허텐은 오아시스로 남도의 요지로서 기원전 1세기에 벌써 불교가 유입되고, 11세기에는 이슬람화되었다. 그리하여 '옥의 고향', '비단의 고향', '카펫의 서울', '과실의 고향'이라는 여러 미명과 더불어 많은 종교 유적들을 간직하고 있어서 관광명소로 널리 알려져 있다.

제일 먼저 찾은 곳은 허텐 박물관이다. 5~6천 년 전 신석기 시대부터 이곳의 역사상을 말해주는 유물들이 적잖게 선을 보이고 있다. 개중에는 귀중한 유물들도 있

요트칸은 천여 명의 대상이 살았을 법한 대도시였다. 지금은 그 유적을 알리는 푯말이 세워져 있다.

으나, 아직 제대로 정리는 되지 않고 있다. 니야 유적지와 스타인이 다량의 유물을
빼돌린 사막 한가운데의 라와크 불사유적(8세기)을 비롯한 여러 유적지에서 나온
유물들이 많이 눈에 띈다. 특히 눈길을 끄는 것은 2구의 미라와 네 면에 수채화 그
림을 그린 수채관이다.

　이어 도심에서 서쪽으로 10킬로미터 떨어진 엘라메 마을에 있는 요트칸 유적지
를 찾았다. 가는 길에 장장 2킬로미터나 늘어선 포도넝쿨 길을 지나 한창 밀밭에서
개토작업을 하고 있는 순박한 농부들과 만나 이야기를 주고받기도 했다. 면적이 10
평방킬로미터에 달하는 요트칸('편안함'이나 '이불', '은폐'라는 뜻) 유적지는 3~8세

기경의 우기국 유적임에는 틀림없다. 일부에서는 이곳이 이 나라의 도읍이었을 가능성을 제기하고 있다. 고대 화폐라든가 도자기, 금붙이가 출토되고, 불교 유적도 확인되었다. 천여 명 대상들이 '편안'하게 살았을 만한 큰 도시 유적이라고 한다. 1985년에 유적 보존을 위해 3~6미터 깊이로 다시 묻어버렸다. 농부는 유물이 파묻혀 있는 그 땅을 더 기름지게 하려고 두엄을 주섬주섬 모으고 있었다.

오후 4시 30분께, 석양이 쿤룬 산맥 멧부리에 넌지시 그늘을 던지기 시작할 무렵, 허텐의 동쪽을 흐르는 백옥하를 찾았다. 쿤룬 산맥에서 함께 발원해 허텐의 서쪽을 흐르는 묵옥하와 나란히 타클라마칸 사막 속으로 얼마간 흘러들어가다가 합류해서 허텐 하(일명 녹옥하[綠玉河])를 이룬 다음 아와티 현 댐 동쪽에서 타림 하로 들어간다. 길이 293킬로미터에 달하는 허텐 하의 원래 이름은 우기하였으나, 청나라 때 허텐 하(和闐河)로 개명한 것을 1959년에 지금의 허텐 하(和田河, 즉 綠玉河)로 다시 고쳤다. 강 이름이 시사하다시피, 허텐을 중심으로 한 이 세 강의 물 속에서는 귀중한 옥돌을 얻을 수가 있다. 그래서 허텐을 '옥의 고향'이라고 한다.

옥은 보석의 일종으로, 이색적인 광물적 성격과 여러 가지 상징성 때문에 장식품을 비롯한 각종 기물에 귀중한 소재로 쓰여 왔다. 후한 때의 허신(許慎)이 지은 『설문해자설(說文解字)』에 따르면, 옥은 아름다운 돌로서 다섯 가지 덕을 지니고 있다. 그 다섯 가지란, 광택이 있고 밝으면서도 온화함은 인(仁), 속의 빛깔과 결을 그대로 내비치는 투명함은 진(眞), 두드렸을 때 생기는 음의 순수함과 낭랑함은 지(智), 깨지더라도 굽지 않는 것은 의(義), 각은 예리하지만 어떠한 것도 상하게 하지 않음은 공정(公正)함을 상징한다는 것이다. 바로 이러한 상징성 때문에 우리를 포함한 한(漢) 문명권에서는 옥을 인간의 고매함, 순결함, 아름다움, 영구함 등 미덕과 결부시켜 귀하게 여겨 왔다. 옥에는 크게 연옥과 경옥이 있는데, 고대의 것은 주로 연옥에 속하며, 그 원산지는 호탄(오늘의 허텐)으로 보고 있다.

중국 5대 때 진나라의 절도판관으로 옥새용(玉璽用) 옥을 구하기 위해 호탄에 파견된 고거회(高居誨)가 남긴 현지 방문기 등의 사적에는 옥을 얻는 방법을 상세히 소개하고 있다. 고거회의 기록에 따르면, 해마다 5~6월 강물이 불어나면 각양각색의 옥돌이 산에서 흘러내려오는데, 옥이 얼마나 되는가 하는 것은 수량에 달려 있

쿤룬 산맥에서 발원하는 백옥하는 옥의 명산지다. 사람들이 말라붙은 강바닥에서 옥을 캐고 있다.

다. 7~8월에 물이 빠지면 옥을 채집하는데, 이것을 '노옥(撈玉: 옥 건지기)'이라고 한다. 국법에 따라 국왕을 비롯한 관리들이 우선 강가에 와서 옥을 채취한 연후에 백성들이 채집한다.

일찍부터 호탄의 옥은 동서 각지로 수출되었다. 그 첫째 수혜자는 중국이다. 은·주 시대의 분묘에서 완벽한 옥기유물이 출토된 사실을 감안하면, 그 이전부터 이미 옥이 교역되었다고 추단할 수 있다. 그 교역의 담당자는 월지인(月氏人)들이었다. 그래서 동방에서는 그들을 '옥의 민족'이라고 불렀으며, 그들에 의해 옥이 오간 길을 '옥의 길'이라고 했다. 이 길은 오사시스로 남도에 해당하는 길로서 실크로드의 선구였다. 그런가 하면 월지는 옥 교역의 반대급부로 중국으로부터 비단을 가져다가 서방에 중개했다. 그리하여 서방에서는 월지가 '비단의 민족'으로 알려졌다. 지금도 그 명성에 걸맞게 옥은 이곳 허텐의 특산물이다. 1995년 8월에는 쿤룬 산맥 북쪽 기슭에서 1.5톤짜리 세계에서 가장 큰 옥돌을 캐냈다. 이렇게 옥은 일찍부터 동서교류에 큰 몫을 담당해 왔다.

옥에 대한 이러한 신기와 기대를 안고 백옥하를 찾아갔다. 강폭은 70~80미터가 실히 되는데, 겨울철이라 그런지 물은 실개천을 방불케 할 정도로 적다. 드문드문 파인 곳에 물이 고여 있기도 하다. 강바닥에는 옥을 건지러 나온 사람들로 붐빈다.

더욱이 오늘은 일요일이라서 심심풀이를 겸해 일확천금을 노리는 사람들이 많다고 한다. 분명 지금은 때가 아닌데도, 저마다 자그마한 삽이나 곡괭이를 들고 돌밭을 정신없이 뒤진다. 굴착기 굉음도 이곳저곳에서 들려온다. 결국 이삭줍기를 하는 셈이다. 노인과 애들은 옥돌이랍시고 들고 나온 돌로 끈질기게 호객행위를 한다. 관람객들도 호기심에 끌려 저마다 한두 삽씩 파 본다. 우리 일행도 한 뙈기를 맡아 놓고 막무가내로 뒤졌으나 허탕만 치고 말았다. 그저 한 번 '옥 건지기'를 체험했다는 것으로 족했다.

민펑에서 허텐까지는 315킬로미터의 거리다. 이 얼마 되지 않는 구간에 이렇듯 많은 유적유물이 숨어 있다는 것은 오아시스로 남도의 옛 영화를 실증해 주고 있다. 그러나 걱정되는 것은 사막화가 급속히 진행되면서 이러한 유적과 유물이 덧없이 모래 속에 묻혀버리고 있으며, 오늘의 이 번듯한 구조물도 내일 그러한 비운에 처할 수 있다는 점이다. 그래서 '사막화 저지'야말로 이곳의 운명을 결정하는 열쇠라는 사실에 공감하는 바이다.

15

신장의 축소판, 카슈가르
카슈가르에 오지 않고는 신장에 왔다고 할 수 없다

'옥의 고향' 허텐에서 하루를 보내고, 다음날 아침(8시) 별로 이른 시간이 아닌데도 묵었던 허텐호텔에서 아침식사가 되지 않는다고 해서 인근의 위더우(玉都) 대주점으로 갔다. 대추를 섞은 현미죽이 일품이다. 시내를 벗어나자마자 315호 국도의 포장길은 끝나고 울퉁불퉁한 비포장길이 계속 이어진다. 지나가는 차량들이 일으키는 뿌얀 흙먼지 속에 차는 마냥 굼뜨기만 하다. 네 시간이나 걸려 이른 예청(葉城)에서 점심을 먹고, 쉴 참도 없이 갈 길을 재촉했다. 한 시간 만에 고도 사처(莎車, 야르칸드)를 지나고, 다시 두 시간을 더 달리니 길 왼편에 넓은 염소(鹽沼: 소금 호수)가 무연히 펼쳐진다.

눈처럼 하얀 소금이 물기 없는 푸석푸석한 땅바닥에 겹겹이 깔려 있다. 옛날엔 이곳이 바다였다는 증거다. 고산준령과 대사막으로 에워싸인 이곳이 어떻게 바다였단 말인가? 의아하고 신기한 느낌으로 두리번거리는 새, 손칼로 유명한 잉지사(英吉沙, 잉사르)에 이르렀다. 길가에 늘어선 상점마다 전시된, 갖가지 무늬와 상감 장식을 한 크고 작은 잉지사 손칼이 행인들의 눈길을 끈다. 상점 앞에서는 능숙한 공장이 직접 제작과정을 시범하기도 한다.

야음이 살포시 드리우기 시작한 일곱 시 반께, 드디어 목적지 카슈가르의 사이만(色滿)호텔에 도착했다. 뜻밖에 호텔 정문에서는 일군의 위구르 남녀 무용수들이 경쾌한 리듬에 맞춰 민속춤을 추면서 우리

명성이 자자한 잉지사의 손칼. 무늬와 장식이 매우 화려하다.

과거에 바다였으나 지금은 호수로 변한, 사막 한가운데의 소금 호수. 땅바닥에 깔려 있는 하얀 소금을 볼 수 있다.

일행을 맞아 주었다. 알고 보니 이들은 호텔 전속 무용수들로서 단체 손님들이 올 때면 으레 이렇게 환영의 춤으로 맞이한다고 한다. 세상 어디에도 없는 이곳만의 친절이다. 호텔은 200여 년 전에 지은 러시아 영사관 건물을 뜯어 고친 것이다. 오래된 건물인데도 단아하다. 객실 방 천장은 러시아식 돋을새김으로 꾸며서 고풍이 완연하다.

카슈가르란 위구르어로 '처음으로 창조된' 혹은 '옥을 모으는 곳'이라는 뜻이라고 한다. '녹색 타일의 왕궁'이라는 뜻도 있다고 한다. 중국 사람들은 이곳을 커스(喀什)라고 부르는데, 이것은 한자 음사인 '커스거얼(喀什噶爾, 카슈가르)'의 준말이다. 하지만 원주민인 위구르 사람들은 '커스'라는 말을 잘 안 쓴다고 한다. 보통 '카슈가르'라고 하면 도시 이름이기도 하지만, 지역 개념으로도 쓰인다. 지역 개념일 때는 카슈카르 시를 중심으로 한 그 주변의 지역을 말하는데, 여기에는 1개 시와 11개의 현이 포함되며, 인구는 약 500만이고, 면적은 16만 2천 평방킬로미터나 된다. 그 가운데 카슈가르 시는 인구가 약 35만이다.

카슈가르는 자연환경이나 역사 과정, 사회문화나 국제관계 등 모든 면에서 신장을 대변하고, 신장을 함축하고 있는 고장이다. 카슈가르는 중국 최서부의 오아시스 도시로, 동쪽으로는 타클라마칸 사막, 서부는 파미르 고원, 남부는 쿤룬 산맥으로 에워싸여 있으며, 카슈가르 강을 비롯한 3개의 강이 영내를 흐르고 있다. 해발 1,294미터의 카슈가르 시는 대륙성 온대 기후이다. 연 평균기온이 섭씨 11도(1월은 −6도, 7월은 27도)이며, 혹한과 혹서를 모르는 쾌적한 고장이다. 지리적으로는 동서남북의 교통 요로에 위치하고 있다.

실크로드 오아시스로의 북도와 남도(피산에서 갈라져 서행하는 길)가 만나는 길목이기 때문에, 예나 지금이나 중국과 서역을 오가는 교역물이나 사람은 이곳을 반드시 통과하게 마련이다. 현장이나 마르코 폴로가 그러했고, 근대의 스타인이나 헤딘, 르콕 같은 탐험가들도 여기를 거쳐 중국에 침투했다. 우리네 혜초 스님도 727년 구법차 인도에 갔다가 돌아오는 길에 이곳(당시는 소륵[疏勒])에 들러 귀중한 현지 견문록을 남겼고, 7세기 중엽 고선지 장군도 파미르 고원을 넘나드는 세 번의 서역원정을 단행할 때 이곳을 지나다녔다.

역사 과정을 보면, 전체 신장의 역사와 궤를 같이해 왔으며 늘 그 중심에 서 있었다. 그래서 카슈가르를 '신장 역사의 활화석(活化石: 살아 있는 화석)'이라고 한다. 우리는 그러한 사실의 이모저모를 현장 답사에서 확인할 수 있었다. 도착한 다음날 아침, 진눈깨비가 스산하게 흩날리는 속에 우선 호텔에 붙어 있는 옛 러시아 영사관 사무실과 침실 등을 둘러봤다. 고색이 짙은 집기들과 러시아 특유의 정물화(靜物畵)와 인물화 몇 점이 그대로 남아 있다. 이어 찾아간 곳은 러시아 영사관과 거의 때를 같이해 문을 연 영국 영사관 자리다. 치니바그 구역에 자리한 이 건물을 지금은 쿤수러(昆蘇勒) 연회장이라는 이름의 무슬림 식당으로 이용하고 있다. 정원에는 116년의 수령을 자랑하는, 높이 25미터가 넘는 원관유(圓冠楡) 한 그루가 모진 풍상을 이겨내고 외로이 서 있다.

19세기 말엽에 지은 이 두 역사적 건물은 말이 '영사관'이지, 사실은 두 강대 제국의 침략 전초기지였다. 중국 만청의 신장 진출에 겁을 먹은 제정 러시아는 그 방패로 여기에 외교 기관을 설치할 필요를 느꼈으며, 파미르 고원 서쪽 지역을 파고들던 영국은 러시아의 남하에 당혹한 나머지 그 맞대응으로 유사기관 설치가 다급

카슈가르 사이만호텔의 무용수들. 경쾌한 리듬에 맞춰 민속춤을 추며 우리 일행을 맞아 주었다.

했다. 그래서 서로가 앞을 다투어 단시일 내에 영사관을 내 왔던 것이다. 신장을 겨
냥한 이 두 영사관의 활동은 그야말로 무소불위였다. 이즈음 신장에 드나들던 서방
탐험가들, 심지어 일본의 오오다니 탐험대마저도 이 두 영사관의 눈치를 보기에 급
급했다.

　이어 아바 호자 묘당을 찾았다. 신장의 축도상과 관련해 이 묘당이 던지는 메시
지는 화려한 이슬람 건축술의 상징이라는 사실과 신장 사람들의 자존심을 담고 있
다. 묘당은 두 개의 타일 원기둥을 좌우에 거느린 문루(門樓: 문 다락)와 문루 왼편
의 아담하고 화려한 작은 마스지드(사원), 묘당 내 서쪽에 있는 큰 마스지드, 북쪽
에 있는 돔형 경전 강의당, 묘당의 핵심인 지름 17미터의 중앙 돔을 가진 묘실 등
다섯 부분으로 구성되어 있다. 경전 강의당의 왼쪽 모서리엔 보통사람이 겨우 드나
들 만한 네모꼴 구멍이 나 있는데, 이것은 스타인이 강의당 내부의 물품을 훔쳐 가
기 위해 몰래 뜯고 들어온 흔적이라고 한다. 지금은 판자로 대충 막아 놓았다. 스타
인 같은 탐험가들이 염치없는 도굴꾼이니 편취자니 하고 비난 받는 이유가 바로 이
러한 못된 행각을 자행했기 때문이다. 역사의 산 증언장이다.

네 귀에 타일 원기둥이 서 있는 묘실은 외벽부터가 상당히 화려하다. 주로 쪽빛 타일로 벽을 모자이크했다. 신장 동부의 하미에서 200만 명의 손을 거쳐 가져온 타일이라고 한다. 그리고 지금은 그런 타일이 고갈되어 벽이 망가져도 수리할 도리가 없다고 한다. 이 묘당은 1640년경 이 지역의 이슬람교 지도자 아바 호자가 선친을 위해 지은 것인데, 그의 사후에 일가족 5대 72구의 시체가 묻혀 있다고 한다. 희미한 불빛 속에 접근을 불허하기 때문에 정확히 알 수는 없지만, 크기가 제각기인 관들은 대체로 돌로 만들어져 있고 비문도 새겨져 있다. 한가운데 가장 큰 것이 아바 호자의 관이다.

이 묘실을 둘러볼 때마다 단연 화제가 되는 것은 아바 호자의 몇 대 손녀인 향비(香妃, 일명 이파이한[伊帕爾汗] 또는 화탁씨[和卓氏], 1734~?)에 관한 이상야릇한 전설이다. 그는 몸에서 향내가 풍긴다고 해서 향비라는 이름이 붙여졌다고 한다. 현장 안내원들의 해설을 비롯해, 소개책자나 안내서마다 그에 관해 다른 이야기들을 전하니 도시 종잡을 수가 없다. 분명한 것은 위구르 사람들의 자존심을 위해 내용을 가미 윤색했다는 점이다. 이야기를 종합해 보면, 다분히 정략적 이유로 자색의 한 젊은 위구르 여인(26세)이 청나라 건륭황제(乾隆皇帝, 그에게는 황후 외에 2명의 황귀비, 5명의 귀비, 각각 6명의 비와 빈이 있었음)에게 바쳐졌지만, 정혼한 여인으로서 비수를 가슴에 품은 채 절개를 지키다가 향수병에 걸려 요절(자살 혹은 독살)했다고 한다. 황제는 그를 달래기 위해 위구르식으로 집을 지어 주고, 음식을 마련해 주며, 음악까지 들려 주었으나 막무가내였다.

그런가 하면, 이와는 정반대로 황제의 총애를 받으며 영화를 누리다가 병사(54세)해서 예우대로 허베이 성에 있는 청나라 동릉(東陵)에 묻혔다는 이야기도 있다. 어느 경우가 사실인지는 분명치 않으나, 3년이나 걸려 유체를 운구해 와 이곳에 안장한 것은 확실하다. 묘실 바른쪽에 노란 꽃다발이 놓여 있는 자그마한 석관이 바로 그의 것으로, 당시의 관습대로 어머니 묘 옆에 묻혔다고 한다. 시각에 따라 한 여인의 순애보(殉愛譜)로 볼 수도 있고, 혹은 중앙과 지방, 한족과 위구르족 간의 대립이나 융화를 기도한 꾸밈으로 볼 수도 있을 것이다. 16세기 이곳이 카슈가르 칸 국(汗國)의 수도로 있다가 청나라가 침입하자 반청 독립운동의 책원지가 되었다는 역

에티갈 마스지드는 신장에서 가장 큰 이슬람 사원이다. 평일 오후인데도 예배자들의 발길이 끊이지 않는다.

사적 배경을 감안하면 이런 이해가 가능할 법도 하다. 아무튼 말 못하는 죽은 자를 제멋대로 이용하는 것은 산자의 몰염치한 횡포일 것이다.

　카슈가르는 신장 이슬람의 요람이라고도 말할 수 있다. 10세기경부터 이곳을 통해 이슬람이 신장 지역에 들어오기 시작했을 뿐 아니라, 신장에서 규모가 가장 큰 에티갈 마스지드가 있어 '제2의 메카'로 불린다. 평일인 화요일 오후인데도 사원은 예배자들로 붐빈다. 면적이 16,800평방미터에 달하는 이 사원은 1442년 이 지방 통치자였던 섹시 마르자가 공동묘지를 파헤치고 그 위에 세운 것이다. 처음엔 친우의 넋을 기리기 위해 세운 자그마한 예배소였으나, 1538년의 대대적인 확충과 그 후 또 몇 차례의 증축을 거쳐 오늘의 규모를 갖추게 되었다. 높이 12미터의 문루와 그 양 편에 세운 높이 18미터의 두 미어자나(예배 시간을 알리는 첨탑)부터 웅장할 뿐 아니라, 담황색을 비롯한 여러 가지 색깔을 조화시킨 타일로 꾸며 화려하고 이채롭다. 잘 정돈된 널따란 정원에는 갖가지 화초가 만발하고 연못까지 있어 화원을 방불케 한다. 평일에는 2~3천 명, 금요예배 때는 6~7천 명이 찾아와 예배를 올리나, 개재절(開齋節, 이드 피트르: 이슬람력 9월 단식월[라마단]이 끝날 때의 명절)이나 희생절

(犧牲節, 이드 아드하: 이슬람력 12월 성지순례가 끝날 때의 명절) 같은 명절이 되면 각지에서 모여드는 2~3만 명의 예배자들로 사원은 발디딜 틈이 없다고 한다.

이슬람화되기 전의 카슈가르는 신장의 다른 곳과 마찬가지로 불교 문화의 세례를 받았으나, 지정학적 요인 때문에 시종 그 선구적 지위를 굳혀 왔다. 카슈가르 북쪽 18킬로미터 지점에 있는 차크마크 강(카슈가르 강 지류) 가에 있는 삼선동(三仙洞)은 유명한 불적이다. 지상에서 15미터쯤 되는 절벽에 통로로 연결된 세 개의 동굴이 보이는데, 벽에는 불상이 그려져 있다. 부처가 격자무늬에 감색과 주황색으로 칠한 가사를 걸치고 있으며, 배후에는 보리수 잎이 그려져 있다. 이것은 기원전 2세기경 초기 불상에 속하는 형상으로, 둔황은 물론 간다라 석굴미술보다도 앞선다.

또한 카슈가르 남쪽 30킬로미터 지점에 있는 모르 불탑은 당대의 불적으로 알려져 있다. 교통이 불편해 좀처럼 찾아가기 힘든 곳이다. 길은 비포장도로에다 군데군데 파헤쳐 놓고 차단까지 해, 좁은 오솔길을 조심조심 에돌아 겨우 찾아갔다. 한 외국 답사팀의 기록에서는 이 길을 '최대의 악로(惡路)'라고 평했다. 오가는 데 4시간이 걸렸다. 허허벌판 사막 한가운데 외로이 서 있는 높이 15미터 가량의 불탑은 도굴로 한쪽 면이 파헤쳐진 것을 흙으로 메워 두었다. 50미터쯤 떨어진 곳에 사원이나 선방으로 보이는 정방형 흙벽돌 유물이 앙상하게 남아 있어 세월의 풍상을 말해 주고 있다. 일찍이 이곳에 들린 현장 스님은 이곳 사람들은 독실하게 불법을, 그 중에서도 소승법을 믿으며, 이곳에는 가람 수백 개소와 승도 1만여 명이 있다고

『대당서역기』에서 언급하고 있다. 혜초 스님도 비슷한 기록을 남겼다.

마지막으로 들린 곳은 대(大) 바자르(재래시장)다. 시 동북부 투만 강 동안에 자리한 이 신장 최대의 바자르는 '중국-서아시아 국제무역시장'이니, '중국-아시아 물자박람회'니 하는 별칭을 가지고 있을 정도의 무역 장소이자 국제시장이다. 옛날부터 유명했던 이 시장에는 중국은 물론, 중앙아시아나 동남아시아 각지에서 들어오는 갖가지 교역품들로 가득 차 있다. 5천여 점포에, 크게는 소와 말, 낙타에서 작게는 바늘과 실, 단추에 이르기까지 그야말로 없는 것이 없다.

이곳에서는 지금도 이른바 '변방무역'이라는 것이 성행하고 있는데, 그 주역은 중국과 파키스탄이다. 1970년 카슈가르에서 파미르 고원을 넘어 파키스탄 국경까지 이르는 약 500킬로미터의 '카라코룸 하이웨이'가 개통된 이래, 두 나라 사이에는 대규모의 '변방무역'이 진행되고 있다. 길가에 세워 놓은 파키스탄의 대형 '꽃트럭'들이 바로 이러한 무역에 종사하는 차량들인데, 주로 두 나라 특산물의 물물교환 형식을 취한다. 이제 고속도로를 달리는 화물차가 옛날의 대상을 대체한 셈이다.

카슈가르에는 신장 경내에 사는 거의 모든 민족들이 섞여 살고 있다. 위구르족이 75퍼센트로 다수를 차지하고 있지만, 그밖에 우즈베크족, 타지크족, 한족 등 15개 민족이 살고 있어 '민족의 대가정'을 이루고 있다. 이것 말고도 카슈가르는 '과실의 고향', '예술의 집합처'라는 평가도 받고 있다. 포도와 석류, 살구와 복숭아, 수박이 사시사철 출시된다. 특히 하미과는 명품 중 명품이다. 모양이나 맛도 갖가지인데, 종류가 무려 26가지라고 한다. 그밖에 누금(鏤金)을 비롯한 금은세공업도 자고로 명성이 자자하다. 춤과 노래를 즐기는 위구르족들은 다양한 악기의 제조업자들이기도 하다. 위구르의 라와프, 키르기스스탄의 쿠므스, 하자크의 돔브라 등 다양한 악기가 여기 숙련된 공장들에 의해 만들어져 신장 각지로 보내진다.

한마디로, 카슈가르는 신장의 모든 것을 응축한 축도다. 이곳을 보면 신장을 알 수 있다. "카슈가르에 오지 않고는 신장에 왔다고 할 수 없다(不到喀什 不算到新疆)"라는 말이 실감난다.

텐산의 진주, 이식 쿨
고 산 지 대 를 적 시 는 ' 뜨 거 운 호 수 '

16

2006년 2월 21일, 일행 9명과 함께 오아시스로 답사차 카슈가르를 찾은 지 5개월 반 만인 8월 3일, 일행 4명과 함께 '중앙아시아의 고구려 관련 유적현장 조사'라는 연구과제 수행을 위해 다시 카슈가르에 들렀다가 다음날 아침 키르기스스탄으로 향했다. 이번 장은 그때의 기행을 적은 것이다.

갈 길이 멀어 서둘렀으나, 이것저것 챙기는 통에 9시 35분에야 묵었던 사이만호텔을 나섰다. 꽤 붐비는 거리를 빠져나와 20분쯤 달리다가 '문명수비처(文明收費處)'라고 적은 푯말 앞에서 차가 멎는다. 통행요금소인데, 고유명사가 아닌 '문명' 두 자는 왜 붙였는지 의아했다. 요즘 중국에서 강조하는 '문명화'의 시류에 편승한 것인지…… 통행료 10원을 물고 나서 차는 갓 포장한 4차선 도로를 신나게 달린다. 그러나 얼마 못가서 넓게 트인 평야가 나타나자 2차선으로 바뀐다. 지난해까지도 여기서부터는 흙길이었으나, 1년 새 포장을 말끔히 해 놓았다. 농토가 귀한 곳이라서 길을 넓게 뺄 수 없는 일이다. 농가가 띄엄띄엄 나타나고, 옥수수밭과 포도밭이 물결을 이룬다. 노란 해바라기가 들녘을 점점이 수놓고 있다. 아투스(阿圖什) 마을을 지나면서부터는 길 양 옆에 늘어선 백양나무 이파리가 누르스름하다. 8월 초인데 벌써 단풍이 들기 시작했다. 차창 틈으로는 제법 서늘한 갈바람이 스며든다. 텐산 준령의 언덕배기를 오르는 길이라서 해발고가 상당히 높으니 가을이 일찍 찾아 왔다.

아투스 마을을 지나서부터는 반(半)사막과 흙산이 이어진다. 10여 분 달리니 오른편에 카슈가르 강 지류인 차크마크 강이 깊은 계곡을 따라 흘러 가고 있다. 강폭은 50미터쯤 되어 보이는데, 수량은 별로 많지 않고 군데군데 강바닥이 드러난다.

키르기스스탄으로 가는 중국 측 토르갓 패스 관문.

이 강가 어디엔가 유명한 삼선동(三仙洞) 불적이 자리하고 있다고 한다. 3개의 마애동굴 안에 기원전 2세기경에 만들어진 불상이 모셔져 있다. 동아시아에서는 가장 이른 시기의 불적의 하나로 매우 값진 유적이다. 들리고 싶었으나 갈 길이 허용치 않는다. 어느새 국경 관문인 토르갓 패스(吐爾朶特口岸, Torgart Pass)에 도착했다. 카슈가르를 떠나 한 시간 만이다. 출국수속을 마치고 중국 측 관광버스를 그대로 타고 산길을 달린다. 여기서부터는 중국과 키르기스스탄 두 나라 사이의 국경 완충지대다. 가끔 대형 화물트럭이 짐을 가득 싣고 숨을 몰아쉰다.

포장과 비포장이 마구 엉킨 계곡 길을 따라 가다가 토르갓 패스로부터 55킬로미터 떨어진 지점에서 차크마크 대교(恰克馬克大橋)를 건넜다. 불그스레한 석회암 속살을 드러낸 산은 삭막해 보이며, 먼 산 멧부리엔 흰 눈이 반짝인다. 거기서 흘러내리는 눈 녹은 맑디맑은 물은 내가 되어 차가 달리는 반대 방향으로 흘러간다. 펑퍼짐한 골짜기에선 양떼들이 한가로이 풀을 뜯고 있다. 맑은 물, 푸르싱싱한 풀밭, 아늑한 유르트, 유유히 거닐고 있는 양떼와 목동들……. 문자 그대로 목가적 풍경이다.

두 곳의 변방 검문소를 지나 드디어 높이 3,752미터의 토르갓 패스의 정상에 다

중국과 키르기스스탄 국경선인 해발 3,752미터의 토르갓 패스.

다랐다. '패스(pass)'에는 고갯길이라는 뜻이 있으며, 중국과 키르기스스탄 사이에
는 이러한 고갯길이 남·북쪽에 각각 하나씩 더 있는데, 두 곳 다 여기 토르갓 패스
보다 고도가 높고 길이 험하다. 그래서 두 나라 간의 육로교통은 이 길을 많이 이용
한다. 정오가 갓 지나갔는데도 기온이 5~6도를 오르내리고 바람이 윙윙거리며 이
따금씩 진눈깨비가 흩날린다. 여기가 바로 두 나라 간의 최종 국경선이다. 국경선
표시는 가느단 차단봉 하나다. 양 측 관광버스는 여기까지 왔다가 각기 온 길로
되돌아간다. 오후 1시 50분경에 도착했으니, 출국수속에 걸린 1시간 20분을 빼면
카슈가르에서 여기까지는 약 3시간 걸린 셈이다.

　키르기스스탄 쪽 여행사에서 마중 오는 안내자가 늦게 도착하는 바람에 토르갓
패스에서 근 2시간이나 지체했다. 이제부터는 내리막 흙길이다. 15분 거리에 있는

제1검문소(체크포인트)에서 간단하게 입국수속을 마쳤다. 행인이라곤 우리밖에 없어 음산한 느낌마저 들었다. 실내 온도계는 12도를 가리킨다. 여기부터는 산세가 저 너머 중국 쪽 산세와 너무나도 다르다. 같은 어머니 산 톈산 산맥이 보듬은 산발임에도 불구하고 저쪽은 거친 돌이나 메마른 흙모래로 뒤덮인 불모의 산이나, 이쪽은 산 중턱까지 푸르스름한 잔디가 깔려 있는 초원이다. 자연의 신비로운 조화다.

검문소를 지나자 오른편에 거울같이 맑은 호수가 펼쳐진다. 깊이 7미터의 차트르 쿨(Chatyr-Kul)이다. 왼편 차창으로는 중국 측 톈산 산맥의 한 지맥이 달리는 길과 나란히 저 멀리 서쪽으로 뻗어 갔다. 종횡무진하는 이 지맥의 산기슭과는 무관하게 두 나라를 갈라 놓는 철조망이 길에서 불과 20미터 내외에 직선으로 처져 있다. 누군가가 책상머리에 앉아 구체적인 지형은 고려하지도 않고 지도 위에 무턱대고 자로 일직선을 그어 국경선으로 삼은 것이다. 그 철조망 국경선이 어디까지 연장되었는지 육안으로 확인할 수는 없다. 제1검문소에서 60킬로미터 떨어진 곳에 해발 2,100미터의 제2검문소가 있다. 검문소에서는 여권만 확인하고 지나보낸다.

여기서 한 시간 반쯤 달려 임시 여름 야영지로 차려 놓은 도스투크 카라반 사라이에 들려 잠시 휴식을 취하고 나서 인근의 타슈아바드 성채를 구경했다. 12세기 중국을 내왕하는 대상들을 위해 지은 사라이(숙소)와 성채다. 남아 있는 한 채의 돔형 4각 건물(32×33미터, 높이 3미터)은 대상들을 관리하거나 통과세를 받는 관청이다. 도중에 황소 크기만 한 야크 떼와 날쌔게 생긴 말 떼를 만났다. 여기에 야크가 있다는 것은 미처 몰랐다. 그리고 저 말이 혹여 이 지역을 원산지로 했던 그 유명한 한혈마(汗血馬)나 서극마(西極馬)의 후예는 아닐까 하는 생각이 들었다. 사실 작년에도 그 원종을 찾아 키르기스스탄의 산천계곡을 누빈 일이 있다. 지난 수십 년 동안 당국은 이 산간지역 유목민들을 정착시켜 농경화하려고 무진 애를 썼으나 원주민들의 외면으로 결국 성공하지 못하고, 지금은 반농경 반유목 상황이라고 현지 안내원은 설명한다. 흔히들 농경과 유목을 수화상극(水火相剋) 관계로, 또는 선진과 후진 관계로 보는데, 이것은 지나간 역사가 낳은 일종의 편견이다. 사회 경제 발전사로 보면, 이 두 영역은 응당 상부상조의 관계에 놓여 있어야 한다. 문제는 어떤 농경과 유목인가 하는 것이다. 좋은 사색의 단초를 간직한 채 산길을 빠져나왔다.

이어 '검은 새물'이라는 뜻의 카라 불룬(Kara-Bulun) 마을과 주민 5만 명이 살고 있는 넓은 아트바쉬(At-Bashy) 계곡을 지났다. 그러자 갑자기 보르 고르도이(Bor-Gordoy)산 협곡이 나타난다. 야음 속에 이 경사진 협곡을 빠져나오는 데만 30분이 걸렸다. 이 산 기슭 나린(Narin) 강가에 인구 5만의 나린 시가 자리하고 있다. 밤 8시 40분(중국 시간보다 2시간 늦음) 경에 이곳에 도착했다. 주 소재지임에도 불구하고 변변한 호텔 하나 없어 여인숙 격인 게스트하우스(The Celestial Mountains Guest House, 톈산 영빈관)에서 하룻밤을 지냈다. 듣던 바와는 달리 그런대로 묵을 만하다. 2층으로 올라가는 계단 천장에 붉은 칠을 한 1미터짜리 대나무 막대 세 개가 서로 가로질러 걸려 있기에 물었더니, 이것은 하늘과 땅, 사람 간의 조화를 상징하는 전승물이라고 한다. 앞뒤 마당에는 비교적 싼 값으로 대여하는 유르트 몇 채가 설치되어 있다. 여기까지 오는 길에서만도 산과 물, 말이 이 나라의 3대 명물이라는 것을 실감했다.

이튿날 북쪽을 향해 달려 나린 시외로 벗어나자마자 해발 3,030미터의 돌론 패스(Dolon Pass)가 기다리고 있었다. 사람을 가득 태운 승합차 한 대가 힘이 부쳐 뒷걸음으로 엉금엉금 올라가는 모습이 우스꽝스럽기는 했지만, 오르막길은 그만큼 가팔랐다. 정상에 오르니 사방이 풀밭으로 탁 틔어 있다. 땅바닥에 붙어 있는 이름 모를 야생화는 마냥 나름의 소박하고 강인한 자태를 뽐내고 있는 성싶다. 여기서 한 시간 달려 전통 공예품의 명소로 알려진 코츄코르(Kochkor)에 들렀다. 마침 현지 안내원 라술의 고향이어서 그의 안내를 받으면서 수예품 공장과 피혁 공장 등 몇 곳을 둘러봤다. 공장이래야 영세하고 규모도 작아서 전통을 살린다고 하기에는 아직 부족한 점이 많아 보인다.

코츄코르를 떠나 직행한 곳은 이번 길의 주 목적지인 이식 쿨(Issyk-Kul)이다. 일행 모두는 흥분을 가라앉히지 못한 터라 60킬로미터가 멀게만 느껴진다. '톈산(어떤 이는 중앙아시아)의 진주', '환상의 호수', '신비의 호수', '향기로운 호수', '키르기스의 바다'라는 갖가지 아호가 붙은 이식 쿨은 일행을 반겨 맞았다. 쾌청한 날씨에 잔잔한 물결이 일렁인다. 톈산 산맥의 북측, 깊이 팬 분지를 가득 메운 이 호수의 크기는 동서가 180킬로미터, 남북은 30~70킬로미터며 둘레는 700킬로미터에

둘레 700킬로미터의 '톈산의 진주' 이식 쿨 호수. 키르기스어로 '뜨거운 호수'라는 뜻의 이 호수 사위는 만년설을 머리에 인 톈산 산맥의 지맥들로 병풍처럼 에워싸여 있다. 여름 한철에는 피서지로도 유명하다.

달한다. 사위는 만년설을 머리에 인 톈산 산맥 지맥들이 병풍처럼 에워싸고 있다.

키르기스어로 '이식'은 '뜨거운', '쿨'은 '호수'라는 뜻으로서 '이식 쿨'은 '뜨거운 호수'라는 말이다. '소금의 호수'라는 뜻의 '투즈 쿨(Tuz-Kul)'이라고도 부른다. 그런가 하면 카르무크 사람들은 '철의 호수'라는 의미로 '테무르투 노르(Temurtu Nor)'라고도 부른다. 한자 이름인 경우 『한서』에서는 '덴츠(闐池)'라고 했는데, '덴'은 투르크어로 큰 호수라는 뜻의 '텐기스(tengis)'의 음사로 보인다. 『신당서』에서는 키르기스어의 본뜻을 살려 '열해(熱海)'라고 했으며, 현지를 직접 답사한 현장은 『대당서역기』에서 '대청지(大清池: 맑은 큰 못)'라고 하면서 각주에서 대청지는 일명 열해나 함해(咸海)라고도 한다고 했다.

이식 쿨에 관해서는 여러 가지 기록과 신비스러운 일화들이 많이 전해 오고 있다. 우선 1,378년 전 현장 스님이 이곳을 지나면서 남긴 기록부터 알아보자. 그는 627년 8월 당나라 수도인 장안(현 시안)을 떠나 옥문관과 현 신장의 고창, 굴지국(屈支國, 현 쿠처), 고묵(姑墨, 阿克蘇)을 거쳐 중국과 키르기스스탄의 국경을 이루고 있는 능산(凌山, Bedel Pass, 해발 4,284미터)을 넘어 628년 초 이곳 대청지(이식 쿨) 남안에 도착한다. 여기서 서행해 소엽성(素葉城, 키르기스스탄의 토크마크[Tokmak])과 천천(千泉, 카자흐스탄의 마르키[Marki])을 거쳐 달라사성(呾邏私城, 탈라스, 카자흐스탄의 잠불[Dzhambul])에서 서남 방향으로 자시국(赭時國, 타슈켄트), 삽말건국(颯秣建國, 사마르칸트) 등 중앙아시아 지역과 도화라국(覩貨羅國, 아프가니스탄)을 지나 마침내 인도에 이르렀다.

이 길은 당대에 고착된 실크로드 오아시스로 북도로서 고선지 장군이 제4차와 제5차 서역원정을 단행할 때(750~751) 지났던 길이기도 하다. 일행이 오아시스로 남도상의 요지인 카슈가르에서 이곳 북도의 한 지점까지 왔으니, 남·북 두 길을 세로로 지른 셈이다. 사실 이 길 말고도 오아시스로 남·북 양도를 종단하는 지선(支線)은 여러 곳에 더 있다. 이와 같이 문명교류 통로인 실크로드는 육로건 해로건 초원로건 할 것 없이 종횡무진으로 지구의 동서남북을 얽어 놓는 망상(網狀: 그물)형 교통망인 것이다.

그는 이식 쿨을 보고 이런 기록을 남기고 있다. '능산에서 400여 리(160킬로미터) 가면 대청지에 도착하는데, 이 호수의 둘레는 1천여 리(400킬로미터)나 된다. 동서는 넓고 남북은 좁으며 사면은 산으로 둘러싸여 있다. 많은 하천이 이 호수에 흘러들어가며, 물은 검푸른 빛을 띠고 있는데 맛은 짜고 씁쓰레하다. 파도가 심하고 격랑이 일어나며 흐름이 급하다. 물고기와 용(龍)이 뒤섞여 살며 가끔 신령스러운 괴물이 출몰하기도 한다. 이에 오가는 행인들은 모두 이 괴물을 향해 기도하며 보우와 시복을 기구한다. 그래서 호수에 어족 생물이 많이 있지만 그 누구도 감히 잡지 못한다.' 용이나 괴물 같은 이야기를 빼면 대체로 정확한 내용이다.

고산지대에 있음에도 물이 얼지 않아 '열해'라고 칭한 것은 아마 바닥이나 주변에 온천이 있기 때문이라고 짐작된다. 그리고 지금도 가끔 청동기나 토기 조각들이 떠올라 호안으로 밀려오고 있다. 이런 유물들은 모두 한때 이 지역을 지배했던 사카족이나 오손족(烏孫族)들이 만들어 쓰던 것이다. 이로 미루어 언제인지는 몰라도 그들의 주거지가 호수 바닥에 수몰된 것으로 학자들은 추측한다. 일설에 의하면, 중앙아시아의 패자 티무르의 피서지가 이곳 어디에 있었다고도 한다. 물 맛을 보니 현장의 말대로 짭짤한데, 곳에 따라 염도가 다르다고 한다. 이 역시 하나의 신비다. 어떤 곳은 염도가 높아 사해처럼 몸이 물 위에 뜬다고 한다. 남녀노소 피서객들로 붐벼서 해수욕장을 방불케 한다. 호반 도시 발쿠치는 인구 10여 만의 정갈한 도시다. 주변에는 온천 휴양지도 몇 군데 있다고 한다.

이식 쿨에 흘러드는 추(Chu) 강을 따라 서쪽으로 향했다. 이 강의 옛 이름은 스이압(Sūy-āb)인데, 지금의 '추'는 '스이'의 와전음으로 본다. 한자로는 '취하(吹河)', 혹은 '쇄엽수(碎葉水)' 또는 '소엽수(素葉水)'로 음사되어 있다. 톈산 산맥 서부의 한 지맥인 알렉산더 연산(連山)에서 발원해 서행하다가 북쪽으로 물길을 틀어 무윤쿰(Muyun-Kum) 사막을 적시다가 지쳐 사라진다. 길이 약 500킬로미터(주류는 260킬로미터)나 되는 이 강은 양 기슭의 여러 오아시스를 잇는 가교 구실을 한다. 강폭은 그리 넓지 않으나 수량이 넉넉하여 강기슭을 키르기스스탄에서 가장 기름진 옥토로 만들고 있다.

뜻밖에도 카자흐스탄과의 국경을 표시하는 철조망이 강쪽 기슭에 바싹 붙어 있다. 상식대로라면 강에서 몇 킬로미터 떨어진 산맥이 응당 두 나라 간의 국경이어야 하는데, 이렇게 강 바로 북쪽까지 국경선이 내려 온 데는 그만한 사연이 있다. 제정 러시아 때 이곳 토호가 말 40필을 받고 강 북쪽 땅을 카자흐스탄에 넘겨 주었던 것이다. 그것이 오늘날까지 이어져 두 나라 간의 국경선을 긋는 불문율로 굳어져버렸다. 어이없는 일이지만, 이 국경선이 분쟁거리가 되지는 않는다고 한다.

길 양 옆에는 꽃이 만발한 노란 해바라기밭과 팔뚝 같은 이삭이 달린 옥수수밭이 눈이 모자라게 펼쳐져 있다. 이윽고 토크마크를 지났다. 현장 스님의 기록에 의하면, 이곳은 대청지(이식 쿨)에서 서북쪽으로 500여 리(200킬로미터) 지점에 있는 소엽서성(素葉水城)으로서 둘레는 6~7리(2.5킬로미터)이며, 각국의 호상(胡商: 서역 상인)들이 섞여 살고 있다. 토질은 기장이나 밀, 포도를 심는 데 적합하고, 나무는 별로 없으며, 날씨는 춥고 바람이 많이 불며, 주민들은 짐승 털로 짠 모직물이나 거친 베

도스투크 계곡에서 풀을 뜯고 있는 야크들.

옷을 입고 있다. 한마디로 현장은 토크마크를 삭막한 곳으로 묘사하고 있다. 그러나 지금의 토크마크는 주도로서 둘레 50~60센티미터의 가로수가 우거지고, 관개수가 출렁이며, 현대식 건물도 즐비한 넉넉한 고장이다.

　도중에 '금빛 고향'이라는 뜻의 알틴 카지나(Altyn Kazyna)에서 양고기 소가 든 만두로 점심을 때웠다. 점심식사하는 데 보낸 50분을 빼면, 나린에서 약 6시간을 달려 오후 4시 경 키르기스스탄의 수도 비슈케크에 도착했다. 작년 7월 27일에 들린 곳이다. 이틀에 걸쳐 오아시스로 남도에서 고산준령을 종단해 북도에 닿아, 현장이나 고선지 같은 선현들이 밟았던 길을 따라가면서 그 길의 어제와 오늘을 더듬었다. 어제 그들이 천신만고 끝에 길을 터 놓았기에 오늘의 왕래가 가능하게 된 것이다. 그들을 기려야 할 까닭이 바로 여기에 있다.

황금의 초원, 카자흐스탄
황금의 초원로에서 황금 길이 다시 열리다

이제 우리의 실크로드 답사는 초원로의 관문이자 동아시아에서 중앙아시아로 넘어가는 교두보이기도 한 우루무치를 떠나 두 번째 구간으로 접어든다. 중앙아시아가 그 무대다. 동서양의 한가운데 끼워 있는 중앙아시아는 역사적으로나 문화적으로 대단히 복잡한 곳이다. 오늘은 그 풍부한 부존자원과 지정학적 및 전략적 중요성, 그리고 개발도상지역이라는 특수성 때문에 세인의 깊은 주목을 끈다. 강대국들은 앞을 다투어 선점에 열을 올리고 있다. 21세기엔 이곳이 '저주로운 각축장'이 될 것이라는 전망도 결코 무리가 아닌 성싶다. 이제부터 우리는 그 현장을 누비게 된다.

중앙아시아의 자연환경은 높은 산맥과 고원, 드넓은 초원과 사막, 그리고 비옥한 오아시스들로 이루어져 있는데, 이러한 자연환경은 이 지역의 역사와 문화, 생활에 결정적인 영향을 미치고 있다. 고산준령은 습기를 머금은 축축한 공기의 이동을 가로막아 건조하게 만드는가 하면, 때로는 구름과 눈을 불러와 초원과 분지에 비를 내리게 하고, 만년설의 녹은 물은 하천이나 복류(伏流)가 되어 저지대의 오아시스를 기름지게 한다. 카스피 해 동쪽에서 몽골 고원에 이르는 광활한 초원지대는 북방 유목민족들의 생존과 활동의 무대로서, 거기에는 그들이 인류 역사나 문명교류의 전개에 남긴 커다란 발자취들이 아로새겨져 있다.

중앙아시아의 이러한 문명사적 기여는 그 구성원의 다양성과 불가분의 관계에 있다. 4,500년 전 코카서스에서 발원한 아리아인들이 페르시아나 인도로 이동하는 중 이곳에 들렀고, 기원전 8세기께부터는 스키타이인들이 동방무역로를 개척해 이곳을 오갔으며, 기원전 6세기부터는 아케메네스 조(朝) 페르시아의 치하에 들어가 페르시아 문화에 훈육되었다. 그러다가 기원 직후에는 흉노들이 이곳으로 서천해

해가 어슴푸레하게 질 무렵 목동이 양들을 몰고 집으로 돌아가고 있다. 카자흐스탄의 알마티에서 '황금의 초원길'을 가로질러 잠불(옛 탈라스)로 가는 길에서 내내 만날 수 있는 양떼의 모습은 중앙아시아 특유의 진풍경이다.

나라까지 세웠으며, 10세기를 전후해서는 투르크계 민족들이 연이어 이곳에 정착해 이른바 중앙아시아의 '투르크화'가 시작되었다. 때를 같이해 이슬람화가 진척되면서 이랍-이런게 무슬림들의 진출도 두드러졌다. 근세에 들어와서는 러시아의 남하 결과 러시아인은 물론, 러시아어까지 보편화되어버렸다. 그래서 지금 쓰이고 있는 언어만도 알타이계와 인도-유럽계로 갈라져 수백 종이나 된다.

이렇게 복잡하면서도 그만큼 흥미진진한 세계로의 우리의 여행은 카자흐스탄의 옛 수도 알마티로부터 시작된다. 우루무치에서 비행 2시간만인 밤 8시 40분에 도착한 곳이다. 아직 어둡지 않아 시내 참관에 나섰다. 부시킨 거리를 지나 중앙공원에 이르러 몇 곳을 구경했다. 인상에 남는 것은 횃불로 상징화한 제2차 세계대전 전승기념탑이다. 주변의 정교회(正敎會) 성당이며, 군인회관을 개조한 악기박물관 등은 어스름 속에서도 여전히 고색창연하다. 30여 년 전에 와서 본 모습들과 별반 달라진 것 같지는 않다.

카자흐어로 알마티는 '사과의 아버지'란 뜻이다. 아마 알마티가 사과 산지로 유명하기 때문인 것 같다. 150만의 알맞은 인구를 가진 알마티는 톈산 산맥의 북쪽 기슭에 자리한 숲 속의 정원도시로서, 이 산맥에서 흘러내리는 7개의 강이 모여드는 세미레치에 지역의 중심부에 자리하고 있다. '세미레치에'는 러시아어이고, 카자흐어로는 '제티수(Zhetisu)'라고 하는데, '일곱 개의 물길'이란 뜻이다. 역사적으로는 '7하지대(七河地帶)'라고 해서 유목문화가 꽃핀 곳으로 전해지고 있다. 원래 이 도시는 18세기 중엽 제정 러시아 때, 동쪽의 중가리아족을 방어하기 위해 세운 '베르니 요새'였으나, 점차 도시로 발전해 1921년에 지금의 이름으로 바뀌었다. 그 후 연이어 카자흐자치공화국(1929)과 소련방 카자흐소비에트사회주의공화국, 그리고 1991년 구소련에서 독립한 후 카자흐스탄공화국의 수도로 남아 있었다. 지금은 수도가 아스타나로 옮겨졌으나, 경제와 문화 등의 방면에서는 여전히 '수도' 구실을 하고 있다.

알마티를 구심점으로 살아온 카자흐족의 역사는 대략 15세기 중엽부터 알려지고 있다. 이 무렵 우즈벡계에서 분리된 한 무리가 세미레치에 지역에 몰려와 자신들을 투르크어로 '분리하다', '자르다'의 뜻을 지닌 '카자흐'라고 부르면서 카심 칸의 지

휘 아래 첫 카자흐 국가를 세웠다. 그들은 그 뜻을 '자유인'으로 승화시켜 지금까지
도 자유애호를 민족적 긍지로 여긴다.

　이튿날 처음 찾아간 곳은 카자흐스탄 역사박물관이다. 사실 이곳을 첫 방문지로
삼은 것은 우리의 황금문화와 깊은 관련이 있는 유물인, 이른바 '황금인간(Golden
Man)'을 직접 확인하고 싶어서였다. 1969년 카자흐스탄 과학아카데미 고고학 부장
인 아키세프가 알마아타에서 동쪽으로 50킬로미터 떨어져 있는 이시크(Issyk) 고분

에서 기원전 5~4세기 사카 문화에 속하는, 길이 215
센티미터의 젊은 청년 유해인 이 '황금인간'을 발견
했다. '황금인간'이라고 부르는 것은 무려 4천여 장이
나 되는 황금조각으로 지은 옷을 입고 있기 때문이다.
사카 부족은 흑해 연안의 스키타이 부족이나 볼가 강
연안의 사르마티안 부족과 더불어 황금문화를 꽃피운
주역이다.

　기원전 5세기경부터 기원후 5~6세기경까지 약 1천
년 동안 알타이 산맥을 중심으로 동서에 광범위한 황
금문화대가 형성되었는데, 신라는 금관 등의 황금 유
물에서 보다시피 그 동단에서 이 문화대의 전성을 구
가했다. '황금인간'의 세부 장식품으로 나오는 나무
및 새 모양 장식이나 머리 장식, 각종 쬠쇠 장식 등은
신라의 금관이나 황금 유물에서 보이는 것과 신통히
도 같다. 10여 년 전 서울에서 이 '황금인간' 전을 개
최했을 때, 보는 이들을 깜짝 놀라게 한 것도 바로 이
때문이었다. 그래서 꼭 보려고 했는데 휴관일이라서
정면 홀에 설치된 모조품만을 카메라에 담고 아쉬운
발길을 돌렸다. 여정에 변수가 생겨 타향 만리 이곳

알마타의 카자흐스탄 역사박물관 현관에 있는 '황금인간' 모조상.

에 묻힌 동포들의 원혼을 달래기 위해 고려인 공동묘지를 참배하려던 계획도 무산됐다. 여행에는 늘 놓침에서 오는 아쉬움이 뒤따르는가 보다. 그래야 여행은 계속될 수 있으니까.

이제부터는 넓디넓은 카자흐스탄 대초원을 가로지르는 길이다. 이 길은 천여 년 동안 지속된 황금문화 시대에 북방 유목민들이 말을 타고 알타이 산 황금을 서쪽 그리스 식민도시로 나르던 '황금의 초원길'이었다. 그런가 하면 오늘은 '검은 금'이라고 하는 석유와 천연가스, 그리고 각종 광물질을 쉼 없이 운송하고 있는 또 다른 '황금의 초원길'이기도 하다. 이 길을 따라가노라면 이 나라의 크기와 대초원의 광활함을 실감한다. 중앙아시아에서 제일 큰 이 나라의 면적은 무려 270만 평방킬로미터로 남한의 26배에 달하며, 세계에서 아홉 번째로 큰 나라다. 동서 길이가 무려 3천 킬로미터나 되는 이 '황금의 대초원' 밑에는 322억 배럴의 원유(세계 7위)와 텅스텐(2위), 크롬(2위), 망간(3위) 등 보물이 매장되어 있다. 그런데 초원이니만치 인구는 놀랍게도 1,500만밖에 안 된다. 역설적으로 이것은 무한한 개발의 가능성을 시사한다. 여기에다가 국민들의 절박한 개발의지와 강력한 리더십이 합쳐져, 지금 이 나라는 매해 10퍼센트 이상의 고성장을 기록하고 있다.

이 엄청난 잠재력이 동서로 관통하는 초원로를 통해 눈부시게 발산되고 있음을 곳곳에서 감지할 수 있다. 알마티 중심가를 지나는데, 네거리의 일각에 'Silk Way(비단길)'라는 큼직한 간판을 단 새하얀 고층건물이 앞을 막아선다. 현지 안내원은 초원로를 통해 들어온 여러 나라 상품을 파는 '국제상점'이라고 소개한다. 꽤 붐비는 거리를 겨우 빠져나와 약 두 시간쯤 달리니, 길가에 '실크로드 카페'라는 영문 간판이 또 눈에 띈다. 호기심도 있고 해서 찾아갔더니, 커피숍을 겸한 자그마한 식당이다. 양다리국과 고기만두를 청했는데, 무슨 향료를 썼는지 냄새나 느끼한 맛이 없이 그런대로 입에 맞아 맛있게 먹었다. 중앙아시아 음식은 유목문화의 영향이 아직까지도 짙어 대체로 육식 위주에 소박한 편이다.

식사 뒤 한참을 달리는데 갑자기 택시 한 대가 경적을 울리며 추월한다. 순간 흠칫했다. 한글로 'ㅇㅇ회사 개인택시'라고 쓴 표시판이 그대로 달려 있지 않은가. 우리나라 중고 택시가 다량으로 수입돼 영업에 투입되고 있는데, 호객 효과를 노려

길섶 간이휴게소에서 먹을거리를 파는 카자흐 아이들이 카메라를 들이대자
환한 웃음으로 반긴다.

한글 간판을 그대로 달고 다닌다는 것이 역시
우리나라 차량을 운전하는 현지 기사의 설명이
다. 사실, 중앙아시아는 물론, 저 멀리 터키의
오지까지 우리네 자동차가 지천에 깔려 있다고
해도 과언은 아니다.

　해가 서산에 뉘엿뉘엿 질 무렵(7시 20분) 일행
은 마르키(Marki)라는 푯말이 세워져 있는 곳에
서 차를 멈췄다. 톈산 산맥이 한 지맥으로 카자
흐스탄의 남방경계를 이루고 있는 우중충한 알
라타우 산맥의 북쪽 기슭에 수백 호의 허름한
농가가 흩어져 있다. 여기가 바로 1,377년 전
(628년)에 현장 스님이 구법차 인도로 가면서 들
린 '천천(千泉)'이다. 샘이 천 개나 있다고 해서
이런 이름이 붙여졌다고 하는데, 녹음방초가 우거진 서돌궐 왕의 피서지로도 알려
져 있다. 잠깐 들러서 흔적이라도 찾아보고 싶었으나 바쁜 갈 길이 허락지 않았다.

　여기서 다시 3시간 넘게 가니 드디어 목적지인 잠불(Dzhambul, 옛 탈라스)에 도착
했다. 알마티에서 여기까지 약 500킬로미터 되는 길을 장장 10시간 넘게 달려왔다.
실크로드를 재건한다는 의욕에만 부풀어 있지, 아직 길 군데군데는 파헤쳐진 대로
남아 있다. 이정표 하나 제대로 갖춰지지 않아 현지 운전기사도 몇 번이고 길을 헷
갈린다. 가로등도 변변찮은 잠불 시에 이르러서는 다행히 웬 젊은이가 자기 차를
몰고 우리를 안내해 숙소인 잠불호텔로 안내해 주었다. 정말로 고마웠다. 자정이
가까웠으나, 우리는 이 고장의 명물인 적포도주 한 잔씩을 나누면서 하루의 노독을
풀었다. '황금의 대초원'을 누빈 보람은 자못 컸다.

탈라스 전쟁의 현장을 가다
포크로브카 언덕에서 들은 고선지의 포효

우리가 카자흐스탄 대초원을 가로질러 이곳 잠불을 찾아 온 것은 말썽 많은 탈라스(Talas) 전쟁의 현장을 확인하기 위해서다. 고구려 유민의 후예인 명장 고선지는 당나라 군사를 이끌고 11년 간(740~751) 다섯 차례의 서역원 정을 단행했는데, 그중 네 번째와 다섯 번째는 멀리 석국(石國, 오늘의 우즈베키스탄 수도 타슈켄트 지역)에 대한 원정이다. 다섯 번째 원정 때, 당군과 석국-이슬람 연합 군 간에 벌어진 전쟁을 흔히 '탈라스 전쟁'이라고 한다. 전쟁이 탈라스라는 지역에 서 시작되었기 때문이다.

이 전쟁은 세계 전쟁사나 문명교류사에 큰 영향을 끼쳤을 뿐만 아니라, 우리의 민족사에도 길이 남을 역사적 장거였다. 그동안 동서양 학계에서 일련의 연구가 진 행되어 면모가 개략적이나마 드러나기는 했지만, 아직 여러 가지 문제에서 논의가 계속되고 있는데, 그중에서도 가장 혼란스러운 것은 전쟁터가 도대체 어딘가 하는 문제이다. 일반적으로 막연하게 역사상의 구(舊) 탈라스라고 지목하지만, 그 탈라 스가 오늘의 어딘지, 그리고 구체적 지점을 놓고도 탈라스 성이니, 탈라스 평원이 니, 탈라스 강이니 하는 등 주장이 엇갈리고 있다. 그런가 하면 전혀 다른 곳이라는 일설도 있다. 중앙아시아를 찾는 우리네 여행객들도 선현을 기리는 마음에서 저마 다 구두선처럼 탈라스 전쟁을 되뇌지만, 그곳이 어딘지는 아직은 오리무중이다.

한 가닥 실마리라도 찾았으면 하는 기대에 부풀었지만, 마음은 무거웠다. 어제 의 여독이 채 가시기도 전에 아침 일찍 잠에서 깨어났다. 오늘 일정도 만만찮아 일 행은 서둘러야 했다. 일곱 시 반에 잠불호텔을 떠나 시원한 아침 공기를 헤가르며 남쪽으로 약 30분 간 20킬로미터쯤 달리니, 다음 목표인 키르기스스탄으로 들어가 는 국경 초소가 나타났다. 이른 아침인데도 국경은 몹시 붐빈다. 과객 대부분은 보

유르트식 찻집을 열고 있는 주인 아킬베크(왼쪽) 씨 부부가 집 안을 보여 주고 있다. 유르트는 중앙아시아 키르기스 지방의 유목민이 사용하는 이동식 천막으로, 펠트를 재료로 원뿔 모양의 지붕과 원기둥 모양의 벽으로 되어 있다. 오늘날에는 정착생활을 하면서 보조 집으로 사용하는 예가 많다.

따리장수들이나, 친척 방문자들도 더러 있다고 한다. 즉석에서 입국비자를 내주는 등 국경 통과는 무난했다. 카자흐스탄의 알마티부터 여기까지 우리를 안내한 현지 안내원은 키르기스스탄 여행사가 파견한 22세의 아르쳄(Artem Volkov)이다. 대학 영어과를 갓 졸업하고 여행사 해설원으로 일하는 그는 눈망울이 초롱초롱한 젊은이다. 우리가 탈라스 전쟁의 현장에 관심을 갖고 있다는 말을 듣고는 곧바로 이 지역 전문가인 나르보토예프(Narbotoev)를 안내에 초청했다고 한다. 천만 뜻밖이다. 그리고 여행사 이름으로 우리에게 전통모자인 '칼팍(Kalpak: 돔 모양의 흰색 펠트 모자)'을 선물하기도 했다.

일행이 국경 초소에서 5분 거리에 있는 한 유르트(이동식 텐트) 식 커피숍 마당에 이르렀을 때, 50대 후반의 주인 아킬베크(Akilbek)는 한사코 우리를 집 안으로 초대했다. 가끔 엄지손가락을 내밀면서 서울 월드컵 등에 관한 이야기를 신나게 한다. 부인과 딸을 불러다가 시큼한 크므스(마유주)와 홍차로 우리를 친절하게 대접했다. 헤어지면서 그의 가족들과 함께 찍은 사진은 좋은 추억을 되새겨 준다. 이윽고 나르보토예프가 왔다. 그는 탈라스 소재 마나스(Manas) 박물관 학예연구관을 10여 년 지낸 40대 중반의 지역전문가다. 우리의 방문 목적을 귀담아 듣고는 자신만만하게 안내에 응했다. 그의 자신감에서 무언가 길조를 예감했다.

탈라스는 원래 톈산 산맥의 남쪽 지맥인 탈라스 연산(連山)에서 발원해 무쥰 산맥(Mujun-Kum)에 이르러서는 복류(伏流: 땅 속으로 스며서 흐르는 물)로 변하는 한 강

탈라스에서 키르기스스탄의 수도 비슈케크로 가는 길은 해발 3천 미터가 넘는 고산길이다. 고지대인 만큼 기상 변화도 다양하다. 안개인 듯, 비구름인 듯 몰려와 한바탕 비를 뿌리고 나면 갑자기 환하게 개며 햇살이 비추고 계곡 속에서 무지개가 솟아오르곤 한다.

이름이다. 길이 230킬로미터에 달하는 이 강은 기원전 2세기부터 도뢰수(都賴水)라는 이름으로 기록에 나타난다. 강 일대는 사카족과 월지, 강거(康居), 흉노 등 유목민족들의 활동무대였으나, 6세기 말엽에 서돌궐의 치하에 들어갔다. 이 무렵 비잔틴은 서돌궐과 화친을 맺기 위해 제마르코스(Zemarkos)를 사절로 파견하는데, 이것이 계기가 되어 탈라스라는 이름이 서방에 처음으로 알려지게 되었다. 그밖에 아랍 문헌에도 이곳에 관한 기록이 있다. 그러다가 당대에 중국의 통치판도 내에 편입되면서 달라사(怛羅斯 또는 呾邏私) 등의 이름으로 관련기록이 나타나기 시작한다. 628년 구법차 인도에 가면서 이곳에 들린 현장은 탈라스 성의 둘레는 8~9리(약 3.5킬로미터)나 되고, 성내에는 여러 나라의 호상(胡商)들이 뒤섞여 살며, 토질은 밀이나 포도를 심는 데 적당하며, 날씨는 춥고 바람도 많이 분다고 여행기『대당서역기』에 기술하고 있다.

역대의 탈라스는 지리적으로 초원로와 오아시스로가 만나는 곳에 위치하고 있어 교역이 번성하고 내왕이 빈번한 고장이었다. 그러다가 751년 7월, 역사적인 탈라스 전쟁으로 그 명성이 더욱 널리 알려지게 되었다. 9세기 말께 사만 조(朝)가 이 고도를 공략함에 따라 주민들이 이슬람에 대거 귀의했다. 그 후 카라한과 카라키타이의 관할하에 있으면서 전성기를 누리다가, 13세기 몽골 점령군에게 무참히 파괴된다. 주로 러시아 고고학자들에 의해 발굴된 많은 유적들은 탈라스의 이러한 역사적 궤적을 여실히 증명해 주고 있다.

그러나 이 고대 도시의 지리적 위치에 관해서는 오랫동안 수수께끼로 남아 있었다. 러시아의 동양학자 바르톨드(Bartold V. V.)는 역사적 사료와 출토된 유물 등을 참고해 1904년 당시 탈라스 강기슭에 위치한 인구 2만의 작은 도시 올리아타(Aulie-ata, 奧立阿塔)를 구 탈라스라고 추정했다. 그러다가 러시아 시월혁명 후 소련 당국이 카자흐족의 위대한 시인 잠불의 이름을 따서 이 도시를 '잠불'이라고 개명한 것이 오늘날까지 이어지고 있다. 요컨대, 고대 중앙아시아사와 동서교류사에 등장하는 탈라스는 탈라스 강 중류에 자리한 지금의 카자흐스탄 잠불인 셈이다.

그런데 일부 연구자들은 이 옛 탈라스(카자흐어로는 탈라스)와 탈라스 강 상류에 있는 지금의 키르기스스탄 탈라스(키르기스어)를 구분 못하고 혼용하고 있다. 다행히 이 점은 현지답사를 통해 시비를 가려낼 수가 있었다. 나르보토예프의 안내를 받으며 동남 방향으로 40킬로미터쯤 가니 탈라스 강 좌안의 아담한 소도시 탈라스 시가 나타난다. 인구 5만(주변까지는 약 20만)의 이 도시는 20세기 초에 건설된 신생 도시다. 어디를 봐도 고적은 눈에 띄지 않는다. 따라서 이 도시가 1,200여 년 전에 있었던 탈라스 전쟁의 현장일 수는 없으며, 카자흐스탄의 잠불(구 탈라스)과 키르기스스탄의 탈라스는 서로 다른 두 도시인 것이다.

이제 남은 문제는 탈라스 전쟁이 벌어진 현장이 도대체 어딘가 하는 것이다. 미흡한 연구 결과에 의해 여러 가지 추측이 나도는 터라, 이 지역 출신의 안내에 한 가닥 기대를 걸었다. 그는 바르톨드와 베른슈탐(Bernshtam A. N.), 압잠손(Abzamson) 등 러시아 학자 3인의 연구 결과를 토대로 키르기스스탄 국경 초소에서 동남쪽으로 7킬로미터 떨어진 탈라스 강 오른편의 포크로브카(Pokrovka) 마을 언덕이 바로 탈라스 전쟁의 격전지라고 증언하면서 현장을 안내했다. 그가 소지한 관련 문헌 내용과 우리가 알고 있는 지식은 거의 일치했다. 그의 증언과 지형지물

탈라스 전쟁의 전투 현장으로 추정되는 포크로브카 평원의 옛 유적은 온데간데없다. 하지만 벌판 군데군데 무덤처럼 보이는 흙무지들이 뭔가 비밀을 간직하고 있는 듯하다.

및 유물, 그리고 관련기록 등을 감안하면 이 포크로브카 설은 일리가 있어 보이나, 하나의 연구 단서를 제공했을 뿐 심층적인 연구가 필요할 것이다.

이곳을 남북으로 가로지르는 탈라스 강의 물길 폭은 18미터(본래는 20~30미터)나 되며, 좌우 강기슭이 넓어 군사가 배수진을 치기에 유리하다. 이에 비해 여기로부터 27킬로미터 북상해서 구 탈라스를 지나는 이 강의 폭은 10미터쯤밖에 안 되며 강기슭도 퍽 좁다. 보다 중요한 것은 강기슭을 따라 아득히 펼쳐진 드넓은 언덕 평원이 수만 대군 간의 회전지로서는 적격인 지형이라는 사실이다. 그리고 이곳은 당시 당나라 치하에 있던 페르가나 분지의 서단으로서 대군을 더 이상 서진시킨다는 것은 전략적 무리수였을 것이다. 뿐만 아니라, 사막이나 산간 전투에만 익숙했던 당군으로서는 다섯 차례의 원정 중 처음으로 큰 강을 건너 수륙전을 벌여야 하는 전술상 부담도 있었을 것이다. 이러한 지형적 및 전략적 특성 때문에 더 서진하지 못하고 강 우안의 평원에서 5일 간의 속전속결에 임할 수밖에 없었을 것이다.

최근 러시아 학자들의 연구에 의하면 격전장이었던 이 평원의 지하에는 적어도 200여 기의 무덤이 있을 것이라고 한다. 사실 허허벌판으로 변한 이 평원의 군데군데에는 무덤을 방불케 하는 흙무지들이 눈에 띈다. 당분간 재정 문제로 발굴이 어려우니 한국 측의 동참이 요망된다고 나르보토예프는 주문한다. 언젠가 유물이 발굴되면 1,300년 간 탈라스 전쟁이 숨겨 놓은 여러 가지 비밀이 풀릴 실마리가 잡힐 것이다.

이곳을 떠나 키르기스스탄 수도 비슈케크로 가는 고산길은 내내 탈라스 강 물줄기와 나란히 뻗었다. 우리는 해발 3,330미터의 오토메크 고개에서 저 멀리 탈라스 연산 최고봉에 비치는 실오리 같은 반사체를 목격했다. 그것이 바로 이 강의 발원지라고 한다. 탈라스 강은 숱한 역사의 사연을 싣고 오늘도 유유히 흐르고 있다. 포크로브카 평원 한가운데 서서 아득히 뻗어 간 톈산 산맥의 멧부리들을 바라보노라니, 당대의 시선 두보가 「고도호총마행(高都護驄馬行)」이라는 7언시에서 읊은 것처럼, 번개보다 더 빠른 무적의 한혈마를 타고 저 멧부리들을 단숨에 넘어 이곳 혈전장에서 장검을 뽑아 들고 7만 대군을 발호하던 맹장 고선지의 모습이 눈앞에 어른거린다. 일세를 풍미한 장군의 위적을 기리는 전적비 하나쯤 세워 놓는 것이 우리 후예들이 감당해야 할 몫이 아니겠는가. 탈라스 전쟁의 현장 답사는 우리의 '실크로드 재발견'을 확인하는 하나의 중요한 계기였다.

※ 2006년 8월 '고구려연구재단 동북공정대응 정책과제'로 '중앙아시아의 고구려 관련 유적 현장조사 및 연구'를 수행하기 위해 필자를 포함한 5명의 국내 학자와 3명의 현지 학자들이 공동연구를 진행한 결과, 탈라스 전쟁의 현장에 관해서는 몇 가지 견해를 개진했다. 그 내용은 앞으로 발표될 관련 논문에서 밝혀질 것이다.

명마의 고향을 찾아서
삶 의 한 복 판 에 는 언 제 나 말 이 서 있 다

중앙아시아의 어디를 가나 말을 형상화한 구조물을 발견하게 된다. 말이 국가의 상징물인가 하면, 건물의 장식물로, 심지어 길 표시물로까지 등장한다. 그 형상도 날개 달린 천마에서 대지를 주름잡는 준마, 앞발을 치켜들고 포효하는 용마에 이르기까지 실로 다양하다. 가끔 뛰어난 조형미가 눈길을 멈추게도 한다. 이렇듯 말과 중앙아시아가 특별한 인연을 맺게 된 데는 그럴 만한 이유가 있다. 말을 이승과 저승을 잇는 영매체로, 성인의 탄생을 알리는 예시 동물로, 그리고 수호신으로까지 여기고 숭상한다. 여기에 더해 초원이라는 태생적인 자연환경 속에서 한혈마(汗血馬) 같은 전설적 명마가 생겨나 역사 무대에서 중앙아시아를 부각시켰기 때문일 것이다. 그래서인지 말에 대한 이곳 사람들의 애착은 남다르다.

한혈마, 문자 그대로 해석하면 '땀과 피를 흘리는 말'이라는 뜻이다. 학명(Parafilaria Multipapilosa)까지 있는 점으로 미루어 실존한 말임에는 틀림없는 것 같다. 기록에는 기생충이 말의 뒷목과 어깨 사이의 피하조직에 서식하는데, 그 부위가 부어올라 달릴 때면 혈관이 늘어나 창구가 생기면서 땀과 피가 함께 흘러내리는 데서 그런 이름이 유래되었다고 전한다. 『사기』가 천마(天馬)의 후손이라고 한 이 한혈마의 비조에 관해서는 신비스러운 전설이 하나 전해 오고 있다. 옛날 대원국(大宛國)에는 하늘에 닿는 높은 산이 있어 그 위에 천마가 내려와 노니는데, 이를 잡을 수 없게 되자 산 아래에 오색 암말을 풀어 놓아 암내를 피우게 한다. 그러자 천마가 내려와 교배를 해 새끼를 낳은 것이 바로 천마자(天馬子)라고도 하는 이 한혈마의 조상이라는 것이다. 천운을 타고 난 이 말은 강인하고 주력도 뛰어나 하루에 천 리씩 달린다고 하여 '천리마'라고도 한다. 그래서 우리 동양에서는 천리마가 비약의 상징으로 일컬어지고 있다.

기원전 2세기, 서역에 사신으로 갔다가 돌아온 장건(張騫)으로부터 대원(지금의 페르가나)에 이런 최상의 말이 있는데 숨겨 기른다는 보고를 받은 한 무제는 황금으로 등신대의 금마를 만들어 한 필 얻고자 사신을 파견한다. 그러나 대원측이 거절하자 사신은 홧김에 금마를 망치로 깨버리고 빈손으로 돌아온다. 결국 한 무제는 장군 이광리(李廣利)로 하여금 두 차례의 원정을 단행케 해 겨우 순종 몇 마리를 구해다 번식시켰다고 한다. 한혈마에 이어 전한은 오손(烏孫, 현 키르기스스탄의 중서부 지역)으로부터도 또 다른 명마인 '서극마(西極馬)'를 들여왔으며, 후한대에는 멀리 월지(月氏, 현 아프가니스탄의 동부 지역)로부터도 '월지마'를 수입했다. 그리하여 한 무제 때에 벌써 중앙정부가 관장하는 군마만도 무려 40만 필이나 되었으며, '농민은 말을 경작과 운반에 이용했으며, 백성치고 말을 타고 다니지 않는 사람이 없을' 정도로 말이 널리 보급되어 국력 향상에 크게 이바지했다.

한혈마나 서극마 같은 명마의 주산지는 한나라 때의 대원이나 오손을 에워싸고 있는 톈산 산맥의 남·북쪽 기슭에 펼쳐진 초원지대다. 10여 년 전 한 일본 학자가 이 산맥 인근에서 한혈마를 직접 보고 촬영까지 했다는 보도가 있었다. 그렇지 않아도 늘 그 실체가 궁금하던 터라 이번 답사 길에 현장을 찾아보기로 작심했다. 탈라스에서 동쪽으로 290킬로미터 떨어진 수도 비슈케크로 향하는 산간 오지길이 바로 그 현장이다. 탈라스 시외를 빠져나가자마자 서서히 산길로 접어든다. 오른편은 탈라스 강의 물줄기를 사이에 두고 저 멀리 탈라스 연산이 바라보이며, 왼편은 카자흐스탄과의 국경선인 알라타운 산맥의 멧부리들이 우중충하게 늘어섰다. 이 두 산맥 사이의 오지는 천혜의 방목지다.

1시간쯤 달리자 이삼십 마리의 말떼가 나타난다. 윤기 흐르는 검붉은 갈색 털에 미끈하고 탄탄한 몸매다. 채찍만 들면 금방이라도 갈기를 휘날릴 당찬 기상이다. 그 옛날의 한혈마를 떠오르게 한다. 맨눈으로는 뒷목과 어깨가 부어올랐는지는 가늠할 수 없다. 생물은 세월의 풍상 속에 순화적인 변이(變異)를 일으킬 수 있기 때문에 이 시점에서 2천 년 전의 것을 찾는다는 것은 무모한 짓일 수 있다. 유르트 앞에서 담배만 뻐끔뻐끔 빨던 주인은 우리가 말들을 유심히 살펴보자 못내 흐뭇한 표

탈라스에서 키르기스스탄의 수도 비슈케크로 가는 산간 초원지대는 말들이 자라기에 적격인 천혜의 방목장이다. 오토멕 고갯길의 풀
밭에서 자유롭게 풀을 뜯어 먹고 있던 한 떼의 말들은 낯선 일행이 다가서자 이내 경계를 하며 저만큼 피했다.

오토멕 고개의 초원에서 유르트를 짓고 말을 방목하고 있는 유목민 가족을 만났다. 마침 저녁 준비를 하고 있던 이들은 취재진이 다가가자 우리네 어르신 같은 표정으로 편안하게 반겨 주었다.

정을 짓는다. 아무튼 진실여부는 차치하고, 명마의 고향을 찾아서 그 흔적이나마 더듬어 봤다는 데서 일말의 자족을 느꼈다.

　해발 2천 미터로 치닫자 갑자기 날씨는 변덕을 부린다. 비바람이 몰아치더니, 먹구름이 산허리를 휘감는다. 순간 산봉우리들이 구름바다 위에 두둥실 뜬다. 이윽고 해님이 벙긋하더니 영롱한 무지개가 숲속에 비낀다. 신비로운 대자연의 파노라마다. 그 변덕 속에서도 산기슭이나 계곡에 삼삼오오 흩어져 사는 유목민들은 아랑곳하지 않고, 태연스레 삶을 누려 가고 있다. 그 삶의 한복판에는 언제나 말이 서있다. 말은 기마 유목민족들에게는 숭상하는 영물일 뿐만 아니라, 그들의 삶을 지탱해 주는 기둥이자 밑천이다. 또한 말은 자고로 농경민들에게도 중요한 축력과 교통수단으로 이용되어 왔으며, 기병은 전력의 중추역할을 해 왔다.

　말은 상당히 영특한 동물로서 인간의 삶 속에 깊숙이 파고들어 왔다. 그래서 이른바 '명마론(名馬論)'이라는 미담도 전해 오고 있다. 중국『삼국지』에는 '붉은 몸체에 토끼처럼 날쌘 말'이라는 뜻의 '적토마(赤兎馬)' 이야기가 나온다. 이 말은 원래 동탁의 소유였는데, 정원을 살해하기 위해 부하 여포에게 하사한다. 그 후 여포가 살해되자 조조의 손에 넘어가는데, 조조는 항복한 관우에게 선물로 준다. 고락을 같이한 관우가 죽자 오나라의 마충이 가져가지만 먹이를 거부해 며칠 후 굶어 죽는다. 무모한 인간들에게 농락당하지만, 명마는 인간에 대한 충절만은 잊지 않는다.

당대의 시선 두보는 「고도호총마행(高都護驄馬行)」이라는 7언시에서 고선지를 태우고 전장을 누비던 총마(한혈마)는 "사람(고선지)과 더불어 한 마음이 되어 큰 공을 이루었도다(與人一心成大功), 공을 이루고 은혜로운 사랑을 입어 주인이 입조하는 데 따라오니(功成惠養隨所致)"라고 주인을 따라 입조한 감격을 토로하면서, '푸른 실로 머리를 동여매고 그대(주인)를 위해 늙고 있으니(靑絲絡頭爲君老), 어느 인연으로 다시 싸움터로 나가리오(何由却出橫門道)'라고 주인과 함께 더 이상 싸움 터로 가지 못하고 늙는 데 대해 안타까워하고 있다. 조선 광해군 때 부원수로서 만주 정벌에 나섰다가 오랑캐들과의 싸움에서 전사한 충무공 김응하(金應河) 장군은 전사 직전에 옷에다가 유서를 써서 애마로 하여금 고향에 전하도록 한다. 애마는 머나먼 요동으로부터 강원도 고향까지 찾아와 임무를 수행한 후 북녘에 묻힌 장군을 그리며 굶어 죽는다. 인간에 못지않은 영물의 충절이다.

말의 조상은 지금으로부터 약 5,800만 년 전에 아메리카 대륙의 북부와 중부에 나타난 페나코두스(phenacodus)라고 하는, 키가 50여 센티미터밖에 안 되는 동물로서 발가락은 5개였다. 그러다가 여우만큼 키가 커지면서 발가락은 4개로 줄어든다. 오늘날의 말처럼 단굽 모양을 갖추게 된 것은 약 200만 년 전 일이다. 말이 가축으로 길들여지기 시작한 것은 그로부터 오랜 시간이 경과한 신석기시대인데, 처음에는 식용으로만 쓰였다. 말이 가축화된 흔적을 말해 주는 가장 오래된 유물은 이란 고원에 자리한 기원전 4천 년경의 시아르크(Siark) 유적에서 발굴되었다.

이렇게 오랜 세월 동안 번식해 온 말의 품종은 이루 헤아릴 수 없으리만큼 다종 다양하다. 오늘날의 말은 가축화가 시작된 때의 유럽산 야생마인 타판(tapan)을 비조로 하여 약 40종으로 나뉜다. 다시 크게 북방종과 남방종으로 나눌 수 있는데, 대체로 북방종은 털이 길고 육중하며, 남방종은 털이 짧고 날씬한 편이다. 북방종은 몽골계통 말의 조상으로서, 중국이나 한국의 재래종 말이 이에 속하며, 남방종은 아랍계통 말이 그 대표종인데, 한혈마를 비롯한 중앙아시아 말들이 그 대를 이어 가고 있다. 사회경제 발진의 수요에 따라 말은 품종이 개량되고 사육이 늘어났을 뿐만 아니라, 세계 곳곳으로 퍼져나갔다. 그 여파는 여기 동방 일각에 자리한 한반도까지도 밀려왔다.

『삼국사기』에 보면, 목숙전(苜蓿典) 운영에 관한 기록이 나온다. 목숙(거여목, 개자리)이란 원래 아랍계통의 서역 명마들의 먹이풀이었는데, 한 무제 때 이러한 명마들이 유입되면서 자연히 따라 들어왔다. 신라시대에 목숙전이라는 관리기구를 백천(白川)과 한지(漢祇) 등 네 곳에 설치하고 전담 관리까지 배치했다는 기록은 이 시기에 서역 말들이 전래되었을 개연성을 시사한다. 실제로 삼국시대의 무덤이나 벽화에는 말과 관련된 유물이나 그림이 적지 않게 발견된다. 한국을 통해 목숙을 전수 받은 일본에서는 그것을 '우마고야시(馬肥: 말을 살찌게 하는 것)'라고 이름하여 말먹이로 쓰다가 지금은 약재로 전승하고 있다.

탈라스에서 한혈마와 서극마, 그리고 목숙의 고향을 찾아 떠난 우리의 길은 고산준령을 넘는 험로였다. 정상인 해발 3,586미터의 퇴아슈(Tuz-Ashu) 고개에서 1천 미터의 터널을 빠져나와 하산하는 데만 족히 한 시간이나 걸렸다. 밤 9시 40분께 목적지 비슈케크에 도착했으니, 장장 7시간의 길고도 험한, 그러나 보람 있는 여정이었다.

이슬람의 성도, 타슈켄트

이슬람의 르네상스 꽃피운 중앙아시아의 심장

　　오랫동안 숙원으로 남아 있던 탈라스 전쟁의 현장과 명마의 고향을 답사케 한 키르기스스탄 땅은 고마운 방문지였다. 국토의 94퍼센트가 해발 1천 미터 이상의 초원과 산지이고, 그중 4할은 3천 미터 이상의 고산지대이며, 이 고산지대의 75퍼센트는 또 만년설과 빙하로 뒤덮인 나라 키르기스스탄, 세상에서 보기 드문 산과 숲, 물의 나라다. 인구 78만을 헤아리는 수도 비슈케크는 문자 그대로 전원도시다. 가로수는 사과나무로 빼곡하다. 여기서 하룻밤을 보내고 아침 일찍 30분 거리에 있는 마나스 공항에서 우즈베키스탄 항공기편으로 타슈켄트로 향했다.

　　투르크어로 '돌(타슈)의 도시(켄트)'라는 뜻의 타슈켄트는 공식적으로는 우즈베키스탄의 수도지만, 예나 지금이나 '중앙아시아의 수도'라고 일컬어질 만치 중앙아시아에서 인구(215만)가 가장 많고 지정학적으로 그 중심에 위치해 있을 뿐만 아니라, 정치, 경제, 문화의 모든 면에서 앞서고 있다. 중앙아시아에서는 유일하게 지하철도가 있는 현대도시다. 타슈켄트가 이처럼 번영하고 각광을 받아 온 데는 중세 이후 '이슬람의 성도(聖都)'라는 각별한 지위가 크게 작용했다. 지금의 중앙아시아 5개 국은 1990년대 초 구소련에서 독립해 저마다 이슬람의 정체성을 되찾겠다고 목소리를 높였지만, 국기에 이슬람의 상징인 초승

중앙아시아 최대의 이슬람 사원으로 꼽히는 타슈켄트의 국차 마스지드.

달을 그려 넣은 나라는 우즈베키스탄뿐이다. 그만큼 우즈베키스탄은 이슬람에 깊이 훈육된 나라이며, 그 중심에는 시종 타슈켄트가 자리하고 있다.

원래 타슈켄트는 기원 진후부터 '자치'라는 이름으로 알려진 오아시스 도시로서, 자연환경이 유리한 데다 교통요로에 자리하고 있어 농경과 교역이 다 같이 발달했다. 그리고 이곳에는 일찍부터 여러 종교가 들어와 공존하고 있었으며, 궁궐과 사원, 요새와 주택이 즐비했다. 그러다가 7세기 초부터 이슬람의 영향권 안에 들어가게 된다. 705년 중앙아시아의 서단 메르브에 입성한 이슬람 동정군은 불과 10년도 채 안 되어 파죽지세로 시르 다리아와 아무 다리아 두 강 사이의 트랜스옥시아나(Transoxiana) 전역을 점령하고 나서 타슈켄트를 향해 진격한다. 그러나 이 지역이 이미 당나라의 세력판도 내에 들어가 있었기 때문에 더 이상 동진하지 못하고 호시탐탐 기회만 노리고 있었다.

이럴 때 고선지가 이끄는 당군이 쳐들어오자, 석국(石國, 지금의 타슈켄트)과 결맹해서 당군을 물리친다. 그것이 유명한 탈라스 전쟁(751년)이다. 이 전쟁에서 당군이 패하고 석국–이슬람 연합군이 승리하자, 이슬람은 드디어 타슈켄트에 뿌리를 내리기 시작한다. 11세기 카라한 조(朝) 시대에 이슬람 문화가 본격적으로 개화하다가, 13세기 몽골군의 침입으로 된서리를 맞고 도시는 여지없이 파괴된다. 다행히 15세기에 티무르 제국의 출현을 계기로 이슬람이 '르네상스'를 맞으면서, 타슈켄트는 중앙아시아에서 이슬람의 심장부로 부상한다. 그리하여 지금 남아 있는 대부분의 유적유물은 티무르 시대(1405~1500)와 그를 이은 샤이바니 시대(1505~98)에 만들어진 것들이다.

그 첫 유적 중 시가지 북쪽에 있는 3대 마드라사(신학교)의 하나인 바락 칸 마드라사를 찾았다. 샤이바니 조(朝) 7대 칸인 바락 칸(1551~56 재위)이 세운 이 마드라사는 입구부터가 장중하다. 높이가 5미터는 실히 될 대문은 아치형으로, 벽면은 아름다운 아라베스크식 모자이크로 장식하고 윗면에는 경전 『쿠르안(코란)』에서 따 온 아랍어 구절이 가로 새겨져 있다. 이슬람 건축술에서는 종종 경전에서 따 온 아랍어 단어나 구절이 다양한 서체로 새겨져 있는 경우를 보게 되는데, 그 자체가 하나의 예술적 무늬다. 구소련 때 중앙아시아 이슬람 종교청이 있던 이곳에 지금은 정

주마 마스지드에 보관되어 있는 이슬람 경전 「쿠르안」 사본. 이 사본은 이슬람의 기록문화유산 가운데서 최고의 보물로 꼽히는 '오스만 본'(일명 '이맘 본')이다.

부의 지원을 받아 운영되는 우즈베키스탄 이슬람협회가 자리하고 있다. 협회 직원의 안내를 받으며 돌아봤는데, 4평짜리 교실이 20개쯤 있었고 학생들은 전원 기숙하면서 주로 이슬람 신학 공부를 했다고 한다.

이 마드라사의 맞은편에는 주마 마스지드(모스크)라는 유명한 사원이 있다. 이 사원이 유명해진 것은 일주일에 한 번, 금요일에 집단적으로 예배(주마)를 보는 대사원인 데다가 그 한켠에 있는 도서관에는 세계에서 가장 오래된 이슬람 경전 사본이 소장되어 있기 때문이다. 이 사원의 이맘, 카림라는 페르가나와 사마르칸트에서 이맘으로 봉직하다가 3년 전에 이곳에 왔다고 한다. 국내에서 배웠다는데 아랍어를 유창하게 하며 퍽 친절한 분이다. 그의 안내로 40대 중반의 도서관장 무라드를 만났는데, 그의 위풍이 당당하다. 이맘도 소개만 하고는 자리를 피한다. 우리의 청을 받아들인 관장은 경전 사본이 소장된 서고의 문을 열고 철제 상자 속에 보관되어 있는 사본을 조심스레 꺼내 단 한 번의 촬영을 허용한다. 천만 뜻밖이다. 서고문에는 유네스코의 기록유산 인증서가 걸려 있다.

이슬람의 기록문화유산에서 최고의 보물로 꼽히는 이 경전 사본은 이른바 '오스만 본(일명 이맘 본)'이라고 하며, 1,400여 년 동안 사용되어 온 이슬람교 경전의 유일한 정본이다. 원래 『쿠르안(현지 발음으로 꾸르안)』은 교조 무함마드에게 내린 토막 계시들의 모음 책이다. 그의 사후 1대 칼리파인 아부 바크르 시대에 처음으로 계시들을 한데 묶어 첫 남본을 만들고, 그것을 2대 칼리파인 오마르가 보관하고 있다가 3대인 오스만 시대(644~656)에 이르러 그 남본에 준해 경전의 결정판을 완성했다. 그것이 바로 이 오스만 정본이다. 오스만은 이 정본을 4부 필사해 터키의 이스탄불과 이집트의 카이로, 사우디아라비아의 메디나, 이라크의 바스라에 각각 보내 보관토록 했다. 그 후 이 보물은 권력자들의 기호나 정략적 수요에 따라 이리저리 떠돌아다닌다. 14세기 후반 중앙아시아의 패자 티무르는 이라크를 정복하면서 바스라에서 이 정본을 전리품으로 가져다가 애첩을 위해 세운 사마르칸트의 비비 하눔 사원에 보관했다. 지금도 이 사원의 안뜰에는 이 정본을 전시했던 커다란 대리석 전시대가 남아 있다.

그 후 1869년 러시아 장군 카우프만에 의해 상트페테르부르크의 에르미타지 박물관에 옮겨졌다가, 러시아 혁명 후에는 모슬렘들의 밀집도가 가장 높은 타타르스탄의 수도 우파로, 그리고 다시 타슈켄트의 쿠켈다슈 마드라사로, 또다시 이곳의 레닌 역사박물관으로 이관된다. 그러다가 우즈베키스탄이 구소련으로부터 독립하기 직전인 1989년에 지금의 장소로 옮겨졌다. 일부가 소실된 이 정본은 338쪽 분량이다. 글씨는 누르스름한 얇은 사슴가죽에 나무 펜으로 나무 액을 사용해 썼다고 한다. 이맘 카림라의 말에 의하면 이 도서관에는 교조 무함마드의 머리칼도 보관되어 있는데, 자신도 본 적은 없다고 한다. 그는 문밖에서 우리를 기다리고 있다가 뜨거운 포옹으로 배웅해 주었다.

이어 부근의 이맘 부카리 이슬람고등학원을 찾았다. 정원에는 사막의 꽃이라고 하는 석류와 살구, 복숭아, 무화과 등 갖가지 과실이 한창 무르익고 있어 꽃동산을 연상케 한다. 15세기에 지은 건물이라고는 믿어지지 않을 정도로 정갈하고 단아하다. 고등학생 나이의 학생들이 오후에 와서 이슬람 신학이나 경전학 등을 공부한다고 한다.

마침 이날은 금요일이라서 무슬림들이 집단예배를 근행하는 모습을 보기 위해 중앙아시아에서 가장 큰 사원인 국차 마스지드(일명 자미으)를 찾아갔다. 정오예배가 한창이다. 줄무늬 옷을 흰 옷으로 갈아입은 수천 명의 예배자들로 발디딜 틈이 없다. 사원 정문에는 '우즈베키스탄 독립에 즈음해 메카 시민이 기증'이라는 아랍 문자가 쓰여 있다. 정문 자재를 비롯해 일부 내부 시설물들을 이슬람의 요람인 사우디아라비아의 메카에서 보내왔다고 한다. 이어 16세기 샤이바니 조(朝) 때의 대신 쿠칼다슈가 세운 쿠칼다슈 마드라사를 찾았는데, 이곳 3대 마드라사 중 하나라고 한다. 구소련 시절에는 창고로 이용해 오다가 1966년 대지진으로 3층은 폭삭 무너져 내렸다. 독립 후 신학교로 복원해, 지금은 124명의 학생이 아랍어와 이슬람 신학을 공부한다고 한다.

이 마드라사의 동서 양측 구석에 꽤 높은 탑 모양의 흉물스런 기둥이 하나씩 서 있는데, 19세기 초까지만 해도 죄수라든가 부정을 저지른 여인들을 자루에 넣어 꼭대기에서 떨어뜨려 죽이는 일종의 형구였다고 한다. 그리고 이 마드라사 곁에는 15세기 대부호인 호자 아크라르가 세운 허술하기 짝이 없는 마스지드가 하나 있는데, 벽면 장식 같은 것이 전혀 없다. 아크라르가 구두쇠여서 견직물 공장에서 나오는 자투리만을 판 돈으로 대충 지었기 때문이라고 한다. 반면교사(反面敎師)의 본보기로 남겨둠직하다.

타슈켄트는 명실상부한 중앙아시아 이슬람의 심장부답게 찬란한 이슬람 유적유물을 많이 간직하고 있으며, 이슬람의 근본을 계승해 가고 있다. 그러나 구체적인 모양새에서는 나름대로의 접변(接變)을 걸친 변형을 보이고 있다. 가령 정통 이슬람에서는 여성도 자리는 다르지만 사원에 와서 금요예배를 할 수 있으나, 이곳에서는 금지되어 있다. 또 호자 아크라르 마스지드에서 보다시피, 원래 이맘이 설교하는 강단인 민바르는 예배 방향을 알리는 벽감(미흐랍)의 왼쪽에 계단식으로 하나만 짓게 되어 있으나, 이 마스지드에서는 벽감 좌우에 계단도 없이 각각 하나씩 두 개가 설치되어 있어 이색적이다. 그런가 하면 죽은 사람의 묘는 될수록 간소하게 하는 것이 이슬람의 정통관례인데, 우즈베키스탄을 비롯한 중앙아시아 지역에서는 초승달 등 여러 가지 조형물로 묘를 상당히 화려하게 꾸미고 있다. 그리고 개인 묘당들이 성역화되는 것 역시 이슬람의 본연은 아니다.

한국 문화의 전도사, 고려인들
망국의 한 거름삼아 뿌리내린 원조 한류

　　　　　　　지금 중앙아시아에는 정처 없는 유랑의 길을 헤매다가 정착한 36만 명가량의 한인들이 살고 있다. 그들은 자신을 '고려인(러시아어로 카레이스키)'이라고 부른다. 그들이 중앙아시아에 삶의 터전을 마련하게 된 피눈물 나는 역정은 나라 잃은 민족의 망국비사다. 구한말 국운이 기울어지는 난세 속에서 1863년 13가구의 가난한 농민들이 살길을 찾아 설한풍이 휘몰아치는 우수리 강 유역에 괴나리봇짐을 풀어 놓은 것이 한인의 첫 러시아 이주다. 그 후 일제의 조선 강점과 3·1운동을 계기로 농민과 독립지사들이 러시아 극동지역에 대거 모여들면서 1920년대 말에는 그 수가 25만에 달한다. 그러다가 1937년 한겨울에 18만의 무고한 극동 한인들이 한 달 간 수송열차에 실려 낯선 중앙아시아에 강제 이송된다. 주로 타슈켄트와 카자흐스탄의 우스토버 부근의 황막한 사막에 내려진 그들은 움막을 쳐 놓고 삽과 곡괭이로 황무지를 개간해 벼농사를 짓고 목화를 가꾸며 가까스로 연명해 왔다. 오늘날 우리가 만나는 고려인들은 바로 그 망국유민들의 2, 3세들이다.

　　지금 고려인이 가장 많은 곳은 우즈베키스탄인데, 그중에서도 타슈켄트 등 대도시에 집중되어 있다. 대도시에서도 고려인을 쉽게 만날 수 있는 곳은 바자르(재래시장)다. 어느 대도시나 바자르 몇 개씩은 다 있는데, 그곳에는 영락없이 장사하는 고려 여인들이 있어 만날 수 있다. 그래서 우리는 타슈켄트에 도착한 다음날 구시가지 서북쪽에 위치한 쿠칼다슈 대사원을 구경하고 나서 곧바로 그 뒤에 붙어 있는 초르시 바자르를 찾았다. 중앙아시아 2대 바자르의 하나라고 한다. 입구부터 발 디딜 틈이 없다. 사슬릭(꼬치구이)을 굽는 냄새가 코를 찌른다. 좁은 계단을 비집고 올

타슈켄트 서북쪽에 있는 중앙아시아 2대 바자르(재래시장)의 하나인 초르시 바자르.

초르시 바자르는 파는 물건만큼 다양한 민족의 전시장이다.

라가니 체육관을 방불케 하는 돔형의 2층 대형 건물이 나타나는데, 그것이 바로 중앙상가다. 내부 실내는 지름이 70~80미터는 실히 되는 원형공간인데, 갖가지 토산품에서 일용품까지 없는 것이 없다.

우리의 관심거리는 단연 고려 여인들의 매대다. 한 변의 길이가 15미터쯤 되는 기억자형 매대 위에는 울긋불긋한 한식 먹거리가 가득 놓여 있다. 그중에서 가장 눈에 띄는 것은 김치다. 큼직한 배추 포기에 빨간 고추물이 제법 짙게 배어 먹음직스럽다. 무짠지며 오이절임, 나물무침, 심지어 생선자반까지 푸짐하다. 여인들에게 인사를 건네자 반갑게 맞인사를 한다. 더러는 우리말을 모르는 듯, 어안이 벙벙해 하면서도 눈웃음만은 잃지 않는다. 매대에서는 현지인 주부들이 한창 식품을 고르고 있었다. '카레이스기 샐러드'로 불리는 김치는 여기서도 인기 식품이라고 한다. 이렇게 고려인들에 의해 우리의 음식문화가 알려져 이제는 토착화되어 가고 있다. 이 시장에서는 주먹만 한 토마토 한 개가 40숨(1숨은 우리 돈 1원 정도), 큰 수박 한 개가 600숨, 쟁반만 한 빵 한 개가 200숨이니, 값은 싼 편이다.

며칠 후 우즈베키스탄의 다른 도시인 부하라에서도 중앙아시아에서 가장 크다고 하는 콜호즈 바자르에 들렀다. 거기 광경도 타슈켄트의 초르시 바자르와 다를 바가 없다. 우리는 고려 여인들의 매장에서 림나나라고 하는 50대 중반의 아주머니를 만났다. 의사소통에는 별 문제가 없을 정도로 우리말을 곧잘 한다. 고향이 어디냐고 묻자 "신동주(신의주인 듯)라고 합데(합니다)"라고 대답하면서, 이곳에서 태어나 어릴 적에 한글을 배워 "쪼끔(조금) 아오"라고 한다. "잉간(대단히) 반갑소"라고 거듭거듭 말한다. 말투나 억양은 틀림없는 함경도 사투리다. 필자 역시 고향이 함경도라서 맞장구칠 수가 있었다. 일에 지쳐 초로의 기색이 역력하지만, 눈빛만은 그렇게 영롱할 수가 없다. 무엇이라도 듬뿍 사 주고 싶었다. 인파 속에 파묻혀 보이지 않을 때까지 그는 손을 저어 우리를 바래 주었다. 그의 손때 묻은 김치 매대를 배경으로 함께 찍은 사진은 그날의 만남을 아름다운 추억으로 되새겨 주곤 한다.

고려인들이 거친 이역 땅에서 삶을 일궈낸 고달픈 역정은 또한 억척같은 의지와 근면으로 우리 겨레의 얼과 혼을 만방에 빛낸 자랑스러운 민족사이기도 하다. 영국의 여행가이자 지리학자인 비숍의 저서 『한국과 그 이웃 나라들』(1897)에는 이런 내용이 나온다. 그는 조선의 가난과 상류층의 방탕을 보고 한국의 장래에 대해 절망을 느끼다가 러시아의 한인촌을 방문한다. 여기서 그는 한인들의 근면과 잘사는 모습을 보고 나서는 자신의 오판을 후회하면서, 조선 사람은 '밖에 나가면 더 잘사는 민족'이라는 체험적 결론을 내린다. 그 '한인촌'을 일궈낸 고려인들의 후예가 바로 이들 카레이스기가 아닌가.

지금도 중앙아시아 지역을 다니다 보면, 가끔 가슴에 큼직한 훈장을 단 유공자들의 초상화가 길가에 걸려 있는 것을 발견하게 된다. 필자에게는 낯설지 않은 광경이다. 1950~60년대 모스크바에 들릴 때면 빠지지 않고 방문한 곳이 있는데, 바로 모든 농업과

콜호즈 바자르에서 만난 고려인 림나나 아주머니가 "잉간 반갑소"라며 환하게 웃고 있다.

공업 분야에서 달성한 성과를 한데 모아 제때에 알리는 공업농업전시관이다. 지금도 기억에 생생한 것은 농업전시관 입구 양 편에 걸려 있는 노력영웅들의 대형 초상화다. 그들 중에는 주로 벼농사에서 출중한 위훈을 세운 중앙아시아 고려인 출신들이 여러 명 끼어 있다. 한 통계에 의하면, 1945년부터 1991년 구소련연방이 해체될 때까지 중앙아시아를 비롯해 14개 민족이 운영하는 콜호즈(집단농장)에서 650명의 노력영웅이 나왔는데, 총인구의 1퍼센트밖에 안 되는 고려인이 139명이나 포함되어 있었다고 한다.

이들 가운데는 전설적 이중영웅 김병화가 있다. 연해주에서 태어난 그는 1937년 이곳 타슈켄트 부근의 황량한 사막에 와 삶의 둥지를 틀었다. 1940년부터 35년 간 '북극성 콜호즈(사후 '김병화 콜호즈'로 개명)'라는 집단농장을 이끌며 다수확 벼농사로 이름을 날렸다. 이 콜호즈는 지금도 고려인 700명을 포함해 3천 명의 구성원을 가진 큰 농장으로서 농장 내에는 각종 복지시설이 갖춰져 있다. 시내에서 40분 거리에 있는 농장을 찾아가자, 김병화 박물관 어귀에서 관리원이자 해설원인 태 여사(54세)가 일행을 반갑게 맞이했다. 이 박물관에는 농장개척사를 한눈에 보여 주는 각종 농기구와 생활상이 전시되어 있다. 그의 사무실 정면 벽에는 "이 땅에서 나는 새로운 조국을 차잤(찾았)다"라는 한글 내리걸개 구호가 걸려 있다. 그의 절절한 조국애를 절감케 한다. 이러한 조국애가 있었기에 고려인들은 한랭과 건조의 악조건을 극복하면서 우리의 자랑인 벼 문화를 극동에서 중앙아시아로 이전시킴으로써 명실상부한 우리 문화의 전도사 구실을 했다.

태 여사는 고국 동포를 오랜만에 만난 감격에 눈물을 흘리면서, 그들의 피와 땀이 배이고, 나라와 겨레를 사랑하고 그리워하는 얼과 혼이 고인 전시품들을 하나하나 정말 열정적으로 해설해 주었다. 그리곤 50미터쯤 떨어진 집으로 안내했다. 집에는 93세의 노모가 계셨고, 우랄 지방의 한 의과대학에서 교수로 지내는 남동생 태 왈레리 박사가 와 있었다. 함경북도 길주 출신의 노모는 13세 때 부모의 손에 끌려 살길을 찾아 연해주로 이주했다고 한다. 우리말도 잊지 않고 곧잘 하신다. 연신 눈물이 글썽해 우리의 손을 꼭 잡고는 놓지 않는다. 자상한 우리네 할머니, 어머니 그 모습 그대로이다. 집 안을 둘러보니 벽에는 온통 고국의 그림이며, 엽서며, 노리

초르시 바자르의 중앙상가에서 반찬 장사를 하는 고려인 중에는 젊은 여성들이 제법 많다. 손님이 뜸한 사이 쪽잠을 자는 모습에서 삶의 고단함이 엿보인다.

개로 꾸며 놓았다. 멀리 길가에까지 나와서 손을 저으며 아쉽게 우리를 바래던 그들의 그 다정한 모습이 지금도 눈앞에 선하다. 우리 모두는 한 피붙이기에 그러하다.

이곳 타슈켄트에는 타향 만리에서도 고국을 잊지 않는 영혼들이 잠들어 있다. 문학을 꿈꾸던 소년 시절 필자에게 가장 깊은 감명을 주었던 소설 중 하나가 작가 조명희(趙明熙, 1894~1938)의 『낙동강』(1927)이다. 그 선생을 여기 타슈켄트에서 만나리라고는 꿈에도 상상을 못했다. 우즈베크 민족문학의 아버지인 알리세르 나보이(A.Habonй)의 이름을 딴 나보이 문학박물관 4층에는 '조명희 기념실'이 있다. 충북 진천에서 태어나 반일활동에 매진하던 선생은 1928년 구소련에 망명해 작품 활동을 계속하던 중 무고한 죄목을 쓰고 1938년 감옥에서 처형된다. 그러나 사필귀정이라, 지금은 명예가 회복되어 선생의 생애가 재조명되고 있다. 기념실 중앙에 모셔진 선생의 흉상 위에는 소설 『낙동강』 중의 "그러나 필경에는 그도 멀지 않아서 잊지 못할 이 땅으로 돌아올 날이 있겠지"라는 문구가 적힌 액자가 걸려 있다. 이것이 선생을 비롯한 고려인들이 지닌 수구지심(首丘之心)과 낙엽귀근(落葉歸根)의 끈끈한 근성이요 정체성인 것이다.

선대들의 이러한 근성과 정체성을 이어받은 후대들이 오늘은 또 곳곳에서 '고려인의 꽃'으로 피어나고 있다. 고려인 3세인 우즈베크 역사연구소 부소장 한 발레리 박사는 '한국철학사' 집필을 통해 우리의 철학을 소개하는 데 심혈을 기울이고 있다. 이곳 고려인들은 높은 민족적 자긍심을 안고 어려운 여건 속에서도 〈고려신문〉을 발간하고, 우즈벡고려인문화협회, 과학자협회, 경제인협회, 가무단협회 같은 분야별 조직을 두어 활동하고 있다.

이렇게 고려인들은 낯선 이역 땅 중앙아시아에서 남다른 투혼과 근면성을 발휘해 삶의 터전을 굳건하게 가꾸어 나갈 뿐만 아니라, 우리 문화를 널리 알리는 전도사의 구실을 하고 있다. 분명한 것은 그들이야말로 우리 역사의 외연(外延)을 담당해 온 한 주역이라는 사실이다. 그러나 우리는 이 엄연한 역사적 사실을 제대로 받아들이고 있는가, 자문자답하지 않을 수 없다. 우리의 고사성어에 귀곡천계(貴鵠賤鷄)라는 말이 있다. 문자 그대로는 '고니를 귀하게 여기고 닭을 천하게 여긴다'라는 뜻이나, 삶 속에 녹아난 성어로는 '먼 데 것을 귀하게 여기고 가까운 데 것을 천하게 여기는 것은 인지상정(人之常情)'이라는 말로, '집 떠난 사람을 더 생각하라'는 훈계이기도 하다. 그렇다면 우리는 과연 '고니'처럼 멀리 집 떠난 그들에게 이 성어가 가르치는 '인지상정'을 베풀어 왔는가? 답사 내내 가슴을 짓누른 반문이었다. 더욱이 선친 대부터 그러한 '고니' 신세에 서러움과 한을 품어 왔던 필자에게는 동병상련(同病相憐)의 연민이라고나 할까, 남다른 감회에 젖게 되었다.

지금에 와서야 우리는 그들을 그럴싸하게 '한인'이라고 부르지만, 어딘지 모르게 어색하다. 일본이나 미국에 사는 한인들에게는 '재일교포'니 '재미동포'니 하면서 한겨레임을 과시하나, 중앙아시아나 중국에 사는 한인들에게는 그러한 온정을 베풀기에 인색하니 말이다. 냉전적 이데올로기의 덫에 걸려 피마저 흑백을 가리는 어리석음을 범하고나 있지는 않은지, 한번 가슴에 손을 얹고 되짚어 볼 일이다. 그래서인지 그들이 한결 같이, 고국에 가고는 싶지만 "언제 가겠소!"라고 하는 말이 마냥 한 맺힌 하소연으로밖에 들리지 않는다.

중앙아시아의 풍운아, 티무르

세 파 를 마 술 사 처 럼 헤 쳐 나 간 수 수 께 끼 인 물

역사에는 일세를 풍미한 영웅호걸들이 수두룩하지만, 티무르처럼 운세를 타고 세상에 두각을 나타낸 풍운아는 흔치 않다. 그는 선과 악, 공과 과, 행운과 불운이 엎치락뒤치락하는 세파를 마술사처럼 용하게도 헤쳐 나간 인물이다. 그리하여 그의 영욕에 대한 평가는 세월을 두고 엇갈려 왔으며, 늘 수수께끼 속의 인물로 사람들의 입에 오르내린다. 그의 파란만장한 70 평생이 남겨 놓은 흔적에서 이러한 점을 읽어낼 수 있다.

1966년 대지진 이후 복구하면서 설계한 타슈켄트 신시가지는 계획도시로서, 어느 길을 따라가던 시가 중심부에 있는 티무르 광장에 가 닿는다. 광장 한복판에는 영원한 우즈베키스탄의 상징처럼, 질주하는 말을 탄 티무르의 당찬 동상이 서 있다. 원래 그 자리에는 마르크스 동상이 있었다고 한다. 대통령 카리모프는 내심 티무르 제국의 부활을 꿈꾼다고 하니, 티무르가 국부 대접을 받을 수밖에 없다.

티무르(1336~1405)는 사마르칸트에서 남쪽으로 80킬로미터쯤 떨어진 '녹색 도시'라는 뜻의 샤흐리사브즈 부근의 호쟈이루그 마을 한 몽골부족 가문에서 태어났다. 원래 이 자그마한 도시 이름은 케슈로서, 7세기 현장 스님이 인도로 가면서 이곳을 지난 바 있다. 지금은 시 중심의 널따란 광장에 티무르의 대형 동상이 세워져 있으며, 그 뒤편에는 티무르가 제국을 건설하고 기념으로 지은 악사라이 궁전 잔해가 남아 있다. 이 궁전은 1380년에 짓기 시작해 티무르가 죽은 해인 1405년에 완공했다고 한다. 궁전 기둥에는 "누가 내 힘을 의심하면 내가 지은 이 궁전을 보여 주라"라는 티무르의 호기어린 한 마디가 아랍어로 새겨져 있다. 그만큼 그 화려함이 자신만만하다.

'악'은 '백색'이고 '사라이'는 '궁전'이라는 뜻이지만, 실제 궁전은 푸른색과 황

금색 타일로 지어졌다. 여기서의 '백색'은 '고귀함'을 의미한다고 한다. 정문은 아치 모양인데, 원래 그 높이는 50미터 이상이었으나 지금은 38미터만 남았다. 이 화려한 유물에는 끔직한 역사를 대변하는 한 증언이 남아 있어 흥미롭다. 아치문의 왼쪽(동쪽) 원주에는 아랍어로 '술탄(황제)은 알라의 그림자'라는 글씨가 쓰여 있으나, 그 반대편 원주에는 건축가가 그만 실수로 '술탄은 그림자'라고 잘못 썼다고 한다. 이 실수로 건축가는 아치 꼭대기에서 떨어뜨리는 처형을 당했다고 한다.

변신과 임기응변의 능수인 티무르는 청·장년 시절에 여러 세력 사이에서 묘하게 줄타기를 하면서 자신의 지반을 구축해 나갔다. 상전에 대한 모반을 다반사로 꾀하고, 결맹한 의형제를 모살하고 결국 제국의 대권을 거머쥐었다. 제국의 왕위에 등극(1369)하기는 했지만, 칭기즈칸의 직계자손은 아니어서 감히 자신을 '칸'으로는 참칭하지 못한다. 그의 한 후예의 딸을 취했다는 이유에서 '구르간(사위)의 아미르(지배자)'라고만 자칭했다. 그리고 자기 부족 출신들로 강력한 친위대를 꾸려 대외 정복에 나섰다.

30년 간의 정복전쟁 결과로 확보한 판도는 서쪽으로는 소아시아와 시리아의 지중해 동안으로부터 동쪽으로 차가타이 칸 국과 북인도까지, 북쪽으로는 카프카스와 킵차크 칸 국까지를 아우르는 세계적 대제국이었다. 그는 최후의 일전인 오스만 투르크제국과의 앙카라 전투(1402)에서 대승을 거두고는 수도 사마르칸트에 개선한다. 전의에 불탄 노장은 70세의 노구를 끌고 중국(명) 원정을 발동해 동정하다가 오트라르에서 급사한다. 그의 이 기나긴 원정과정은 숱한 살육과 파괴로 얼룩졌다. 페르시아의 타크리트 성채를 공격할 때는 적병을 모조리 살상한 후 자른 머리로 피라미드를 쌓아 시중(示衆)하고, 호라산을 점령하고는 연와와 석회 속에 사람을 생매장해 성벽을 쌓기도 했다. 그런가 하면 다마스쿠스와 바그다드 등 일단 공략한 도시는 가차 없이 폐허로 만들어버렸다.

이 '사건창조적' 위인은 죽어서도 기행(奇行)을 멈추지 않는다. 일행은 7월 30일 사마르칸트에 온 첫날 오후, 해가 기울어지기 시작할 무렵 그의 묘당인 '구르 아미르'를 찾아갔다. 타지크어로 '구르'는 '무덤'이고, '아미르'는 '지배자(수령)'라는

1941년 발굴된 티무르의 묘당인 '구르 아미르' 내부. 앞에 보이는 관은 가짜로, 진짜는 같은 위치에서 4미터 정도 아래의 지하실에 있다. 참배객들이 둘러 앉아 예배를 드리곤 한다.

말이니, '구르 아미르'는 '지배자의 무덤'이라는 뜻이다. 정문 좌우에 있는 에메랄드 빛 돔 두 개가 멀리서 봐도 유난히 반짝인다. 입구 주변에 있는 여러 그루의 굵직한 뽕나무는 긴 그늘을 드리워 더위에 지친 방문객들에게 음덕(陰德)을 베푼다. 원래 이 무덤은 티무르가 페르시아 원정에서 전사한 손자를 기리기 위해 만든 무덤이나, 그가 죽은 뒤에는 일가족의 무덤이 되었다. 티무르의 흑갈색 연옥 관을 중심으로 주위에 그의 스승과 아들, 두 손자들의 돌 관이 놓여 있다. 그런데 지상에 있는 이 관들은 모두가 비어 있는 가짜다. 진짜 관들은 4미터 지하의 바로 그 위치에 그대로 배치되어 있다고 한다. 도굴을 막기 위한 연막술이었나 보다. 지하로는 통하게 되어 있지만, 일반인의 참관은 불허한다.

이 무덤의 실체가 밝혀진 것은 500여 년이 지난 1941년 6월 21일, 구소련 고고학자들에 의해서다. 관들을 해체해 보니 시신 한 구는 다리가 불구고, 다른 한 구는 목이 잘려 있었다. 기록에 의하면 티무르는 이란과의 시스탄 전투에서 오른손과 오른다리에 부상을 입어 평생 절름발이었다고 한다. 그래서 얻어진 이름이 바로 '절름발이'라는 뜻의 티무르다. 이로써 그 불구의 다리 주인이 바로 티무르라는 것이 확인되고, 잘린 목의 주인은 손자 울루그벡이라는 것이 밝혀졌다.

이 발견을 놓고 뼈 있는 일화가 나돌았다. 무덤 발굴 현장에 허술한 옷차림의 세 노인이 나타나 책 한 권을 펼쳐 보이면서 관에 손을 못 대게 했다고 한다. 그 책에는 "티무르의 무덤에 손을 대지 말라. 손을 대면 전쟁이 일어나리라"라는 경구가 적혀 있었다. 발굴단은 실없는 망언이라고 노인들을 쫓아냈다. 그런데 신통하게도 그 이튿날(22일)에 히틀러가 독소(獨蘇) 전쟁을 발동했다. 그 후 중앙아시아에서 일어나는 크고 작은 모든 전쟁은 티무르 무덤에 손댄 탓이라고 이곳 사람들은 믿고 있다. 어쩌면 이것은 티무르에 대한 절대적인 숭배에서 오는 수호의식이거나, 아니면 전화에 찌들어 온 이들이 전쟁을 피하려는 염원의 반영일 수도 있다. 바로 그러한 염원 때문에 우연일 수도 있는 일화가 마냥 전설처럼 전승되는 것이 아니겠는가.

티무르 제국시대가 남긴 유물치고 티무르의 풍운과 관련되지 않은 것이 없지만, 중앙아시아의 최대 사원이라고 하는 사마르칸트의 비비하눔 사원에는 전설 같은 이야기가 깃들어 더욱 흥미롭다. 1390년 인도 원정에서 돌아온 티무르는 이슬람 세계에서 가장 웅장하고 화려한 사원을 짓겠다고 결심한다. 그는 제국 각지에서 차출한 200명의 공장과 500명의 노동자들, 심지어 대리석 운반을 위해 인도에서 95마리의 코끼리까지 끌어 온다. 매일 아침 작업 현장에 나가 작업을 독려하고, 음식물을 제공하며, 주화로 포상까지 한다. 높이 35미터에 달하는 쪽빛 돔을 비롯해 50미터 높이의 미나라(예배 시간을 알리는 첨탑), 가로 167미터, 세로 109미터의 대리석 안뜰, 천장을 받치는 400개의 대리석 기둥…… 한마디로 화려하기 이를 데 없는 대형 건물을 지었다.

안뜰 한복판에는 대리석으로 만든 설교단이 설치되어 있는데, 그것을 받치고 있는 아홉 개의 다리 사이를 세 번 기어다니면 아기를 가질 수 있다는 신화도 전해 오고 있다. 그래서인지 몇몇 여인들이 설교단 주변을 서성거리고 있었다. 그러나 그 화려했던 건물도 지진 같은 자연재난이나 인간들의 파괴에서 벗어날 수가 없어서 지금은 거의 만신창이가 되었다. 철문을 뜯어 동전을 주조하기도 하고, 마구간이나 면화 상점으로도 사용했으니 그럴 수밖에 없다. 지금은 30년 복구계획에 따라 보수하고 있는데, 여의치 않은 것 같다.

비비하눔 하면 떠오르는 것이 유명한 '운명의 키스' 전설이다. 비비하눔 사원은 티무르의 9명의 비 중 애비인 비비하눔이 인도에 원정 간 남편이 돌아오면 선물하기 위해 지은 사원이다. 모든 공정이 순조롭게 진행되고 있었는데, 아치 하나가 아직 미완으로 남아 있었다. 비의 미모를 연모하고 있던 이란 출신의 젊은 건축가는 공사의 완성을 조건으로 비에게 키스를 요구한다. 공사의 미완에 안달이 난 왕비는 자기 말고는 누구와의 키스도 허용한다고 했으나 건축가는 응하지 않는다. 비는 40개의 달걀에 색칠을 해 '겉모양은 다르지만 알맹이는 같지 않은가' 하는 말로 그를 설득하려고 한다. 그러자 건축가는 한 그릇에는 깬 달걀(일설은 찬 샘물)을 넣고 다른 한 그릇에는 꿀(일설은 하얀 포도주)을 넣어 그에게 내밀면서 '외견은 같아도 알맹이는 다르지 않은가' 하고 몰아세웠다. 비는 할 수 없이 키스를 허용한다. 그리고 키스 자국은 비의 볼에 반점으로 남았다. 원정에서 돌아온 티무르는 이 반점을 단서로 내막을 알게 되었고, 가차 없이 건축가를 사형에 처하고 애비는 미나라에서 던져 죽게 한다. 이 일이 있은 후 티무르는 제국 내 여성들에게 천으로 얼굴을 가리도록 특명을 내렸다고 한다.

티무르의 풍운은 이러한 살육과 파괴, 기행이 전부는 아니다. 시대의 생리며, 역사의 한계일 수밖에 없는 이러한 부정적인 일면과 더불어 시대와 역사 앞에 남겨 놓은 긍정적 일면도 묵과할 수는 없다. 특히 실크로드의 요로에서 문명교류에 기여한 면을 간과해서는 안 될 것이다. 그는 제국을 건설하는 과정에서 이질문명의 수용에 인색하지 않고 교류에 적극적이었다. 정복지의 우수한 건축사나 기술자, 공장들을 수도 사마르칸트에 불러들이고 영내 각지에서 건축자재를 반입해 사마르칸트를 중세 세계에서 가장 화려한 도시의 하나로 건설했다. 시리아 등지에서 돔 건축양식을 도입하고, 자신이 즐기는 청색이 주조를 이루도록 도시를 미화했다. 그리하여 사마르칸트는 '푸른 도시', '이슬람 세계의 보석', '동방의 진주'라는 세인의 찬사를 자아냈다.

뿐만 아니라, 도로 특히 대상로(隊商路)를 정비하고 대상의 숙박소와 보호소를 도처에 설치했으며, 교역도 적극 장려했다. 그리하여 멀리 지중해 동안으로부터 이란을 거쳐 사마르칸트와 타슈켄트, 탈라스를 경유해 몽골에 이르는 동·서 대상로가 원활히 소통되었다. 몽골제국의 멸망으로 인해 일시 중단되었던 실크로드, 특히 오아시스 육로는 티무르 덕분에 그 기능을 회복하게 되었다. 그리고 이 회복된 길을 따라 동·서 문물이 다시 활발하게 교류되었다. 이러한 역사적 배경 속에서 바로 티무르 제국 시대에 동·서 간에 '활자의 길'이 틔어 우리의 금속활자가 구텐베르크의 금속활자 제작에 어떤 영향을 미쳤으리라는 개연성을 추론케 한다.

23 중앙아시아에 간 한국의 첫 사절
벽 화 속 사 절 , 틀 림 없 는 고 구 려 인 이 다

        국내 전용 공항이라서 그런지는 몰라도 타슈켄트 공항은 명성에 걸맞지 않게 너무나 허술하고 경색하다. 공항에서 300여 미터나 떨어진 곳에서 하차해 짐을 끌고 울퉁불퉁한 아스팔트 길을 걸어 수속대까지 가야 하는 불편이 이만저만이 아니다. 대기실에서는 카메라 촬영이 금지되어 있다. 중앙아시아 어느 나라도 사정은 비슷하다. 아직은 여러 모로 개방의 애티를 벗어나지 못하고 있는 성싶다.

    사마르칸트를 향해 공항을 이륙한 비행기가 고도를 잡자, 톈산 산맥에서 발원해 아랄 해로 들어가는 장장 2,800여 킬로미터의 시르 다리아가 한 오리 실처럼 사막 한가운데를 남북으로 가로지르는 모습이 눈에 들어온다. 그 유명한 잉어 떼가 불쑥불쑥 튀어 오르는 것만 같다. 강을 건너 서남 방향으로 이어지는 실크로드 오아시스 육로가 비행기 항로와 가지런히 뻗어 간다. 점점이 찍혀 있는 오아시스에는 면화와 과일 나무가 듬성듬성하다. 40분이 채 안 걸려 사마르칸트 공항에 착륙했다.

    공항에서 직행한 곳은 사마르칸트 고고학연구소다. 어제 타슈켄트에서 소장에게 전화로 연락은 했지만, 토요일(7월 30일)이라서 출근했겠는가고 좀 의심쩍었다. 하지만 고맙게도 압둘 하미드(Abdul Hamid) 소장과 학예연구사 등 몇 분이 2층 소장실에서 대기하고 있었다. 60대 초반의 학자풍 소장은 연구소 산하 박물관에 소장된 유물들을 중심으로 그동안 연구소가 진행한 발굴 작업에 관해 간단명료하게 소개했다. 이때까지 미진했던 이슬람 이전 시대, 즉 고대의 유물 발굴에 주력하고 있으며, 그 과정에서 적지 않은 성과를 얻었음을 알 수 있었다. 1970년에 개관한 1층 박물관에는 구석기시대의 각종 석기를 비롯해 시대별 유물들이 전시되어 있는데, 눈길을 끄는 것은 헬레니즘 시대의 각종 토기와 4세기경의 로만글라스 유물이다.

이 로만글라스는 우리나라 경주 일원에서 출토된 후기 로만글라스와 매우 흡사하다. 따라서 오아시스 육로의 요충지인 이곳을 통해 고대 유리가 교류되었을 가능성이 높다.

연구소 박물관을 대충 둘러보고 나서 소장의 안내를 받으며 아프라시압 (Afrasiab) 유적지를 향했다. 15분쯤 달리니 나즈막한 아프라시압 언덕이 나타난다. 지금의 사마르칸트 시 중심에서 동북 방향으로 10킬로미터 떨어진 이 언덕은 기원전 6세기부터 13세기 전반 몽골군이 공략할 때까지 사마르칸트의 중심부였다. 1880년대 러시아 고고학자들에 의해 여기에 높은 성벽으로 에워싸인 궁전과 지하수로망을 갖춘 주택들이 있었다는 것이 확인되었다. 이 고대 도시 유적에서 발굴된 유물들은 이 언덕 입구에 있는 아프라시압 역사박물관에 소장되어 있다. 유물 중에서 우리의 관심을 끄는 것은 단연 궁전 벽화에 그려진 고구려 사절도다. 사실 이곳에 온 첫째 목적이 바로 그 벽화와 출토지의 현장 확인이다. 이 박물관 관장도 겸하고 있는 하미드 소장은 아프라시압 유적 발굴에도 직접 참여했으며, 유적에 관한 연구서도 저술한 바 있는 전문가로서 명쾌하게 설명해 주었다. 몇 가지는 처음 듣는 내용이라서 주의 깊게 경청했다.

1965년 아프라시압 도성의 내성 유적 제23호 발굴 지점 1호실 서벽에서 7세기 후반 사마르칸트 왕 와르후만(Varxuman)을 진현하는 12명의 외국 사절단 행렬이 그려진 채색벽화가 발견되었으며, 이듬해에 그것을 공개해 학계의 큰 주목을 끌었다. 벽화는 이 박물관 전시실에 옮겨져 전시되고 있다. 100여 평 되는 전시실에는 높이 2미터가 넘는 벽화가 좌·중·우 3면에 걸려 있다. 40년이라는 세월 속에 벽화는 많이 퇴색되어 어떤 것은 거의 알아볼 수 없게 되었다. 안타깝지만 막을 방법이 없다고 소장은 하소연한다. 왼쪽 벽면에는 우즈베키스탄 남부에서 시집오는 결혼 행렬이 그려져 있는데, 신부는 하얀 코끼리 등 위에 올라타고 말을 탄 시녀들이 주위를 에워싸고 있으며, 그 뒤를 낙타와 말을 탄 행렬이 따르고 있다.

전시실 가운데 벽면에는 바로 그 외국 사절단 행렬도가 있다. 이 행렬의 마지막에 서 있는 두 사람이 외형과 복식, 패용물 등으로 미루어 한국의 사절이며, 이 사절도가 당시 한국과 서역 간에 존재한 공식관계를 시사해 준다는 데 대해서는 국내

1965년에 발굴된 아프라시압 궁전벽화의 외국사절 행렬도. 그 가운데 조우관을 쓰고 환두대도를 찬 두 명의 한반도 사절(고구려 사절로 추정)이 보인다.

외 학계가 견해를 같이하고 있다. 하미드 소장도 첫 정식 발굴보고서인 「아프라시압 벽화」(1975)의 저자 알리바움의 견해를 인용하면서 이에 이의가 없다고 한다.

우선, 지금은 분간하기 어려우나 발굴 당시에는 이들이 인종적으로 검은 머리칼에 밝은 갈색 얼굴을 하고 있었던 점으로 보아 몽골인종임에는 틀림이 없다. 다음으로, 복식을 살펴보면 상투머리에 모자를 쓰고 새의 깃을 꽂은 이른바 조우관(鳥羽冠)을 쓰고 있으며, 무릎을 가릴 정도의 긴 황색상의에 허리에는 검은색 띠를 두르고, 헐렁한 바지에 끝이 뾰족한 신발을 신고 양손은 팔짱을 끼고 있는데, 이런 복식은 당시의 국내외 고분벽화에서 나타나는 한국인들의 복식과 일치한다. 뿐만 아니라, 그들이 차고 있는 큰 검은 당시 한국, 특히 고구려인들이 패용하던 환두대도(環頭大刀)와 형태가 같다. 그 특징은 머리가 둥그스름하고 칼 콧등이 크며 칼집에 M자 형 장식이 있는 것이다.

이러한 점으로 미루어 이 두 사람이 한국의 사절임에는 틀림없으나, 신라 사절인가 고구려 사절인가에서는 의견이 엇갈린다. 하미드 소장도 이에 대한 해답은 당사

사마르칸트 동북방에 있는 아프라시압 궁전 유적지. 발굴자는 보전을 위해 다시 흙으로 덮어 놓았으나, 발굴 당시의 흔적이 곳곳에 남아 있다.

자인 우리에게 맡긴다고 말한다. 문제 해결의 열쇠는 사절 행차 시기가 어느 때, 즉 고구려 멸망 전인가 후인가 하는 것이다. 아무래도 그 답은 벽화 자체에서 찾아야 할 것 같다. 이때까지 학자들은 이 점을 소홀히 함으로써 신빙성이 결여된 추단에 머물고 말았다. 이 벽화의 가장 좌측에 머리가 잘려 나간 한 인물이 걸친 외포 자락에 세로로 16행의 소그드어 명문이 새겨져 있다. 이곳 전시실 벽화에 남아 있는 이 명문은 이미 마모가 심해 알아볼 수 없으나, 다행히 이튿날 참관한 사마르칸트 역사박물관에는 또렷한 원문이 전사되어 있어 내용을 알아볼 수 있었다. 그 내용은 와르후만 왕이 인근 나라의 축하사절과 대화하는 것인데, 이 와르후만이 바로 중국 당대의 영휘 연간(650~655)에 강거(康居, 사마르칸트) 도독으로 책봉된 불호만(拂呼縵)이므로, 사절단의 방문 시기는 그의 재위시인 7세기 후반의 초엽(650~655)으로 볼 수 있다. 이때는 고구려가 아직 건재한 시기다.

이러한 유물과 더불어 당시 고구려와 서돌궐을 비롯한 서역제국 간에 있었던 접촉과정을 살펴보면 고구려 사절의 사마르칸트 사행을 더 설득력 있게 긍정할 수가 있다. 고구려와 서역 제국은 다 같이 인접한 중국으로부터 부단한 침공을 받아 항시 위협 속에서 동병상련의 처지에 놓여 있었다. 7세기에 접어들면서 이러한 위협은 가중되었다. 그리하여 고구려는 서돌궐을 비롯한 서역제국과 손잡고 수·당을 동서에서 협공할 목적으로 그들과의 교섭을 꾸준히 진행했다. 고구려는 5세기 전반 평양에 천도한 후부터 북방 수비를 위해 후위(後魏)와 친교를 유지하면서 서역과 통교하기 시작했다. 7세기 초 고구려는 수나라에 대한 공동 대항책을 강구하기 위해 당시 중원의 오로도스(綏遠) 지방에 웅거하던 돌궐 추장 계민가한(啓民可汗)에게 사신을 보냈다. 같은 맥락에서 초당 때에도 고구려는 밀려드는 당의 침공 앞에서 자구책의 일환으로 중앙아시아로 밀려 간 서돌궐에 사절을 보냈을 것이다. 아프라시압 벽화의 고구려 사절도가 바로 그것을 시사해 준다.

　신라나 백제, 아니면 통일신라가 아프라시압 벽화의 사절도가 그려진 7세기 후반 초엽에 서역과 교제했다는 사실은 아직 드러나지 않고 있다. 게다가 앞서 말한 바와 같이 두 사절의 복식이나 패물이 고구려의 그것과 더 가깝고, 또 실제로 그러한 유사품이 고구려 유적지나 고구려 사절과 관련된 중국 유적에서 다수 출토되었다. 이 모든 사실을 감안할 때, 벽화에 그려진 두 주인공은 다름 아닌 고구려의 사절로 판단된다.

　전시실의 오른쪽 벽면에는 의상으로 보아 중국 공주가 배를 타고 노니는 모습이 그려져 있다. 그리고 가운데 벽면에 있는 왕의 바로 앞에 중국 사절을 배치한 그림 등 벽화의 내용을 감안할 때, 당시 신속(臣屬) 관계에 있었던 강국(康國)에 대한 당나라의 영향력을 가히 짐작할 수 있다. 이상 세 폭의 벽화가 그려져 있던 방은 한 고관의 저택이었다는 설도 있으나, 본궁에서 동쪽으로 약 500미터 떨어진 왕의 별궁이었다는 설이 더 유력하다고 소장은 소개한다. 이 특별전시실을 보고 몇 개 전시실을 더 둘러봤다. 주로 몽골 침략군이 폐허로 만든 이곳 아프라시압 유적에서 출토된 유물들을 전시하고 있다.

　박물관 참관을 마치고 동북쪽으로 약 15분 걸어서 사절도 등 벽화가 발견된 현장을 찾았다. 40도가 넘는 불볕더위에 하미드 소장은 손수건으로 머리를 가린 채 친절하게 현장을 안내한다. 발굴지는 보존을 위해 흙으로 묻어버렸다. 4~5미터 높이의 흙더미 위에 올라서니 성터가 한눈에 들어온다. 628년 이곳을 지난 당나라 고승 현장이 『대당서역기』에 남긴 글에 의하면 도성의 둘레는 20여 리(80킬로미터)나 되며 성내에는 많은 사람들이 살고 있었다고 한다.

　비록 세월이 흘러 색은 바래 가지만, 아프라시압 궁전의 벽화 사절도는 1,300여 년 전에 첫 한국(고구려) 사절이 중앙아시아에 갔음을 오롯하게 말해 주고 있다. 사절의 호환은 나라의 당당한 국제성을 뜻하며, 국제성은 한 나라의 정체성과 자주성을 가늠하는 시금석이다. 따라서 '뵈클리(돌궐어)'로 불린 고구려는 국제성을 지닌 자주적 주권국가였음을 이 벽화는 여실히 증언하고 있다.

24 종이의 길 튼 사마르칸트 지
종 이 로 동 과 서 를 이 은 제 지 기 술 자 들

일찍이 중국에서 발명된 이른바 '채후지(蔡侯紙)'는 오늘날 우리가 쓰고 있는 식물성 섬유지의 원조다. 이 종이가 양피지나 파피루스 같은 원시적 서사재료를 쓰고 있던 이슬람 세계와 유럽까지 전파된 계기는 바로 고선지 장군이 이끈 탈라스 전쟁이었다. 이 전쟁에서 이슬람-석국 연합군에 포로가 된 2만 명 당군 가운데는 많은 기술자들이 있었는데, 그중에 제지기술자도 더러 끼어 있었다. 이들 제지기술자들에 의해 서방에서는 처음으로 당시 강국(康國)의 수도였던 사마르칸트에 제지소가 세워져 종이를 만들어냈다.

이러한 사실은 중세 아랍-이슬람 학자들의 여러 기록에 의해 확인된다. 아랍 사학자 자히즈는 사마르칸트에서의 종이(카기드) 제조에 관해 이렇게 언급하고 있다. "이슬람 세계에 처음으로 등장한 종이는 이슬람력 134년(기원후 751년) 아틀라흐 전투(즉 탈라스 전쟁)에서 지하드 이븐 살리흐(이슬람군 총사령관) 장군에게 잡힌 당군 포로들이 사마르칸트에서 만든 것이다. 그들은 본국에서 하던 방식대로 아마와 대마 조각으로 종이를 만들었는데, 사람들이 그때부터 이를 모방함으로써 이슬람제국 여러 곳에서 양산되었고, 그것이 다시 유럽으로 들어가 명성을 얻게 되었다." 유사한 기록은 다른 곳에서도 찾아볼 수 있다.

이슬람 세력이 승승장구 동진하면서 한창 중앙아시아가 이슬람화되어 가고 있을 때, 그 중심지의 하나였던 사마르칸트는 수자원이 넉넉하고 수리 관리가 발달한 오아시스 도시로서 종이 원료인 아마나 대마를 재배하는 데 더 없는 적지였다. 새로운 문명에 대한 목마름 속에서 이곳에 진출한 아랍-무슬림들은 탈라스 전쟁에서 생포한 중국인 제지기술자들을 지체 없이 활용해 처음으로 제지공장을 세웠고, 질 좋은 종이를 만드는 데 성공한다. 얼마 안 가서 이곳이 제지업의 중심지가 되고, 종

자리프 무흐타로브 전통제지술 보유자가 수공업 제지공장에서 종이 만드는 공정을 보여 주고 있다. 손에 들고 있는 것은 마른 뽕나무 가지를 잿물 속에 넣어 끓인 뒤의 종이 섬유다.

이는 이곳의 주요한 교역품으로 부상한다. 당시 외지인들은 이곳에서 생산되는 종이를 산지 이름을 따서 '사마르칸트 지(紙)'라고 부르며 선호했다. 사마르칸트 지의 수출과 더불어 제지술은 이슬람제국의 각지에 전파되었으며, 급기야 이슬람 세계와 밀접한 관계에 있던 유럽에 알려지게 되었다.

이와 같이 사마르칸트 지는 종이가 서방으로 전파된 길, 이른바 '종이의 길'에서 관문과 고리 역할을 함으로써 동서 문명 교류에 큰 기여를 했다. 여기에 더해 그 출현은 고선지 장군이 쌓아 올린 위업의 하나라는 사실 때문에 필자는 일찍부터 사마르칸트 지의 현장추적에 관심이 많았다. 지금까지의 연구는 관련 유적에 관한 구체적 실증은 별로 없이 주로 문헌기록에 의존하다 보니 미흡할 수밖에 없었다. 그리하여 사마르칸트에 도착한 첫날부터 이번만큼은 꼭 한번 현장조사를 해 보기로 작심했다. 7월 30일, 사마르칸트 역사박물관을 참관할 때, 탈라스 전쟁에 의한 제지술의 전파 사실을 인지하고 있는 한 학예연구관으로부터 전통제지술 보유자의 주소를 대략 알아 가지고 찾아나섰다. 근 두 시간 동안이나 탐문을 거듭한 끝에 어렵사리 알아낸 곳은 시 변두리에 있는 테르메스 거리에 자리한 자그마한 수공업 제지공장이다.

공장 주인이자 전통제지술 보유자인 50대 초반의 자리프 무흐타로브(Zarif Muhtorov)는 사마르칸트 수공업협회 수공업발전센터 소장을 맡고 있었다. 1997년부터 이곳에 100여 평의 공장을 차려 놓고 대여섯 전수생들과 함께 전통제지술을 복원 전수하는 작업을 하면서, 마당에 시료로 삼을 뽕나무를 심어 키우고 있었다. 그는 약 20분 거리에 현대식 제지공장을 세울 계획이라면서 이미 완성한 설계도를 보여 주기도 했다. 최근 몇 년 간 '종이의 길'을 추적하기 위해 중국, 독일, 프랑스, 영국, 일본 등 여러 나라들이 취재 경쟁을 벌인다고 귀띔하면서, 관련국인 한국의 관심과 협조를 요망했다.

그의 말에 의하면, 사마르칸트를 끼고 흐르는 시압(Siab) 강 유역에는 당시 300여 개의 제지공장이 줄지어 자리하고 있어 질 좋은 '사마르칸트 지'를 대량 생산했는데, 주원료는 아마나 면화 나무였으며 그런 전통은 1920년대까지 지속되어 왔다고 한다. 그러다가 현대적 제지술에 밀려 거의 멸적 위기에 처한 것을 최근 다시 복원하고 있으며, 지금은 가끔 면화 나무를 쓰기도 하지만, 뽕나무를 주원료로 쓴다고 한다. 전통제지술 복원에 대한 그의 자긍심이나 집념은 여간 굳은 것이 아니다. 그러면서 전수생들을 데리고 전통종이의 제조과정을 다음과 같이 재현해 보여주었다.

마른 뽕나무 섬유를 나무를 태워 만든 잿물 속에 넣어 6~7시간 끓인 다음 나무판 위에 놓고 가볍게 두드려 섬유질이 풀어지게 하고는 물로 깨끗이 씻는다. 씻어낸 섬유를 채에 걸러서 물기를 뺀 다음 널어서 구덕구덕해지게 말린다. 그리고 나서 롤러나 두 널판자 속에 끼워 압축해 물기를 말끔히 빼낸 다음 나무판 위에 널어 말리면 애벌 종이가 된다. 그 후 조개껍데기로 문지르면 반들반들해지고 윤이 나며, 암염 가루를 약간 뿌리면 글씨를 쓰거나 그림을 그릴 때 앞뒤가 비치는 것을 방지할 수 있다. 흰 종이는 눈을 자극하기 때문에 요즘은 주로 황지를 제조하는데, 그 목적은 판매에 있는 것이 아니라 고서 복원이나 전승에 있으며, 전통 그림을 그리는 데도 쓰인다고 한다.

후에 돌아와서 안 일이지만, 최근 사마르칸트 지에 관한 소문이 퍼지자 이곳에 전통제지술의 복원을 자처하는 몇몇 제지소가 등장해 호객행위를 한다고 한다. 이런 곳은 예외 없이 카펫 같은 물건을 걸어 놓고 사 줄 것을 종용한다. 얄팍한 상술이다. 이에 반해, 전통제지술의 계승자로 자부하는 자리프의 일거일동은 자못 진지했다. 새 공장의 시공을 며칠 앞둔 분주한 현장에서 한걸음에 달려 온 그는 우리

❶자리프 무흐타로브가 집 마당에 심어 놓은 뽕나무 가지를 꺾어 나무를 태워 만든 잿물 속에 넣고 있다. ❷다 끓인 섬유를 나무판 위에 놓고 가볍게 두드려 섬유질이 풀어지게 한다. ❸섬유가 잘 섞이도록 젓고 있다. ❹체에 올려진 뽕나무 섬유 모습. ❺체에 걸러서 물기를 뺀 다음 비스듬하게 세워진 나무판자 위에 널어 말린다. ❻잘 말린 애벌 종이를 조개껍데기로 문지르면 반들반들해지고 윤이 난다.

일행을 반갑게 맞이하고는 기꺼이 제지술의 재현을 응낙했다. 그는 모든 공정을 일일이 설명하면서 손수 최선을 다해 작업에 임하는 것이었다. 전통을 계승하는 장인다움을 느끼는 순간이었다. 그러는 새, 문간 평상에는 푸짐한 접대상이 차려졌다. 홍차에 갖가지 과일과 당과를 곁들며 짧지만 의미 있는 만남을 서로가 축하하고 고마워했다. 헤어지면서 일행은 이 공장에서 만든 두 가지 종이와 시료인 마른 뽕나무 섬유를 선물로 받았다. 자리프는 2006년 새해를 맞아 필자에게 보낸 연하장에서도 이러한 호의를 거듭 표했다. 이것이 문명을 씨줄과 날줄로 짜서 이어 가는 소박한 사람들의 한 마음이 아니런가.

이렇게 우리는 전통제지술 보유자의 직접적인 증언과 구체적인 제조공정의 재현을 통해 사마르칸트가 탈라스 전쟁으로 인해 제지술 서전의 관문이자 첫 중심지가되었다는 사실을 초보적으로나마 확인하고 고증할 수가 있었다. 선현에 대한 불초를 일말이라도 씻었다는 안위는 받았지만, 아직 해야 할 일은 많이 남아 있다. 제지공장 자리를 비롯한 유적 유물은 미처 알아내지 못한 채 발길을 돌렸으니 말이다.

문명의 전승수단이며 문명발달의 척도라고 할 수 있는 종이는 자고로 중요한 교류품의 하나로서 인류문명의 공영에 큰 기여를 했다. 105년 후한의 채륜(蔡倫)이 뤄양(洛陽)에서 종이를 발명(일설은 기원전 서한시대라고 하나 신빙성이 약함)한 후 제지술은 2~3세기에 서역(오늘의 신장 일대)을 거쳐 8세기 중엽 탈라스 전쟁을 계기로 사마르칸트에 전해진다. 이어 8세기 말엽부터 11세기 말엽까지 바그다드, 카이로, 페스(모로코)를 비롯한 아랍−이슬람제국 각지에 급속하게 퍼진 뒤, 그곳을 발판으로 스페인과 프랑스(12세기 중엽), 이탈리아(13세기 중엽), 독일과 영국(14세기 초엽), 스위스(14세기 말엽), 스웨덴(16세기 중엽), 미국(17세기 말엽) 등지로 전파되어 결국 종교개혁을 비롯한 유럽의 문예부흥에 기폭제 역할을 했다.

차제에 부언할 것은, 한국에로의 종이(채후지) 전입 시기 문제다. 아직 정설은 없다. 2~3세기 낙랑(樂浪)이나 후한 사람들이 고구려와 백제에 흘러들어오면서 종이를 가져왔다는 추측이 있으나 확실치 않다. 4세기 중반 불교의 한반도 전입을 계기로 불서의 서사를 위해 종이가 반입되었을 것이라는 주장에는 어느 정도 신빙성이 있어 보인다. 분명한 것은 610년 고구려 고승 담징(曇徵)이 종이와 먹을 일본에 전했다는 『일본서기』의 기록으로 보아, 그 이전에 우리나라에서 이미 종이가 만들어졌으며 또한 일본은 우리나라를 통해 종이를 처음으로 알게 되었다는 사실이다.

사마르칸트 지의 탄생은 분명 하나의 '역사적 사건'이다. '역사적 사건'은 뜻했건 뜻하지 않았건 간에, 역사의 맥락에서 보면 우연이 아니라 필연이다. 시대의 수요와 그 수요를 충족하는 여건이 갖춰져 비로소 일어난 일이기 때문이다. 이 때문에 '역사적 사건'은 큰 파급효과를 낳게 되는 법이다. 종이의 서전에 결정적 기여를 한 사마르칸트 지가 바로 그러한 일례다. 이러한 '역사적 사건'을 일으킨 사람을 '사건창조적 인간'이라고 하며, 역사에서는 그러한 사람을 위인이나 영웅으로 대접한다. 이 한 점으로만 미루어도 고선지는 역사의 위인 반열에 당당히 오를 수 있는 인물이다.

일행은 사마르칸트에서 '종이의 길'을 튼 사마르칸트 지의 현장고증을 마치느라 예정보다 세 시간이나 늦게 300킬로미터 떨어진 다음 목적지 부하라를 향해 떠났다. 시내를 갓 벗어나자, 난데없는 소나기가 차창을 적시기 시작한다. 사실 이런 비는 모래바람 뒤에 오는 소나기인데, 사마르칸트 지의 현장고증에 정신을 팔다 보니 그런 바람을 미처 느끼지 못했다. 사막의 언저리라서 1년에 몇 번 안 되는 모래바람 뒤의 소나기라고 한다. 한 시간쯤 내리곤 뚝 멎는다. 순식간에 무더위를 날려 보내고 아스팔트길에 윤기가 돈다. 현지 안내원 레나 양은 보기 드문 일로서 축복이라고 반겼다. 일행이 사마르칸트 현지답사에서 얻은 자그마한, 그렇지만 의미 있는 성과에 대해 하늘도 무심치 않다고 하니 듣기만 해도 흐뭇했다.

아득히 펼쳐진 사막의 지평선에 황금빛 저녁노을이 서린다. 일에 쫓겨 점심을 설친 데다가 몇 시간 달려오고 나니 모두들 얼굴에 시장기가 서렸다. 마침 길가에 큰 물고기를 그린 식당 간판이 눈에 띄었다. 오랜만에 보는 생선 요리라서 호기심이 동했다. 그곳에서 필자는 '어두일미'라고 권하는 바람에 설익은 대갈을 받아먹은 것이 화근이 되어 그 후 며칠 동안 '일미'의 덕을 톡톡히 봤다. 어두육미(魚頭肉尾)가 제대로 익은 후의 이야기인 것처럼, 만사는 조건이 무르익어야 성취되는 법이다. 여행의 일상에는 삶의 진리가 수두룩하다.

밤 10시경에 부하라 펠리스호텔에 여장을 풀었다. 외국어 관광안내서에 흔히 쓰는 '현대적'이라는 말을 안 쓰고, 굳이 '근대적'인 호텔이라고 소개한다. 이상하다 싶었으나 정작 들어가 보니 그 말이 실감난다. 설비가 노후한 1950년대 호텔을 연상케 한다. 중앙통제식 에어컨이어서 방안이 너무 싸늘하다고 하니 직원이

아르크 고성의 전경. 이 고성은 고대 부하라의 발상지이며, 부하라 왕국의 왕이 살던 곳이다.

와서 모포로 에어컨 구멍을 틀어막는다. 부하라에 대한 격세지감을 느끼게 하는 순간이다.

　지금껏 지구상에 남아 있는 역사 유적은 그 대부분이 단대사적(斷代史的)으로, 한 조대나 몇 개의 조대만을 대표하는 유적들이다. 그것은 조대마다 유지(遺址)를 달리하거나, 아니면 같은 자리라고 하더라도 전대의 유적을 무시한 채 그 위에 새 터를 잡는 것이 관례이기 때문이다. 그래서 한 나라의 전체 역사전개 과정, 즉 통사를 보여 주기 위해서 여러 시대의 유물을 한데 모아 놓는 역사박물관이라는 것이 생겨나게 된 것이다. 그런데 이례적으로 '한 권의 통사(通史) 책'처럼, 역사의 무게가 켜켜이 쌓여 여러 조대의 역사상을 여실히 증언하는 유적 유물이 한 군데에 몰려 있는 경우가 있다. 그곳만 보면 일국의 역사를 일목요연하게 통시적(通時的)으로 꿰뚫어 볼 수 있다. 그 대표적인 일례가 바로 중앙아시아 우즈베키스탄의 고도 부하라다.

부하라는 산스크리트어로 '뷔하라', 즉 '수도원'이라는 뜻으로서 이슬람 시대 이후에는 줄곧 '부하라 샤리프(성스러운 부하라)'라고 불린다. 이 한 마디에 부하라의 위상이 함축되어 있다. 한적(漢籍)에는 포활(布豁), 불화랄(不花剌), 불화아(不花兒), 불합랍(不哈拉)으로, 아랍 사서에는 '부카르'로 각각 음사되어 있다. 중국 수·당 시대에는 이른바 중앙아시아 소무(昭武) 9국 중의 하나인 안국(安國)을 지칭했다. 자고로 톈산 산맥 북쪽 기슭을 따르는 실크로드 초원로와 파미르 고원을 넘는 실크로드 육로 북도가 이곳에서 만난 후 다시 키질쿰 사막과 카라쿰 사막을 뚫고 페르시아와 카스피 해 쪽으로 이어진다. 이러한 지정학적 위치 때문에 부하라는 동서 문명 교류의 관문 구실을 해 왔다. 게다가 파미르 고원의 한 지맥에서 발원해 서쪽으로 흐르는 자라프샤 강을 낀 비옥한 오아시스 도시로서 물산도 넉넉하고 풍광도 빼어나다.

'다른 곳에서는 빛이 하늘에서 내리 비치지만, 부하라만큼은 빛이 땅에서 하늘로 올라 비친다'는 속담이 말해 주듯, 2,500여 년의 부하라 역사는 신비로 가득하다. 고고학적 발굴에 의하면, 도시 전체는 20미터에 달하는 문화층을 가진 하나의 중층적 유적군을 이루고 있다. 하층은 기원전 4세기부터 기원후 4세기까지의 고대 문화층이고, 상층은 7세기부터 17세기에 이르는 중세문화층으로 되어 있다. 놀랍게도 지금 지상에 노출되어 있는 여러 유물들은 원래 이러한 지층에 묻혀 있던 것을 파헤쳐 찾아낸 것들이다.

'한 권의 통사책'처럼 부하라의 역사를 말해 주는 첫 역사현장으로 찾은 곳은 아르크 고성이다. 페르시아어로 '성채'라는 뜻의 이 고성은 고대 부하라의 발상지로서, 둘레 780미터의 성곽에 4만 2천 평방미터의 면적을 가진 큰 성채다. 7세기 여왕 훗다 하우톤이 이 성채에 의지해 이슬람군의 내침에 대항했으며, 13세기 몽골군에

중앙아시아에서 현존하는 최고의 이슬람 건물인 사마니 묘당 안의 모습. 51년(892~943)이나 걸려 지은 이 건물은 그 특수한 건축기법으로 인해 학계의 주목을 받고 있다.

의해 숱한 사람이 이곳에서 살육되기도 했다. 지금 남아 있는 건물은 18세기에 복원한 것이다.

1920년대까지만 해도 성 안에 3천여 명이 거주하고 있었는데, 지금은 그 성의 3할밖에 남아 있지 않다. 하나밖에 없는 성문에 들어서면 미로 같은 갱도의 양측엔 수인들을 가두었던 지하실이 다닥다닥 붙어 있다. 위층에는 옥좌가 있던 방과 왕의 거실, 주마(금요일) 모스크 등의 흔적이 남아 있다. 그리고 한켠에는 16세기부터의 유물을 전시한 박물관이 있는데, 작지만 꽤 알차다. 5천 년 전의 암각화로부터 기원전의 각종 토기, 부하라 유리, 수피즘들의 각종 용기, 심지어 일본 도자기 등 다양한 유물이 선을 보인다. 그밖에 노예들의 처참한 생활상과 가혹한 형벌 장면, 특히 성 앞 레기스탄(중앙) 광장에서 행해지는 잔혹한 처형 장면들은 오싹 소름을 돋게 한다. 영화 뒤에 숨은 욕된 역사의 단면들이다.

중세에 접어들면서 부하라는 점차 그 모습을 드러내지만 역사의 격랑에 휩싸여 영욕을 거듭하기 시작한다. 628년경 이곳을 지난 현장은 『대당서역기』에서 부하라를 '포갈(捕喝)'이라고 부르면서, 둘레는 1,600~1,700리(약 630킬로미터)나 되고, 동서는 길쭉하고 남북은 좁으며, 토질이나 풍속은 사마르칸트와 같다고 기술하고 있다. 이런 부하라가 674년에 이슬람 동정군에게 점령되자, 부하르 후다트 가문의 통치는 그대로 유지되지만, 이슬람제국의 호라산 총독부 관할에 소속된다. 8세기 후반에 이르러 타히르 조(朝)의 치하에 들어갔다가, 9세기 말엽에 다시 사만 조에 예속되면서 그 수도로 변모된다. 이때부터가 부하라의 첫 황금기다. 메르브와 사마르칸트, 구르칸지, 히라트 등 주변 오아시스 도시들을 연결하는 교역의 십자로에서 번영을 누리고, 중세 이슬람 문명의 어엿한 산실로 부상한다. 이슬람 세계의 최고 종교학자인 이맘 부하리와 이슬람과 유럽 의학의 기초를 닦은 이븐 시나(아베세나), '대수학의 아버지'라고 하는 알 콰리즈미 등 위대한 학자들도 모두 이 시대에 배출되었다.

아르크 고성에서 500미터쯤 떨어진 곳에 현존 중앙아시아 최고의 이슬람 건물이라고 하는 사마니 묘당이 자리하고 있다. 51년(892~943)이나 걸려 지어진 이 건물은 일찍부터 그 특수한 건축기법으로 인해 고고학계와 건축학계의 주목을 받아왔다. 원래는 사만 조의 건국자 이스마일 사마니가 선친을 기리기 위해 세운 묘당이나, 그가 죽은 후에는 그뿐만 아니라 그의 후손들까지도 묻혀 사실상 사마니 조의 왕족 묘당이 되어버렸다. 몽골 침략군에 의해 도시는 무참히 파괴되었으나 묘당은 다행히 그 화를 면했다.

이 묘당은 1925년에 흙 속에서 발견되었다. 너비가 각각 9미터고 벽 두께가 1.8미터에 달하는 이 정방형 건물은 햇볕에 말린 벽돌로 짓고 반구형 돔을 얹었는데, 외벽은 내측을 향해 약간 구부러졌다. 벽돌을 요철(凹凸) 모양으로 쌓아 명암을 나타내고, 4개 문으로 들어오는 빛의 조화로 내부의 색조를 드러낸다. 묘당 안에 감도는 염분의 물기는 수로를 파 조절한다. 한 가지 주목되는 것은 우주를 상징하는 돔은 둥글게, 땅을 상징하는 바닥은 네모나게 한 건물구조인데, 이것은 경주 석굴암에서 보이는 돔 모양의 '천원지방(天圓地方)' 우주관과 맥을 같이한다고 말할 수 있다.

10세기 말엽 사만 조를 이은 카라한 조 시대에도 부하라는 여전히 번영을 누렸다. 그러다가 13세기 전반, 불운을 겪는다. 1220년 내침한 칭기즈칸은 마스지드에 모인 무슬림들 앞에서 경전 『쿠르안(코란)』을 발로 차 내동댕이치면서, "나는 너희

들의 죄를 처벌하기 위해 신이 파견한 사람이다"라고 호언하면서 닥치는 대로 짓부순다. 그러나 단 하나의 건물에만은 손을 댈 수가 없었다. 그 건물이 바로 예배시간을 알리는 첨탑(미어자나)과 카라반들의 등대 구실을 하는 칼란 마나라(미나레트)다. 기단부의 지름이 9미터고 높이가 무려 46미터인 이 부하라의 상징물인 대탑은 1127년 카라한 조 때 지은 것이다. 원통형의 탑신 벽면은 14층의 아기자기한 벽돌로 띠를 두르고, 꼭대기에는 16개의 아치형 등화창이 나 있다. 탑 속에 마련된 105개의 고불고불한 나선형 계단을 밟고 올라가면 시가지가 한눈에 들어온다. 곁에는 1만 명을 동시에 수용할 수 있는 칼란 마스지드가 다리로 연결되어 있다.

이 탑이 칭기즈칸의 마수에 걸리지 않은 데 관해서는 다음과 같은 전설이 있다. 그가 흑심을 품고 이 탑 앞에 다가서서 탑을 치켜보는 순간 모자가 땅에 떨어진다. 엉겁결에 허리를 굽혀 모자를 주워 쓰면서, "이 탑은 내 머리를 숙이게 한 비범한 탑이니 섣불리 파괴해서는 안 될 것이다"라고 중얼거리며 물러선다. 탑은 그 후 몇 차례의 지진에서도 해를 면한다. 그래서 이 탑은 오늘날까지도 카라한 조 시대의 증인으로 남아 있을 뿐만 아니라, 부하라의 상징으로 추앙 받고 있다. 그러나 19세기 중엽까지도 꼭대기에서 죄인을 떨어뜨려 죽이는 형구로 이용되었다고 해서 '죽음의 탑'이라고 저주 받기도 했다. 한 대상에 대한 추앙과 저주, 이것이야말로 역사의 아이러니다.

칼란 모스크 맞은편에 있는 미르 아랍 마드라사(신학교)는 이슬람의 부흥을 누렸던 15세기 티무르 시대에 지은 건물로서, 청백색 모자이크 타일로 식물문양과 문자문양을 기묘하게 조화시킨 장식은 이 시대 건축미술의 백미로 꼽힌다. 그러나 이 건물은 3천 명 이상의 페르시아 노예들을 팔아 얻은 자금으로 지음으로써, '그 터는 벽돌이나 점토가 아니라 사람들의 눈물과 피로 다져진 것이다'라고 훗날 역사가들은 기록하고 있다. 티무르 시대의 치욕스러운 일면이다.

그런가 하면 시 북쪽 교외 4킬로미터 지점에 있는 '달과 별의 궁전'이라고 하는 시토라이 모히 코사 여름궁전은 1911년 러시아 건축가들에 의해, 지어진 화려하기

부하라는 산스크리트어로 '수도원'이라는 뜻이다. 이곳의 대표적인 건축물인 칼란 마스지드 들머리 모습.

이를 데 없는 건물이다. 외관은 서양식이나 내장은 동양−이슬람식으로서 명실공히 동서 문명의 융합물이다. 지금도 왕이 쓰던 서양 가구와 중국이나 일본의 도자기가 남아 있다. 궁전 앞마당에서 뿜어내는 분수로 중앙아시아에서는 처음으로 발전기가 돌아갔다고 한다. 300명의 궁녀들을 위한 전용 풀장이 있는데, 왕은 가까운 테라스에서 무자맥질하는 궁녀들을 눈여겨보다가 마음에 드는 궁녀가 있으면 사과를 던져 그날의 노리개로 골랐다고 한다.

이렇게 여태껏 남아 있는 부하라의 유적 유물은 그 영욕을 거듭한 2,500여 년의 긴 역사를 마치 '한 권의 통사책' 처럼, 시대별로 생생하게 증언하고 있다.

26 부하라 학맥의 삼총사
오아시스에서 꽃피운 이슬람 최고의 학맥

      1950년대 카이로대학 유학 시절 우즈베키스탄 고도 부하라에서 온 무슬림 유학생 두 사람을 만난 적이 있다. 당시 소련 체제하에서 이슬람 신학을 공부한다는 것이 조금은 의아했다. 그러나 50여 년이 지난 이번 답사에서 그 궁금증이 풀렸다. 당시 중앙아시아에서는 유일하게 이곳에 있는 미르 아랍 마드라사(신학교)만이 공식 인가를 받아 7년 간의 신학교육과정이 운영되고 있었다. 지금쯤 그 친구들은 어느 사원의 이맘이나 마드라사의 교수 자리에 있으련만 만나지는 못했다. 그들이 자신들을 부하라 학맥을 잇는 후계자라고 자부하던 일이 지금도 눈앞에 선하다.

  부하라 학맥, 그것은 과연 무엇이었을까. 부하라는 기원전 5세기경부터 여러 조대에 걸쳐 번영을 거듭해 왔지만, 학문만큼은 그리 명성을 떨치지 못했다. 그러다가 8세기 이슬람화되면서 서서히 동방 이슬람 세계의 학문 중심으로 부상하기 시작했다. 이슬람은 비록 사막이라는 문명의 불모지에서 출현했지만, 당초부터 교육과 학문에 지대한 관심을 돌렸다. 경전 『쿠르안』을 보면 알라의 첫 계시가 바로 "읽어라, 창조주이신 알라의 이름으로"라는 한 절이다. 이것은 알라가 무지에서 벗어남을 절체절명의 첫째 과제로 명한 절이라고 경전 주석가들은 해석한다. '쿠르안'은 바로 이 절의 명령형 동사 '읽어라'의 어근인 '읽기'나 '읽음'이라는 뜻이다. 교조 무함마드(Muhammad)는 문도들에게 읽고 쓰기를 배우며 지식인을 존경하라고 거듭 강조했다. 전쟁포로 한 사람이 무슬림 어린이 10명에게 읽고 쓰기를 깨우쳐 주기만 하면 곧 석방했다고 하니, 배움을 얼마나 중시했는가를 짐작할 수 있다.

  중세 이슬람 문명이 세계적 문명으로 돋보이게 된 것은 높은 학문수준 때문이다.

이슬람은 지식과 학문의 탐구를 속세와 내세를 포함한 모든 곳에서 인간생활과 활동의 필수로 의무화하고 있다. 무함마드의 언행록인 『하디스』에는 "그 누가 현세를 원한다면 지식을 얻어야 하고, 그 누가 내세를 원한다 해도 지식을 얻어야 하며, 또 그 누가 이 두 가지를 다 원한다 해도 역시 지식을 얻어야 한다"고 지식 습득의 당위성을 강조한다. 그런가 하면 이슬람의 학문을 이야기할 때 으레 인구회자되는 '학문은 멀리 중국에까지 가서라도 구할지어다'라는 말로 학문 탐구를 독려하고 있다.

10세기 이슬람 문명의 황금기를 전후해 아랍 고유학문과 외래학문이 이슬람 문명이라는 하나의 용광로 속에 녹아서 이슬람 특유의 학문체계를 갖추게 되었다. 이 체계 속에서 바그다드를 중심으로 한 이슬람 세계의 곳곳에는 학문의 다극화가 이루어지면서 지역별 학문중심이 형성되기 시작했다. 일찍이 헬레니즘 문화를 맛본 데다가 페르시아와 인도, 심지어 중국 문화의 영향까지도 받아 오던 실크로드 육로의 요충지 부하라가 바로 그러한 중심지의 하나였다. 그 중심지 형성의 선도자는 부하라 학맥의 삼총사로 불리는 성훈(聖訓) 학자 부하리와 의학자 이븐 시나, 수학자 알 콰리즈미다. 이들은 이슬람 세계를 두루 편답하면서 자신들의 학문세계를 개척하고 나서는 부하라에 돌아와서 여러 신학교와 사원들을 전전하면서 후학들에게 학문을 전수했다. 이들 삼총사의 학문적 업적은 이슬람 세계뿐만 아니라, 유럽 세계에도 널리 알려져 근대적 학문의 기반을 닦는 데 불후의 기여를 했다.

이슬람 성훈학(하디스)의 태두인 부하리(810~870)의 본명은 무함마드 이븐 이스마일 알 주아피다. 부하리는 부하라 출신이라는 뜻으로서, 무슬림들은 출신지를 강조하기 위해 가끔 이런 식으로 출신지를 성명으로 대용하는 경우가 있다. 이슬람에서 성훈이란 교조 무함마드의 언행록을 말한다. 이 성훈에는 생전에 무함마드가 행한 말과 취한 행동뿐만 아니라, 남의 말이나 행동에 대한 입장(인정이나 거부, 묵과 등)까지 포함한다. 성훈은 교조의 언행록이기 때문에 불경이나 성경의 기준으로 보

부하라의 상징인 미르 아랍 마드라사(신학교) 모습. 이 신학교는 이슬람 부흥을 누렸던 15세기 티무르 시대에 지어졌으며 청백색 모자이크 타일로 식물·문자 문양을 기묘하게 조화시킨 당대 건축미술의 백미다.

면 당연히 경전에 속하나, 이슬람교에서는 경전으로 인정하지 않는다. 왜냐하면 무함마드의 언행은 어디까지나 신이 아닌 자연인의 언행으로서 절대신 알라의 말이자 계시인 『쿠르안』과는 동일시할 수 없기 때문이다. 그럼에도 불구하고 그의 언행은 정도(正道)이기 때문에 믿고 따라야 하므로 『하디스』에 준 경전 격을 부여하고, 샤리아(이슬람 법)에서는 『쿠르안』 버금가는 법원(法源)으로 인정한다.

성훈록인 『하디스』는 무함마드의 언행을 곁에서 지켜본 제자들과 그 제자의 제자, 또 그 제자를 통해 구두나 기록으로 약 100년 간 전승되어 오다가 수집 정리된 후, 다시 약 100년이라는 시간이 지나서 비로소 성훈학자들에 의해 정본으로 엮어졌다. 그 대표적인 학자가 바로 부하리다. 그는 10세 때부터 성훈을 공부하기 시작해, 16세 때 메카의 성지순례를 계기로 이집트와 이라크, 시리아 등지를 16년 간이나 돌아다니면서 천여 명의 전승자들을 만나 약 60만 조항의 성훈을 수집했다. 그 중 '건전한 것(쇠히흐)' 7,300여 개(일설은 9,397개)를 엄선해 『건전한 성훈집록』에 수록했다. 이것은 첫 성훈 진본으로서 후일 모든 성훈집의 표준전범으로 금과옥조시되고 있다. 그밖에 그는 성훈 전승자들의 전기인 『존귀한 역사』와 이슬람 수니파의 6대 성훈집의 하나인 『부하리의 정훈집(正訓集)』 같은 저술도 남겼다.

이슬람 학문 중에서 유럽에 가장 큰 영향을 미친 것은 단연 의학이다. 무슬림 의학자들은 페르시아나 그리스-로마의 의술을 고스란히 받아들여 임상에 도입하는 과정에서 당시로는 가장 수준 높은 이슬람식 의학을 계발했으며, 그것을 빠짐없이 개설서나 전서에 꼼꼼히 기록해 놓았다. 그것이 곧바로 라틴어로 번역되어 유럽에서 의학교재로 채택되고 임상치료에 도입됨으로써 유럽 현대의학의 밑거름이 되었다.

천연두와 홍역의 병원체를 발견한 라지(865~925)에 이어 이슬람 의학의 중흥기를 선도한 의학자는 사만 조 시대 부하라의 귀족가문에서 태어난 이븐 시나(980~1037)다. 그의 본명은 아부 알리 후사인 이븐 압둘라로 유럽에서는 라틴어식 음사로 '아베세나'라고 부른다. 10세 때 벌써 경전을 몽땅 암송할 정도로 총명했던 그는 탁월한 철학자이기도 하다. 평생 242권의 저서를 남겼는데, 그중 대표적인 것이 『의학법전』(총 5부에 100만 자)과 『치유의 서』다. 의학에 철학이나 심리학을 접목

이슬람 학문 중에서 가장 큰 영향을 끼친 분야는 의학이다. 부하라의 대표적 의사이자 철학자이기도 한 이븐 시나가 환자를 진료하고 있는 장면의 그림이다.

시킨 것이 그만의 특징이다.

『의학전범(醫學典範)』에서 그는 병리현상을 심리현상과 결부해 면밀히 분석하여 늑막염과 폐렴, 간염을 정확히 구별하고, 폐결핵의 전염성, 피부병과 성병, 상사병(相思病), 신경병 등에 대한 임상학적 관찰을 진행하고 구체적 치료법을 제시했다. 가령 상사병에 관해서는 체중과 체력의 감퇴, 발열 등 만성적 증상이 나타나며, 그 치료법은 사모하는 상대방과 결혼시키는 처방밖에 없다고 진단한다. 그가 병리현상과 심리현상을 아우른 '심신의학법'으로 한 왕자를 치료한 이야기는 유명하다. 망상증에 걸린 왕자는 자신이 소라고 믿고 소의 울음소리를 내면서 자기를 잡아먹어 달라고 애원한다. 그러자 이븐 시나는 도살꾼으로 가장하고 이 왕자가 너무 여위어 앙상하니, 우선 살찌워 놓아야 잡아먹을 수 있다고 한다. 이에 왕자는 마음껏 먹다 보니 '병세'는 어느새 말끔히 가시고 건강은 회복되었다. 이른바 심신의학법의 효험이다. 그밖에 그는 알코올을 소독제로 추천한 최초의 의사이기도 하다. 그

의 의학 전서는 지술된 지 얼마 되지 않아 (12세기) 라틴어로 번역된 후 15세기 후반 밀라노에서 출간되어 16세기까지 유럽 각 지의 의학학교에서 주교과서로 채택되기 도 했다.

중세 무슬림들은 수학에서도 남다른 재 능을 보였다. 수학 발전에서 그들은 영 (零, 0)의 도입과 대수학의 정립이라는 두 가지 특출한 기여를 했는데, 그 진두에는 대수학의 아버지로 불리는 알 콰리즈미 (780~850)가 있다. 그는 페르시아와 인도 로부터 의학이나 천문학의 기초학문인 수 학을 전수받아 일대 혁명을 일으켰다. 본명이 아부 압둘라 무함마드 이븐 무사인 알 콰리즈미(780~850)의 출신지에 관해서는 부하라 서북쪽에 있는 히바라는 설이 있으나, 주로 부하라에서 학문 활동을 했기 때문에 부하라 학맥의 삼총사 중 한 사 람으로 간주한다. 그는 인도의 숫자 서법을 아랍어 서법에 맞게 변형시켰을 뿐만 아니라, 인도에서 받아들인 영(점으로 표시)이라는 전혀 새로운 숫자 개념을 도입해 수학에서 일대 변혁을 가져왔다.

그가 쓴 「집합과 분할의 서」라는 논문이 12세기 「인도 숫자에 대한 콰리즈미의 서」라는 제하에 라틴어로 번역됨으로써 유럽인들은 처음으로 영을 포함한 숫자를 알게 되었다. 숫자에 얽힌 사연에 무지한 유럽인들은 아랍인들에게 전수받은 이 인 도 숫자를 '아라비아 숫자'로 오인한 나머지 16세기에 이르러 전통적으로 써 오던 로마 숫자를 아라비아 숫자로 대체해버렸다. 영어의 '사이퍼(cipher: 0, 암호)'는 '영' 혹은 '공(空)', '무(無)'라는 아랍어 '쉬프르'에서, 그리고 '알고리즘(algorism: 아랍식 기산법, 아라비아 숫자)'은 알 콰리즈미의 이름에서 연유된 것이다.

피타고라스를 비롯한 고대 그리스 수학자들은 수를 단순한 양의 개념으로 본 데 반해 알 콰리즈미는 상호관계적인 개념으로 인식함으로써 대수학이라는 새 학문을 탄생시켰다. 그는 대수학에서의 문제풀이 절차가 마치 외과의사가 부서진 상처를 다시 원상회복시키는 수술과정과 비슷하다고 하여 아랍어 외과 전문용어인 '자브르(접골, 깁스)'를 빌려 대수학을 '자브르'라고 했는데, 그것이 영어 '앨지브러(algebra: 대수학)'의 어원이다.

부하라 답사는 이 기름진 오아시스 화원에서 삼총사에 의해 화려하게 피었던 부하라 학맥의 향훈을 만끽하는 현장이었다.

불교 전파의 서단, 메르브
우리네 고향과 닮은 그들의 살림살이

우즈베키스탄의 고도 부하라를 떠나 서남 방향으로 한 시간 반쯤 달리니 투르크메니스탄과의 접경지가 나타난다. 여기까지는 자라프샤 강이 한복판을 흐르고 있는 오아시스 농경지대라서 면화밭과 옥수수밭이 눈길이 모자라게 펼쳐져 있다. 갖가지 과일이며 채소도 푸릇푸릇하게 무르익고 있다. 저 멀리 시리아에서 중국 장안까지 사막을 가로지르는 긴긴 오아시스 육로에서 이 구간이 가장 기름진 곳 같다. 그러나 국경지대에 다가가니 분위기는 사뭇 달라진다. 서

메르브 유적지 안에 있는 키즈 카라 왕궁 모습. 이슬람 초기 흙으로 건축한 궁전으로 높이 15미터의 벽을 수직으로 주름 잡듯 쌓아 만든 것이 이색적이다.

슬 돋은 철조망이 두 갈래로 남북 어디론가 아득히 뻗어 가고 있다. 2킬로미터는 족히 될 그 사이의 완충지역은 잡초만이 스산하게 엉켜 있다.

두 나라 국경 통과는 산엄하기까지 하다. 각각 두 시간씩, 모두 네 시간이나 걸렸다. 투르크메니스탄 국경초소에서는 일행 중 한 명만의 수속이 남았는데도, 점심시간이라고 창구를 덜컥 닫는 바람에 또 한 시간 넘게 기다렸다. 지붕 그늘 밑에 앉아 노트에 여행 메모를 하는데, 어디선가 경찰이 다가와 주뼛주뼛하기에 노트를 펼쳐 보이니 고개를 끄덕이면서 물러간다. 입국수속을 마치곤 늦춰진 갈 길을 재촉했다. 40분 달리니 아무다리아가 나타났다.

중앙아시아의 젖줄기, 전설의 강 아무다리아. 파미르 고원에서 발원해 타지키스탄과 아프가니스탄을 지나서는 투르크메니스탄의 카라쿰 사막과 우즈베키스탄의 키질쿰 사막 사이의 메마른 땅을 적시면서 유유히 아랄 해로 흘러들어간다. 2,500 킬로미터나 되는 긴 강이다. 오아시스 육로를 남북으로 자른 이 강은 예로부터 동서를 오가려면 필히 넘어서야 했다. 그 중간중간에는 도하지점도 여러 곳 있다. 그래서 전해 오는 이름도 다양하다. 중국 한나라 때는 '아매하(阿梅河)'나 '아모하(阿母河)'로, 당나라 때는 '규수(嬀水)'나 '오호수(烏滸水)'로 불렸고, 고대 그리스나 라틴 문헌에는 '옥소스(Oxos)'나 '옥수스(Oxus)'로 적혀 있으며, 사산 조 시대에는 '웨로즈(Weh-roz)'나 '베로즈(Beh-roz)'로 알려졌고, 아랍 문헌에는 '자이훈(Jahon)'으로 나온다.

아무다리아는 모진 역사의 풍상 속에서 물굽이만큼의 숱한 우여곡절을 겪어 왔다. 강의 물길 바꾸기는 지금도 수수께끼로 남아 있다. 1221년 몽골군이 하류에 있는 우르켄치를 공략할 때 둑을 무너뜨리는 바람에 물길이 서쪽 카스피 해로 바뀌었다가 16세기에 다시 아랄 해로 되돌려졌다는 설이 전해지고 있다. 사막 속 우즈보이에 길다란 하상(河床) 자리가 남아 있는 점으로 미루어 물길이 바뀐 것만은 사실인 것 같다. 지금은 1954년에 착공해 1962년에 개통한 카라쿰 운하(약 840킬로미터) 때문에 옛날보다 수량이 많이 줄었다고 한다. 원래 이 운하는 아프가니스탄과의 국경 지대에서 시작해 카스피 해까지 약 1,400킬로미터를 기획했으나, 아랄 해에 유입하는 수량이 줄어들어 말썽이 일자 지금은 개굴작업을 일시 멈춘 상태다. 물이 줄었다고는 하지만 강폭은 100미터는 족히 된다. 대교는 낡아서 일방통행만 허용되며 중간 정차는 금지된다. 아슬아슬하게 가슴을 졸이며 삐걱거리는 다리를 가까스로 지났다.

15분쯤 달려서 투르크멘아바드(옛 아무르)에서 늦점심을 먹고 마리 주의 주도 마리에 도착한 것은 밤 9시께다. 국경에서 여기까지 오는 200킬로미터 구간에서 여덟 번이나 검문을 당했으니 지체될 법도 하다. 때로는 여권을 확인하기도 하고, 때로는 차내를 두리번거리기도 한다. 교통안전을 위함이라고 현지 해설원 도냐는 해명하지만, 그대로 받아들여지지는 않는다.

인구 8만의 마리는 200년의 역사를 가진, 작지만 아담한 공업도시다. 이곳에서 동쪽으로 30킬로미터 떨어져서 그 유명한 메르브 유적이 자리하고 있다. 세계문화유산으로 등재된 메르브는 페르시아와 중앙아시아를 잇는 중계지점에 위치하고 있어 2,500여 년 간 줄곧 번영을 누려왔다. 특히 11~12세기 터키계의 셀주크 시대에는 수도로서 '고귀한 메르브'라는 존칭까지 받을 정도로 이슬람 세계에서 손꼽히는 대도시였다. 그러다가 1220년과 1221년 두 차례에 걸친 몽골군의 무자비한 유린으로 완전히 폐허가 되어버렸다. 몽골군은 성문을 열면 죽이지 않겠다는 약속을 깨고 6일 동안 22만 명이나 살육하는 만행을 저질렀다.

메르브는 '떠도는 도시'라는 별칭을 갖고 있다. 그것은 역대 도시가 한 곳에 층층이 만들어진 것이 아니라, 조대마다 인근에 새로운 터를 잡고 도성을 형성하곤 했기 때문이다. 그래서 다양한 시대의 성터가 성벽을 사이에 두고 옹기종기 모여 있으며, 성벽 전체의 길이는 무려 230킬로미터에 달한다고 한다. 그 드넓은 부지에 고대부터 중세까지 5개의 조대가 번갈아 자리했다. 가장 오래된 것은 기원전 6~4세기 아케메네스 조 페르시아 때의 도넛 형 성벽이 남아 있는 에르크 카라다. 당시 메르브는 '마르키아나'로 불렸다. 원래 이 성벽은 높이가 110미터나 되는 가장 높고 웅장한 성벽으로, 지금도 그 위에 올라서면 메르브 전체가 한눈에 들어온다.

그 남쪽에 게오르 카라 성벽이 있는데, 이것은 기원전 알렉산더 제국이 분열된 뒤 생겨난 세레우코스 시대에 만들어진 것으로서, 기원후 사산 조 시대(3~7세기)까지 근 천 년 동안이나 지탱해 온 고성이다. 그래서 많은 유물이 출토되었는데, 우리의 주목을 끄는 것은 이곳에서 출토된 여러 점의 불교 관련 유물이다. 1961년 두 차례의 발굴 끝에 불두와 사리탑, 그리고 카로슈티어(서북 인도를 중심으로 중앙아시아에서 쓰인 고대문자)로 쓰인 불경을 넣은 항아리가 발견되었다고 한다. 듣는 순간, 흥분을 가라앉힐 수가 없었다. 사실 이곳을 굳이 찾아온 데는 메르브에 불적이 있다는 소문을 일찍이 들어 왔기 때문이다. 그리고 그것을 현지에서 확인하게 되면 이곳이야말로 불교 전파의 서단이 될 것이라는 학문적 기대에 부풀어 왔다. 당장 현지로 달려가고 싶었으나, 유적 답사에는 순서가 있는 법, 어길 수는 없었다.

이 시대를 이은 고성 유적으로는 이슬람 초기의 대·소 키즈 카라가 있다. 대 키즈 카라는 왕궁인데, 구조상 두 가지 특징이 선명하다. 하나는 둥근 천장이고, 다른 하나는 바깥 주름벽이다. 벽을 수직으로 주름 잡듯 쌓은 것이 퍽 이색적인데, 그것은 재료를 절약하고 태양의 복사열을 차단하며, 방어에 유리할 뿐만 아니라 미관도 있기 때문이라고 한다. 고도의 건축 지혜라 아니할 수 없다.

이어 들린 곳은 메르브 고성의 심장부라고 할 수 있는 술탄 카라다. 가장 번영했던 중세 셀주크 시대의 수도가 남긴 어마어마한 유적들이 눈길을 끈다. 그 대표적

인 것이 전성기를 구가한 술탄 산자르(1118~1157)의 묘당이다. 산자르 시대는 강역이 아제르바이잔까지 아우르고, 수만 권의 책을 소장한 도서관만도 8개나 있었으며, 당대 최고 수준의 하얀 천문대도 갖고 있었다. 그러나 성왕으로 추앙된 산자르도 결국은 신이 아닌 인간이었다. 전설에는 그가 천국에 가서 절색의 처녀를 만났는데, 매혹된 그에게 만지지 말 것, 걸어가는 뒷모습을 보지 말 것, 노크 없이 방에 들어오지 말 것 등 세 가지 계율를 주문했으나, 그는 그 어느 것도 지키지 못해, 결국 천국에 들어가지 못하고 이 묘당의 지하에 누워 있다고 한다. 1140

우즈베키스탄 사마르칸트 역사박물관에서 본 불상.

마리 박물관에 전시된 낯익은 봉수병, 물레, 맷돌(왼쪽부터). 박물관 안내인이 물레질을 직접 보여 주기도 했다(가운데 사진).

년에 지어진 이 화려한 건물은 몽골군의 파괴와 수차례의 지진도 용케 견디어 그 웅장한 모습을 지금도 드러내고 있다. 1998년부터 영국과 합동복원작업을 벌이고 있는데, 거의 마무리되고 있었다.

둘러볼 곳이 더 있지만, 서둘러 게오르카라 유지의 서남쪽에 있는 불두 발굴지로 향했다. 때는 2005년 8월 3일 11시 50분이다. 세월의 풍진 속에 가라앉은 나즈막한 흙담 기슭의 가시밭길을 헤치면서 출토 현장에 도착했다. 펑퍼짐한 지면에 높이 10미터 가량의 사다리꼴 흙더미가 나타난다. 원래 절터였는데, 유물을 꺼내고는 도로 흙으로 묻었다고 한다. 한달음으로 흙더미 꼭대기에 올라가 여기가 바로 불교 전파의 서단이라는 마음의 푯말을 박아 놓았다. 오후에 마리 박물관에 들러서는 여기서 출토된 유물을 눈으로 직접 확인할 수가 있었다. 그러나 이것은 하나의 단초일 뿐, 이보다 더 서쪽에 있는 이란에서도 불적이 발견되고 있다는 소문이 들리니, 다시 그 추적에 나서야 할 것이다. (11개월만인 2006년 7월 3일 10시 30분, 에르크 카라를 답사할 때 다른 현지 해설원이 거기서 동남쪽으로 700미터쯤 되는 곳이 불두의 발견지라고 안내해 현장을 둘러봤다. 현지 관련자들의 증언도 엇갈려 앞으로 연구·확인해야 할 것이다.)

마리 박물관에서는 불두말고도 몇 가지 흥미있는 유물을 발견했다. 2층의 직물관에 전시된 물레와 3천여 년 전의 맷돌은 우리의 것과 너무나 닮았다. 사막 속의 오아시스지만 농경을 위주로 한 고장이라서 우리의 농경문화와 이렇게 비슷하다. 이것이 바로 문명이 보편성이다. 그리고 봉수병(鳳首瓶: 새머리 모양의 물병)은 우리네 경주 98호 분 남분에서 출토된 4세기 후반의 봉수병과 조형기법이나 크기가 신통히도 같다. 다만 색깔에서 전자는 연한 갈색이고 후자는 연한 푸른색이라는 것만 다를 뿐이다. 이 유리 물병은 전형적인 후기 로마 유리계에 속하는 병이다. 중국이나 일본에서는 유사품이 발견되지 않아 신라까지 전래된 경로가 그간 학계의 의문이었다. 그러나 여기서 유사품을 발견함으로써 그 전파의 중간고리를 찾아내게 되었다. 전파 루트를 추적할 수 있는 중요한 단서를 잡은 셈이다. 이 또한 우리 일행을 흐뭇하게 했다. 박물관 곳곳에는 이곳 특산물인 아할 테케종 말의 그림이 붙어 있다. 이곳 사람들이 페르가나의 한혈마나 서극마(西極馬)와 비견된다고 자랑하는 명마다. 이 나라 국장의 한가운데 새겨져 있을 정도로 명물이지만, 지금 순종을 찾아보기란 어렵다고 한다.

이것저것 볼거리가 많은 메르브에서의 하루는 역사의 '시간여행'치고는 턱없이 짧다. 그러나 그 짧음에 비해서는 얻은 것이 적잖아서, 그나마도 위안을 받고 투르크메니스탄 항공편으로 다음 목적지인 수도 아슈하바트를 향했다.

28 헬레니즘의 산실, 니사
헬레니즘은 오리엔트에서 탄생했다

투르크메니스탄의 남부도시 마리에서 카라쿰 사막의 언저리를 따라 서북 방향으로 45분쯤 날아서 밤 8시 5분, 수도 아슈하바트에 도착했다. 같은 방향으로 실오리같이 늘어선 카라쿰 운하가 사막 속에서 가끔씩 숨바꼭질하듯 출몰하곤 한다. 어둠이 얕게 깔린 아슈하바트를 상공에서 내려다보니 가로등 불빛이 여느 곳과는 달리 한결같이 연한 주황빛깔이다. 알고보니 가스등을 쓰기 때문이라고 한다. 현지 해설원 도냐의 말에 의하면 가스는 주민들에게 무료로 공급한다고 하며, 내년부터는 투르크메니스탄-아프가니스탄-파키스탄을 잇는 장장 1,400킬로미터에 달하는 가스관 부설공사가 시작된다고 한다. 세계 가스 매장량의 10퍼센트를 소유한 '가스 왕국'다운 모습을 실감케 했다.

투르크메니스탄어로 '사랑의 거리'라는 뜻의 아슈하바트는 신흥도시다. 1948년 대지진으로 옛 도시는 자취를 감추고, 그 폐허 위에 오늘날 60만 인구를 헤아리는 수도를 건설했다. 특히 구소련연방에서 독립한 뒤 최근 10년 새 그 면모를 일신했다고 한다. 지금은 1,200여 개의 외국기업이 들어와 활력을 불어넣고 있다. 중앙아시아의 다른 도시에서는 찾아볼 수 없을 만큼 거리가 깔끔하고 건물이 화려하며 사람들도 활기차 보인다. 이것저것 신기한 일들도 눈에 많이 띈다. 그러나 '실크로드의 재발견'이라는 장정에 나선 우리로서는 오늘보다, 오늘을 있게 한 어제에 더 관심이 쏠리며, 더욱이 그 어제가 오해되었거나 감춰졌을 때는 그것을 제대로 밝혀내는 데 선차적 관심을 돌리게 마련이다.

흔히들 헬레니즘(Hellenism)을 헤브라이즘(Hebraism)과 더불어 서양사상의 한 원류로 간주하면서, 그 발상지나 요람을 서구로 어림잡는데, 이것은 큰 착각이다. 사실 그 발상지나 요람에 관해서는 지금껏 명쾌한 해명이 주어지지 않고 있다. 어쩌면 으레 찾아야 할 곳을 찾지 않아서 그러할 법도 하다. 아무튼 늘 고민해 오던 문제라서 이번 기회에 한번 그 해명에 도전장을 던지고 싶었다. 문제의 고갱이는 헬레니즘이 어디서 언제 어떻게 이루어졌는가 하는 것이다.

헬레니즘은 기원전 4세기 알렉산더의 동방원정을 계기로 그리스 문화와 페르시아 문화를 비롯한 오리엔트 문화가 만나서 탄생한 동서 문명의 첫 융합물이다. 그 중심 발상지는 서구의 어느 곳이 아니라, 서아시아와 중앙아시아 일원을 석권하고 있던 아케메네스 조 페르시아를 계승한 파르티아 페르시아다. 10년 간의 원정을 통해 건립된 이른바 알렉산더 제국은 건국자가 급사하자 내분이 일어나 급기야는 아시아의 셀레우코스와 아프리카의 프톨레미, 유럽의 안티고니즈의 3부분으로 조각났다. 그런데 셀레우코스마저도 얼마 못가서 소아시아의 페르가문과 흑해 남안의 비치니아, 카스피 해 동남부의 파르티아, 파미르 고원 서북부의 박트리아 속디온 등 8개 소국으로 사분오열된다. 이와 같은 이합집산 과정을 아우른 이른바 헬레니즘 시대는 알렉산더 제국의 건립으로부터 마지막으로 프톨레미가 로마제국에 멸망할 때(기원전 30년)까지 약 300년 동안 지속된다. 이 기간에 그리스−로마와 가장 오랫동안 공존하고 부대끼면서 헬레니즘의 탄생과 성장을 주도한 세력은 파르티아다.

파르티아(기원전 247~기원후 226)는 북쪽으로부터 내려온 이란계 유목민인 아르사케스 일족이 카스피 해 동남부 지역에서 셀레우코스 왕조의 지방총독을 몰아내고 세운 나라다. 그래서 일명 '아르사크 왕조'라고도 한다. 한적에서 파르티아를 지칭하는 '안식(安息)'은 이 이란어 '아르사크'의 음사라고 한다. 전성기에는 그 강토가 유프라테스 강부터 인더스 강까지 광활한 지역을 망라한 대제국으로서 서방의 로마제국과 자웅을 겨루며 실크로드 육로의 서단을 장악하고 있었다. 그리하여 동서 교역의 중간조절자로서 중국 비단의 로마 수출을 차단하고 중개무역으로 엄청난 부를 축적하기도 했다.

파르티아와 헬레니즘은 상생적인 함수관계에 있었다. 파르티아는 새로운 융합 문화인 헬레니즘의 자양분을 머금고 자라날 수 있었으며, 헬레니즘은 파르티아라는 신흥 제국의 토양 속에서 찬란한 결실을 맺을 수가 있었다. 이러한 함수관계는 그리스 문화와 오리엔트 문화 간의 건설적인 융합을 통해 비로소 성립이 가능했던 것이다. 그런데 그러한 융합이 이루어진 주무대는 다름 아닌 파르티아다. 비유컨대, 그리스 문화라는 '신부'가 파르티아라는 '신랑'에게 시집와서 출산하고 키워낸 것이 바로 헬레니즘이라는 영아다. 그래서 헬레니즘을 '유럽과 아시아의 결혼'이라고도 표현한다. 그렇다면 그 산실은 과연 어디였을까. 아무래도 이 나라의 초기 수도가 아니었겠는가 하는 것이 평시의 소신이었다. 그래서 아슈하바트에서 제일 먼저 찾아간 곳이 바로 초기 수도였던 니사 유적지다.

니사는 아슈하바트에서 서쪽으로 15킬로미터 떨어진 코베트다크 산맥 동쪽 기슭의 아늑한 대지(臺地)에 자리하고 있다. 고성은 몽골 침략군의 유린을 비롯해 2천여 년 간의 모진 풍상에 닳고 찢겨 허울만 덩그러니 남아 있지만, 그 위용만은 잃지 않고 자못 의젓하다. 이 고성 유적에 관해서는 1946~1960년에 타슈켄트 출신의 매손이 이끄는 남 투르크메니스탄 고고학종합조사단이 처음으로 밝혀냈으며, 후일 러시아와 이탈리아 고고학자들도 참여해 그 면모가 드러났다. 고성은 왕궁인 오각형 내성(구 니사, 14만 평방미터)과 그것을 에워싼 상업과 거주 지역인 외성(신 니사, 21만 평방미터)의 두 부분으로 구성되어 있다.

입구의 전망대에 올라서니 성터가 한눈에 안겨 온다. 내성의 벽은 진흙과 벽돌로 쌓았는데, 높이는 20미터나 되며, 정원과 신전, 탑, 방 등 구조물들이 조화롭게 배치되어 있다. 마당에는 깊이 5미터 남짓한 물 저장고 자리가 아직 4개나 남아 있고, 건물 잔해 중에서는 아치형 왕실 기둥과 사방 20미터의 중앙홀, 연회장으로 썼던 '붉은 방', 가운데 화단(火壇)이 있는 조로아스터교의 원형사원 흔적 같은 것을 확연하게 찾아볼 수 있다. 웅장하고 견고했던 내성 안의 건물에 비해 외성 안의 건물은 왜소한 데다가 더 심하게 망가져 형체를 알아보기가 어렵다.

흥미로운 것은 포도주와 관련된 몇 가지 유물이다. 양조장에서 관을 통해 포도주를 저장고(구덩이)에 보내는 구멍이 무려 500여 개나 발견되었다. 그리고 여러 가지 모양의 포도주병과 함께 아람 문자로 포도주의 출납을 기록한 기원전 1세기의 석판도 나왔다. 당시 포도주에 대한 기호도를 짐작할 수 있게 한다. 이와 함께 그리스의 영향을 받은 유리병, 은동제 에로스 상과 아테네 상, 그리고 40여 점의 각배

(뿔잔, rython)가 출토되었다. 발견된 보물창고는 크기가 사방 60미터나 된다고 하니, 그 속을 가득 채운 보물의 양은 실로 어마어마했을 것이다. 이러한 유물의 일부는 수도에 있는 투르그메니스탄 국립박물관에 소장되어 있다.

니사 유적의 현장과 박물관에 전시된 출토품은 헬레니즘의 전시장을 방불케 한다. 니사야말로 헬레니즘의 산실과 요람이었음을 실증해 주고 있는 것이다. 사실 니사 유적만큼 헬레니즘의 진면모를 극명하게 드러내는 유적은 드물다. 정치적으로는 오리엔트식 전제주의 왕권제도를 그대로 유지하면서도 그리스식 시민사회의 행정제도를 도입하고 있었다. 더욱 두드러진 것은 문화적 융합이다. 한 궁전 안에 전통적 조로아스터교 화단과 그리스 신상들이 공존하고, 그리스식 양조법으로 현지산 포도로 포도주를 빚었다.

특히 헬레니즘 시대에 극성을 부려 우리에게까지 전해진 각배는 그 대표적 유물이다. 원래 짐승의 뿔로 만든 이 잔은 스키타이를 비롯한 유목민족들이 술잔으로 쓰던 것을 그리스인들이 신화로 승화시킴으로써 로마에 전승됨은 물론, 헬레니즘 시대의 특징적인 공예품으로 선호되었다. 그리스 신화에서 짐승의 뿔은 '코르누코피아(cornucopia)', 즉 '풍요'를 상징하기 때문에 각배는 행복을 가져다주는 '풍요의 잔'으로 숭상하게 되었다. 이러한 상징성 때문에 니사 사람들은 각배를 받아들여 모양새뿐만 아니라, 장식도 다양하고 섬세하게 꾸몄다. 바로 이같은 상징성 때문에 헬레니즘의 동전 선상에서

큰 포도주병을 안고 있는 여인의 모습을 담은 각배.

니사 유적지에서 기원전 2세기에 출토된 다양한 모습의 각배들. 왼쪽부터 그리스 신화에 나오는 반인반마의 괴물인 켄타우로스 모양의 각배. 젊은 여자를 안고 있는 켄타우로스 형태의 각배. 독수리 머리와 날개를 가지고 있고, 뒷다리와 몸은 사자인 상상의 동물 그리핀 형태의 각배.

가야나 신라도 이러한 잔을 적극 수용해 여러 가지 형태와 크기의 토기로 변용했던 것이다.

니사 유적과 그 출토유물을 접하면서, 헬레니즘 문화의 발생과 성격에 관한 일부 오해를 새삼스레 되새기고, 새로운 모색의 여지를 절감하게 되었다. 이 문화는 어디까지나 오리엔트에서 탄생한 융합(融合)문화이지, 결코 제3의 새로운 융화(融化) 문화가 아니며, 오리엔트 문화가 그리스 문화에 일방적으로 흡수되어 생긴 동화(同化)문화는 더더욱 아니다. 따라서 헬레니즘이 '기본적으로 그리스 문화'라든가, '그리스화한 세계문화'라는 주장은 얼토당토않은 편견이 아닐 수 없다. 이러한 되새김과 더불어 헬레니즘이 서양사상을 샘솟게 한 원류의 하나라는 의미는 도대체 무엇이며, 그것을 어떻게 해석할 것인가 하는 의문을 안고 유적지 문을 나섰다. 멀어져 가는 헬레니즘의 산실을 바라보면서, 그것을 잉태하고 출산한 산고의 진실에 우리는 과연 얼마만큼이나 다가서고 있는지 자성하게 되었다.

29 채도의 길을 튼 아나우
흙살 드러낸 들판, 얼굴 내민 도자기

        니사 유적을 둘러보고 돌아오는 길에 투르크메니스탄의
건축술을 자랑하는 킵차크 마스지드(사원)에 들렀다. 킵차크 마을은 니야조프 현
대통령의 출생지다. 1948년 대지진 때 잃은 대통령의 부모와 형제를 기리기 위해
지은 이 화려한 대사원은 2005년에 준공되었다. 사원의 귀퉁이에는 1991년 구소련
으로부터의 독립을 상징하는 91미터 높이의 미나라(예배시간을 알리는 첨탑)가 우뚝
서 있다. 중앙아시아에서 가장 높은 탑이라고 한다. 카펫의 특산지답게 바닥에는 2

톤짜리 대형 카펫을 깔았다. 미흐랍(예배방향을 가리키는 벽감) 상단에만 아랍어로 경전 한 구절이 새겨져 있을 뿐, 벽면은 온통 투르크메니스탄어로 쓴 경문으로 장식되어 있다. 이슬람 사원의 벽면 문자장식을 아랍어로 쓴다는 관례를 깬 것이 이채롭다. 또한 이 나라는 탑을 쌓는 데 일가견이 있는 성싶다. 일찍이 호레이즘 왕조의 수도였던 우르겐치에는 14세기 당시 중앙아시아에서 가장 높은 쿠드르그 티무르 미나라가 지어졌고, 1995년에는 유엔 185개 국이 이 나라의 중립을 염원해 75미터 높이의 아슈하바트 탑을 세우기도 했다.

빠듯한 오전 일정을 마치고 오후 3시에 서둘러 투르크메니스탄 국립박물관을 찾았다. 박물관에서 특별히 눈에 띈 것은 카라 테페와 알틴 테페, 고누르 테페 등 기원전 4천~2천 년경의 문화층에서 나온 각종 토기류와 메르브 고성의 게오르 카라 유지에서 출토된 불두와 불경을 넣은 항아리, 그리고 니사 고성에서 발굴된 여러 형태의 각배 같은 귀중한 유물들이다. 그러나 정작 만나고 싶은 그 유명한 아나우 유적의 채도유물은 한 점도 보이지 않는다. 어찌된 영문인가. 박물관 해설원도 시원한 대답을 주지 않는다. 아마도 출토된 유물이 몽땅 바깥으로 흘러나간 데다가 근간에는 새로운 발굴 작업이 없었던 탓이 아니겠는가고 짐작된다. 그래서인지 우리의 답사일정에는 아나우가 빠져 있었다. 당국으로부터 답사 허가를 받는 데 한나절이나 걸리는 바람에 오후 5시께 동남쪽 12킬로미터 지점에 있는 유적 현장에 도착했다.

한때 '실크로드의 바그다드'라고 불린 아나우는 선사시대의 유적으로 유명한 곳이다. 특히 초기 농경문화를 실증하는 유물들이 다량으로 출토되어 일찍부터 동서 고고학계의 큰 주목을 끌어 왔다. 오아시스 육로의 요충지에서 우즈베키스탄의 부하라나 사마르칸트와 비견되는 대도시로 부상한 아나우는 몽골 침략군의 유린을 당한 데다가 1948년에 강타한 지진으로 인해 완전히 폐허가 되고 말았다. 잡초만이 우거진 들판을 한참동안 헤집고 들어가니 유적이 나타난다. 유적은 약 1킬로미터를 사이에 두고 높이 12~15미터의 남·북 두 구릉으로 갈라져 있다. 우리가 닿은 곳

아나우 유적지는 아슈하바트 동남쪽 12킬로미터 지점에 있는 기원전 3500~3000년의 초기 농경문화 유적지다. 남·북쪽 구릉의 두 부분으로 나뉘어 있는 이 유적지에서는 채도가 다량 출토되었다.

은 북부 구릉인데, 둘레는 600미터쯤 되며, 남부 구릉은 훨씬 더 커 보인다. 지금의 구릉은 아마 발굴할 때 지층을 파내면서 쌓은 흙더미인 것 같다. 이 두 구릉을 중심으로 사방에 아득히 펼쳐진 평야지대가 바로 그 옛날 아나우 자리다.

1880년대 러시아의 코모로프가 북부 구릉지대에 대한 고고학 조사를 시작한 이래, 독일의 슈미트와 미국의 휴벨트 등 서양 고고학자들에 의해 대대적인 발굴 작업이 진행되었다. 특히 1903~1904년에 미국 카네기 재단의 후원을 받은 펌펠리는 이곳에서 숱한 유물을 발견해 세상을 놀라게 했다. 지금까지의 발굴 결과에 따르면, 유적은 크게 신석기와 금속병용기를 구분해 주는 상·하 두 개의 문화층(테페)으로 이루어져 있다. 하층에서는 탄화된 밀과 보리, 소와 양을 기른 흔적이 나타났고, 상층에서는 산양과 낙타 뼈, 그리고 많은 토기가 나왔다. 두 층에서 나온 짐승 뼈만도 500킬로그램이 넘는다. 유물 가운데서 가장 큰 주목을 끈 것은 상층에서 출토된 갖가지 채도다. 이곳에서 출토된 채도는 양이나 질에서는 물론, 기형이나 문양에

아나우 유적지, 시안 반파 박물관과 산시성 박물관, 사마르칸트 고고학박물관과 역사박물관에 전시된 채도들.

서도 단연 압권이어서 채도문화 연구에 하나의 전기를 마련했다.

구릉 꼭대기에 올라 서 보니 이곳저곳에서 흙더미를 마구 파낸 자취가 눈에 띈다. 어떤 곳은 흙살을 그대로 드러낸 점으로 보아 최근에 파헤쳐진 것이 분명하다. 그래서인지 여러 가지 색깔과 무늬의 채도 조각들이 이리저리 나뒹군다. 그런가 하면 낭떠러지 흙벽을 나무꼬챙이로 후벼내도 채도 조각과 짐승 뼈가 묻어나온다. 박물관 전시실에서 유리창 너머로 눈동냥이나 하던 '역사의 큰 별똥(유물)'을 손수 캐보고 만져 보니 참으로 감개무량하다. 금방 무슨 '노다지'라도 캐낼 듯 들뜬 기분을 가까스로 가라앉히며 한 시간 반 동안의 짧은 현장 답사를 마쳤다. 조각도 유물이라 반출할 수는 없어서 몇 개만 모아 놓고 카메라에 담았다.

채도(彩陶)란 질 좋은 진흙으로 기형을 만들어 약 천 도의 높은 온도에서 구운 채색토기를 말한다. 이 토기는 대체로 붉은 바탕에 검정색과 누른색, 갈색 등의 색깔로 여러 가지 문양을 넣은 윤택하고 연마된 아름다운 토기로서, 일명 채문토기 혹은 채색토기라고도 한다. 바탕이 붉은 색인 것은 흙에 섞여 있는 철분이 산화되기 때문이며, 채색은 여러 가지 색깔의 유약을 입혀서 그렇다. 채도는 주로 농산물을 저장하는 그릇이나 생활도구로 쓰였다. 채도의 문양은 지역이나 시대에 따라 약간씩 차이를 보이고 있지만 대체로 기하학 문양과 형상 문양(동물과 인간 문양)의 두 가지로 구분할 수 있으며, 기형은 농산물 저장용기나 생활도구로서의 용도에 걸맞게 제작되었다.

채도는 신·구대륙의 농경지대에서 널리 채용됨으로써 신석기시대의 **주요한 문화권**의 하나인 '채도 문화권'을 이루었다. 특히 유라시아 대륙의 동·서 여러 곳에서 채도 유적이 연이어 발견되면서 채도 문화권과 그것을 형성 가능케 한 통로, 즉 '채도의 길'에 관한 논의가 활발하게 전개되었다. 지금까지의 발굴 결과를 보면, 가장 이른 것이 기원전 7000년께의 이라크 자모르 채도이며, 다음으로 아나우 채도가 기원전 5000년, 중국의 양소(仰韶) 채도가 기원전 3500년경으로 헤아린다. 그 사이사이에 이란의 시알크 채도와 인도의 모헨조다로 채도가 각각 기원전 5500년과 3000년의 편년을 기록하고 있다.

이렇게 보면, 약 3~4천 년의 시차를 두고 아시아의 동서에 채도라는 문명요소를 공유한 하나의 긴 문화대가 형성되고 있었음을 알 수 있다. 문제는 이러한 문화대가 자생에 의해서인가 아니면 교류에 의해서인가, 만약 교류에 의한 것이라면 그것을 실현 가능케 한 공간매체로서의 길, 즉 '채도의 길'은 어떻게 이어졌을까 하는 문제를 둘러싸고 갑론을박의 논쟁이 벌어져 왔는데, 그 핵심은 동단에 있는 양소 채도를 비롯한 중국 채도가 전래한 것인가, 자생한 것인가 하는 것이다.

1921년 당시 중국 정부의 광물지질조사 고문으로 와 있던 스웨덴 지질학자 안데르슨(J. G. Anderson)은 우연히 허난성 뤄양 서쪽의 민츠현(澠池縣) 양소촌에서 단단하고 아름다운 채도를 발견하게 된다. 이 낯선 유물에 당황한 그는 미국의 펌펠리 조사단이 작성한 『아나우 선사유적 보고서』를 구해 읽어 보고는 유물의 문양이나 기형, 낟알 등 반출품의 유사성을 근거로 이 양소 채도는 서아시아(아나우) 채도의 영향을 받아 발생했다는 이른바 '양소 채도 서래설'을 내놓는다.

일찍이 18세기 기네의 '한자 서래설', 19세기 라쿠페리의 '중국문명 바빌로니아 기원설'과 리흐트호펜의 '중국문화 동 투르크메니스탄 기원설', 포르의 '중국인 수메르 기원설'과 같은 허망한 '중국문명 서구 기원설'의 '근거' 찾기에 전전긍긍하던 서구학계에는 그야말로 가뭄에 단비였다. 이제야 그럴싸한 '유물증거'를 찾았다는 것이다. 그러나 중국을 비롯한 동양학계는 물론, 일부 서구학계에서조차도 반론을 제기해 결국 '안데르슨 설'은 수정이 가해지지 않을 수 없었다. 그렇지만

'서래설'을 주장하는 학자들은 여전히 편년상의 상차와 성형법이나 기형·문양의 상사성에서 그 논리의 합리성을 계속 고집하고 있다.

이에 반해, 중국 채도의 자생설을 주장하는 학자들, 특히 중국학자들은 서아시아와 중국 사이에 전래를 증명할 수 있는 중간환절이 결여되어 있을 뿐만 아니라, 채도가 탄생한 문화적 배경이 서로 다르다는 이유를 들어 자생설을 줄곧 견지해 왔다. 그러나 근간에 그 중간환절에 해당하는 신장 일대에서 채도가 속속 발견됨에 따라 중국 학계에서는 적어도 서로의 상관성쯤은 인정해야 한다는 분위기가 조성되고 있다. 7월 25일, 우르무치 신장 역사박물관에서 만난 쟈잉이(賈應逸) 교수도 이제는 '사상을 개방'해 자생설만 고집하지 말고 상관성에도 관심을 돌려야 할 것이라고 강조했다.

차제에 짚고 넘어가야 할 것은 한반도에서는 아직 전형적인 채도는 선보인 바가 없지만, 그 변형인 홍도(紅陶)는 여러 점 출토되었다는 사실이다. 아무튼 전래설이건 자생설이건 간에 채도를 공통적인 문명요소로 한 채도 문화대가 동·서로 길게 뻗어 있으며, 그러한 문화대는 그것을 관통한 길, 즉 '채도의 길'을 통해 가능했을 것이다. 우리는 시안의 반파(半坡)유적과 투루판의 하미, 페르가나의 나만감, 시리아의 텔 카자르, 터키의 트로이 등 중국에서 터키에 이르는 곳곳에서 발견된 채도 유물을 현장이나 박물관에서 목격하면서, 이 길의 실체를 확인할 수 있었다.

속고갱이를 파먹고 내동댕이친 미과(美果)처럼, 황막한 들판에 쓸쓸히 버려진 저 아나우 유적. 그러나 인간의 외면이나 무관심과는 달리, 아나우는 7천 년 전부터 채도 문화대의 한복판에서 '채도의 길'을 튼 주역이었다는 역사의 진실을 묵묵히 증언하고 있다.

한국인이 발자취를 남긴 땅, 페르시아
혜초가 서쪽으로 가장 멀리 간 곳

     카자흐스탄의 알마티에서 투르크메니스탄의 아슈하바트
까지 중앙아시아를 동서로 가로지르는 데 꼬박 열이틀이 걸렸다. 숱한 볼거리에 비
하면 너무나 짧은 '시간여행'이었지만, 얻은 것이 적지 않아 그나마도 위안이 되었
다. 8월 5일 이른 아침, 중앙아시아의 서쪽 가장자리에 위치한 신흥도시 아슈하바
트를 떠나 다음 목적지인 이란을 향했다. 두 나라는 코페트 산맥을 사이에 두고 접
해 있다. 차로 30분 달리니 첫 국경초소가 나타난다. 여기서부터는 국경 통과를 전

담하는 해설원의 안내를 받으며 20분 만에 출입국관리소에 도착했다. 출국수속을 마치고 20분 더 달려서야 이란 국경초소에 당도했다. 언덕받이에 자리한 이란측 출입국관리소는 드나드는 사람들로 몹시 붐빈다. 사막을 남북으로 가로지른 코베트 산맥은 산세는 그리 험하지 않으나 나무 한 그루 없는 민둥산으로, 산이 여러 겹으로 뻗어 있다. 그래서 그 산맥을 넘는 데 한 시간 이상 걸렸다.

듣던 바와는 달리 이란 입국수속은 순조로웠다. 우리를 기다리고 있던 이란측 해설원도 무척 친절했다. 수천 킬로미터 떨어진 수도 테헤란에서 국경까지 마중 나온 그는 차에 오르자마자 따뜻한 차와 시원한 물, 향긋한 당과로 우리를 대접한다. 국경 산악지대를 벗어나니 밋밋한 초원이 펼쳐진다. 한참 달리다가 시선을 서남쪽에 돌리니, 저 멀리 쭉 늘어선 산봉우리들이 아스라이 보인다. 그곳이 바로 유헤트 산맥이다. 그중에는 해발 3천 미터를 넘는 산들도 더러 있다. 문득 그 산맥 너머의 기슭에 자리한 고도 니샤부르(Neyshabur)가 떠올랐고, 더불어 그 옛날 그곳을 찾아간

투르크메니스탄에서 이란으로 넘어가는 코베트 산맥 줄기. 저 산맥 너머 어디엔가에 있는 니샤부르는 신라의 고승 혜초의 자취가 남아 있는 곳으로 우리에게 또한 각별한 곳이다.

혜초 스님의 담찬 모습이 주마등처럼 뇌리를 스쳐 지나간다. 드라마틱한 역사적 대서사시의 한 장면이다. 우리는 오랫동안 그것을 잊고 살아왔다. 하마터면 영영 모를 법도 했다. 이제 1,200여 년 전 역사의 그 현장으로 돌아가 보자.

신라 고승 혜초는 불법을 구하러 중국(당나라)에 갔다가 723년 광저우(廣州)에서 배를 타고 천축(天竺, 인도)으로 향한다. 인도양을 건너 동천축(동인도)에 상륙해 불교성지들을 두루 돌아보고 나서 남천축과 서천축을 거쳐 북천축에 이른다. 당시 서역의 요충지인 토화라(吐火羅, 토카리스탄, 오늘의 아프가니스탄)에 얼마간 머물다가 발길을 서쪽으로 돌려 파사(波斯, 페르시아, 지금의 이란)와 대식(大食, 아랍)까지를 역방한다. 그리곤 귀로에 올라 천신만고 끝에 파미르 고원을 넘어 드디어 727년 구자(龜玆, 쿠처)에 이른다. 장장 4년 동안의 '서역기행'이다. 그 여정을 기록으로 남긴 것이 바로 유명한 『왕오천축국전』이다.

1908년, 이 여행기가 프랑스의 동양학자 펠리오(P. Pelliot)에 의해 둔황 막고굴에서 발견된 이래, 여행기와 그 저자인 혜초에 관해 국내외에서 상당한 연구가 진척되어 괄목할 만한 연구 성과를 거두었다. 그러나 아직까지도 일련의 미해명 문제를 남기고 있는데, 그중에서 가장 이론이 분분한 부분은 그가 서쪽으로 어디까지 다녀왔는가 하는 문제다. 일부에서는 대불림(大拂臨, 동로마)까지 갔다 왔다는 주장도 있지만, 학계의 압도적 견해는 그가 토화라에 앉아서 페르시아와 대식, 대불림 등 인근 여러 나라들에 관해 들은 것을 기술했을 뿐, 현지에는 가지 않았다는 것이다. 그 근거로는 구법을 목적으로 인도에 간 불승이 이교인 이슬람교나 기독교가 지배하는 지역에 갈 리가 만무하다는 것이다. 그럴싸한 논리다.

그러나 구법승들이 설사 어떤 종교적 아집으로 인해 이교지역에 대한 여행을 삼갔다손 치더라도 예외는 있지 않았을까 한다. 어쩌면 여기에 혜초의 남다른 예지가 번뜩이고 있는 것이다. 사실 결과만 놓고 본다면 그의 천축 행각은 구법 수학보다는 순방성이 다분함을 발견하게 된다. 그리고 그에 앞서 법현(法顯)은 11년 간, 현장은 16년 간, 의정은 18년 간 구법을 위해 천축에 체류한 데 비해 그가 체류한 3년은 너무나도 짧으며, 그 내용도 순수 순방에 불과하다. 이러한 그가 어떤 계기나 동인으로 인해 비불교지에 갈 수도 있지 않았겠는가 하고 그 개연성을 짚어 본다. 실혜초의 「왕오천축국전」 중 파사(지금의 이란)와 대식(아랍)에 관한 기록. 이 기록에 의하면 토화라국(현 아프가니스탄)에서 서쪽으로 한 달을 가면 파사에 이른다.

제로 그 자신이 언급하다시피, 그는 이미 대식의 내침을 받은 서천축이나 북천축 지역을 여행했고, 특히 대식의 지배하에 들어가서 이슬람화가 상당히 진척된 토화라에 오랫동안 머물고 있었다. 따라서 이교지라는 이유 하나만으로 여행 가능성을 부정하는 것은 아무래도 설득력이 약하다.

이러한 반론과 더불어 여행기를 세밀히 검토해 보면 그의 여행 서쪽 끝은 토화라가 아니라, 당시 대식에 예속되어 있던 페르시아라는 결론을 얻게 된다. 우선, 내용에서 그 근거를 찾아볼 수 있다. 여행기 전편에 걸쳐 혜초는 그가 직접 다녀간 곳에 관한 기술에는 반드시 '어디서부터 어느 방향으로 얼마 동안 가서 어디에 이르렀다(從… 行… 日… 至)'라는 식의 시문구(始文句)를 쓰고 있다. 이러한 시문구가 모두 23개가 있는데, 이것은 그가 직접 방문한 곳들임을 뜻한다. 파사와 대식 여행에 관해 본문에는 "다시 토화라국에서 서쪽으로 한 달을 가면 파사국에 이른다", "다시 파사국에서 북쪽으로 열흘을 가서 산으로 들어가면 대식국에 이른다"라고 했다. 여기서 말하는 '파사국'은 전통적 페르시아를 지칭하는데, 대식국에 병합된 뒤에는 주로 남부 지역에만 한정되었으며, 북부 지역은 대식의 다른 총독부에 속해 있었다. 그래서 혜초는 대식이 파사의 북쪽에 있다고 봤다. 보다시피 이 두 문장에는 직접 답사한 곳임을 말해 주는 시문구가 그대로 적용되고 있다.

혜초가 페르시아나 대식까지 이르렀다고 보는 또 다른 근거는 이 두 곳에 관한 기술 내용이 상당히 정확하다는 점이다. 페르시아가 토화라의 서쪽에 있고, 페르시아가 대식에 병합되어 있으며, 대식국 왕이 소불림(小拂臨, 오늘의 시리아)에 가서 살고 있다는 것과 같은 내용은 역사적 사실과 부합된다. 또 이 두 나라는 '하느님을 믿고 불법은 모르며', '왕과 백성들의 옷은 한 가지로 구별이 없고', '음식을 먹는 데 귀천을 가리지 않고 함께 한 그릇에서 먹으며', '무릎을 꿇고 절하는 법이 없다'는 등 구체적인 생활상과 풍습을 묘사한 부분은 놀라울 정도로 세심하고 정확하다. 이러한 정확성은 현지를 직접 답사해 경험하지 않고는 기하기 어려운 것이다. 그밖에 파사나 대식에 관한 역사 인식에서도 이러한 정확성을 찾아볼 수 있다.

그렇다면 이제 문제는 그가 페르시아의 어느 곳까지 이르렀는가 하는 것이다. 여행기에는 그가 토화라에서 진로를 서쪽으로 잡아 한 달 후에는 페르시아에, 다시 거기로부터 북쪽으로 열흘 동안 가서 산속에 있는 대식국, 즉 페르시아에 도착했다고 했을 뿐, 구체적으로 도달한 지점을 밝히지는 않았다. 따라서 당시의 역사적 배경과 여행기의 내용을 비교 검토하는 유추의 방법으로 그 지점을 추정할 수밖에 없다. 우선, 역사적 배경을 보면, 당시 페르시아를 포함한 카스피 해 남쪽과 동쪽 지역은 대식국의 치하에 있었으며, 그 중심지는 호라산 총독부의 소재지인 니샤부르였다. 이곳은 현인과 학자들의 고향이라고까지 불리는 유명한 도시로서 실크로드 '동방통로'의 역할을 하고 있었으며, 이미 이슬람화되어버렸다. 우리는 테헤란의 '이란 유리도자기박물관'에서 그러한 사실을 확인할 수 있었다. 전시품 중 상당 부분은 니샤부르에서 출토된 3~11세기의 유물들이다. 우리의 신라 고분에서 출토된 새머리형 유리병(鳳首瓶)을 닮은 유리병도 여러 점 전시되어 우리의 눈길을 끌었다. 페르시아에서 가장 많은 중국 도자기도 바로 이곳에서 나왔다.

이와 더불어 지리적 방위와 여행 소요 기간 및 지세를 구체적으로 따져 보면, 그 윤곽이 드러난다. 지리적 방위에서 도착지는 토화라의 서북쪽에 위치하고 있는데, 거기까지의 여행 소요 기간은 총 40일이다. 혜초의 선행 여정을 감안할 때, 서행 1개월, 북행 10일이면 대체로 니샤부르 일대에 도착하게 된다. 지세를 봐도 이곳은 유헤트(Uhet) 산맥의 서남 기슭에 자리하고 있어 주변이 산으로 에워싸여 있다. 사실 이 길은 일찍이 알렉산더 대왕을 비롯해 수많은 서구 사람들이 동방으로 진출하는 길목이었다.

지금 우리는 혜초가 지나갔을 법한 그 길과 어느 지점에서 엇갈렸거나, 아니면 나란히 걸어 첫 방문지인 마슈하드를 향해 남하하고 있다. 마슈하드에서 서너 시간 거리에 있는 곳에 그의 거룩한 발자국이 찍혔으련만, 일정상 도저히 가 볼 수가 없다. 큰 절망감에 휩싸인 순간이었다. 그것은 현장 확인이 지닌 막중함 때문이다. 혜초는 한국의 첫 세계인이며, 문명교류의 거룩한 선구자다. 내로라하는 현장을 비롯해 그 누구도 혜초에 앞서 아시아 대륙의 중심부를 해로와 육로로 일주하고, 더욱이 그 서쪽 끝까지 다녀와서 불후의 현지 견문록을 남긴 사람은 없었다.

　　이 '위대한 한국인'의 체취가 묻었을 현장에 첫 발을 들여놓으면서, 내내 응어리로 남아 왔던 불효막심을 새삼스럽게 느꼈다. 우리는 아직 그의 사적비 하나 제 땅에 세워 놓지 못했고, 아무런 연고도 없는 파리의 한 도서관에 쓸쓸이 유폐되어 있는 국보급 진서인 그의 여행기 진본을 제 집으로 되돌려달라는 말 한 마디 못하고 있는 형편이니 말이다.

태양의 땅, 호라즘
천혜의 땅에 태양빛 찬란한 문명이 깃들다

　　　　1년 전(2005년 8월 6일) 답사에서는 일정이 촉박해 아슈하바트에서 이란으로 직접 향하고 호라즘(Khorazm)에는 들리지 못해 퍽 아쉬웠다. 다행히 11개월 후인 2006년 7월 5일, 일행 27명과 함께 답사 기회가 생겼다.

　　지금까지의 답사 코스로는 부하라에서 버스로 하루 종일 키질쿰(터키어로 '붉은 모래'라는 뜻) 사막의 메마른 모랫길을 헤쳐야 호라즘에 도착할 수 있었다. 그런데 최근 아슈하바트에서 정기항로가 생겨 가는 길이 한결 편리해졌다.

　　새벽 5시에 아슈하바트 공항에 도착했다. 사막 언저리라서 새벽 기온은 17도, 서늘한 편이다. 공항 청사는 새로 지은 것 같은데, 내부시설은 엉망이다. 짐을 운반하는 컨베이어 하나 없이 모든 수속이 수작업으로 진행되며, 심지어 손짐까지도 합쳐서 무게를 달아 본다. 50년 전에나 있을 법한 일이다. 투르크메니스탄 항공사 소속 소형 여객기는 정각 6시에 이륙하자 기수를 곧바로 북쪽으로 돌린다.

　　비행기는 황막하기로 이름난 카라쿰 사막을 유유히 종단한다. 서쪽 카스피 해를 향해 아스라이 뻗어 간 카라쿰 운하가 걷혀 가는 어둠 속에 흰 실오리처럼 보일까 말까 한다. 투르크메니스탄 국토의 70퍼센트를 차지하는 카라쿰 사막의 면적은 무려 35만 평방킬로미터에 달한다. 터키어로 '검은 모래'라는 뜻의 이 사막은 기복이 심하며, 주로 기온이 상승하는 바람에 모래언덕과 지하의 염분이 지표로 올라와서 생긴 '타키르'라고 하는 딱딱한 모래사막이다. 여름의 한나절 기온은 50도를 웃돌며, 가끔 불어닥치는 모래태풍은 순식간에 사막을 공포 속에 몰아넣는다. 그리고 독거미 같은 독충이 많은 사막으로도 악명 높다. 일찍이 1960년대 초 사막 한가운데 '투르크메니스탄 사막연구소'가 생겨 이 사막에 관한 연구를 진행하고 있었는데, 지금도 계속 하고 있는지 궁금하다. 인간의 삶을 야금야금 갉아먹고 있는 사막을 퇴치할 방법은 과연 무엇인가? 시대의 고민이 아닐 수 없다. 1시간도 채 안 걸려 북방의 작은 도시 다소구즈(Dasoguz, 다슈호부즈)에 안착했다.

우리가 찾아간 곳은 중앙아시아의 고대문명 중심지의 하나이자 실크로드 초원로의 요지인 호라즘(Khorazm, 일명 흐바리즘[Khebarizm])이다. 고대 그리스의 역사학자 스트라본(Strabon, 기원전 63~기원후 21)이 기원전 1세기에 쓴 책에 의하면, '호라즘'이라는 말은 '호올루즘(Kholuzm)'에서 유래되었는데, 그리스어로 '호올리'는 '태양', '젬'은 '땅'이란 뜻으로서 '호라즘'은 '태양의 땅'이라는 합성어다. 1년 중 300일이 구름 한 점 없는 청청백일이니 그런 이름이 붙여졌나 보다. 아랍어로는 하와리즘(Khawarizm)이고, 한자로는 화리습미가(貨利習彌伽: 『대당서역기』)이나 화심(火尋: 『신당서』와 『구당서』), 화랄자모(花剌子模: 『원사』) 등으로 음사했다. 아랄 해로 흘러들어가는 아무다리야 강의 비옥한 삼각지대에 자리한 호라즘은 몇몇 고대 문명 발상지와 마찬가지로 일찍부터 인간 역사가 시작된 곳이었으나, 오랫동안 미지의 세계로 남아 있었다. 그러다가 1940년대에 이르러서야 고고학적 발굴이 진행되면서 그 역사와 문화의 실체가 드러나기 시작했다.

약 200만 년 전 구석기 시대의 유물에서 인적(人跡)이 나타났으니, 그 역사의 유구함을 가히 짐작할 수 있다. 발굴 결과에 따르면, 수백 평방킬로미터의 호라즘 전역에서 1천여 개의 고대도시가 명멸했다는 것이 알려졌다. 원래 이곳에는 이란계의 인종이 살고 있었는데, 기원전 2000년경에 이미 관개농업과 가축사육에 종사하고 있었으며, 기원전 8~9세기에는 흙벽돌로 집을 지어 정착하기 시작했다. 그들은 조로아스터교를 신봉하고 독특한 역법과 도량형을 만들어 사용했다. 호라즘어는 동이란어의 일파로서 12세기까지 유행한 흔적이 보인다.

호라즘은 지정학적으로 아시아와 동유럽 사이의 완충지일 뿐만 아니라, 북방 유목민족들의 남진로 상에 위치하고 있어 일찍부터 동서남북 문명의 교류가 활발하던 지역이다. 기원전 6세기 아케메네스 조 페르시아 시대에는 그 예하의 한 주로 있다가 알렉산더 제국 시대에 처음으로 독립적 정치세력으로 부상했다. 그러다가 기원전 1세기께부터는 분열된 소국들이 하나의 왕국으로 통합되기 시작해 기원후

3세기에 이르러 비로소 토프라크 카라(Toprak Kara)를 수도로 한 호라즘제국이 정식 출범했다.

당시까지만 해도 아무다리야 강 하류는 우안의 카트(Kath)와 좌안의 구르간즈(Gurganj, 구 우르겐치)의 2대 구역으로 나뉘었다. 305년에 아프리그가 등위하면서 카트를 수도로 한 아프레기트 왕조가 제국의 뒤를 이었다. 712년 아랍 동정군에게 호라즘 전역이 점령되자 수도를 구르간즈로 옮겼다. 이때부터 구르간즈는 호라즘의 정치와 교역, 문화의 중심지가 되었다. 11세기 후반부터 12세기 초엽까지 호라즘 샤 궁전에는 비루니나 이븐 시나 등 당대 굴지의 이슬람 학자들이 모여들어 이슬람 학문세계의 한 축을 이루었다. 이슬람화가 진전되면서 호라즘제국의 강역은 부단히 확대되어 11~12세기에는 동서로는 인도부터 이란까지, 남북으로는 인도양부터 아랄 해까지의 광활한 지역을 포괄해 중앙아시아에서는 명실상부한 강국으로 군림, 주변국들과 여러 마찰을 빚어 왔다.

호라즘은 일세를 풍미한 칭기즈칸의 서정(西征)에 직접적 구실을 제공한 장본인

콘야 우르겐치에 있는 대상들의 숙박소인 사라이 문 잔해.

이다. 1218년 서요(西遼, 카라 키타이)를 공략한 몽골은 서쪽에 인접한 호라즘에 3명의 사절과 450명의 무슬림 대상을 파견해 관계수립과 통상을 시도했다. 그러나 호라즘 동변의 오트라르(Otrar) 태수는 그들을 첩보원으로 의심해 학살하고 상품을 몰수했다. 이것이 칭기즈칸 서정의 도화선이 된 유명한 '오트라르 사건'이다. 여기서 낙타몰이꾼 한 명이 구사일생으로 살아나 사건의 전말을 몽골에 보고한다. 보고를 받은 칭기즈칸은 3명의 문죄사(問罪使: 죄를 묻는 사절)를 호라즘 술탄 무함마드에게 급파하는데, 술탄은 사죄는커녕 오히려 그중 한 명을 살해하고 다른 두 명은 모욕적으로 수염을 깎아 추방한다. 이에 격노한 칭기즈칸은 즉시 쿠릴타이(quriltai: 부족 수장들의 집회)를 소집해 서정을 결정한다. 이듬해인 1221년 칭기즈칸이 이끄는 몽골 서정군이 일격에 오트라르를 격파하고 수도를 점령하자 술탄 무함마드는 카스피 해의 작은 섬 아비스쿰(Abiskum)으로 도망쳤다가 거기서 고독하게 병사한다. 그의 아들 잘랄룻 딘은 항몽전쟁을 벌이지만 결국 인더스 강 너머로 쫓기고야 말았다. 급기야 호라즘은 양분되어 남부는 차가타이 칸 국, 북부는 킵차크 칸 국의 치하에 들어갔다. 그러다가 14세기에 다시 중앙아시아에서 일어난 티무르 제국의 지배를 받게 되었다. 이 두 침략자들에 의해 호라즘은 무참히 파괴되었다.

이러한 상처가 채 가시기 전에 이 땅은 1505년 카스피 해 북부 지역에서 남하한 우즈벡족의 샤이바니 칸에게 정복된다. 이를 계기로 호라즘의 투르크화가 시작되었으며, 그 과정에서 아무다리야 강의 물길 변경으로 인해 중심지가 우르겐치에서 히바로 이동하는 역사적 격변을 겪게 된다. 힌두쿠시 산맥에서 발원해 아랄 해로 흘러들어가는 장장 2,540킬로미터에 달하는 아무다리야 강은 호라즘의 젖줄기로서 그 역사 발전에 지대한 영향을 미쳐 왔다. 17세기 전반 카스피 해로 흘러들어가던 강이 갑자기 물길을 바꾸어 아랄 해로 유입되기 시작했다. 이렇게 아무다리야 강이 물길을 자주 바꾼다고 하여 아랍어로는 이 강을 '자이훈', 즉 '미친 강'이라고 부른다. 이 물길 변경으로 인해 수도 우르겐치를 중심으로 한 강 서안은 점차 황폐화되어 가고, 대신 히바를 비롯한 동안 지역은 활기를 띠게 되었다. 그래서 수도를 동남쪽 150킬로미터 거리에 있는 히바로 옮김으로써 드디어 히바 왕국이 탄생하게 되었다. 히바는 20세기 초엽까지 약 3세기 동안 수도로서 번영을 누려 왔다. 그러다

가 러시아 시월혁명 뒤인 1920년에 호라즘 인민소비에트공화국이 세워졌다. 이어 1924년에 우즈베키스탄 사회주의공화국의 한 주로 개편되면서, 1938년엔 1646년에 건설된 신 우르겐치(오늘의 우르겐치)가 주도로 선포되었다. 이로써 호라즘은 한 국가로서의 존재를 마감하고 말았다. 호라즘 주의 면적은 6,300평방킬로미터이며, 인구는 약 140만을 헤아린다.

이 유구한 역사의 땅에서 우리가 제일 먼저 찾아간 곳은 옛 수도였던 구르간즈, 즉 오늘의 꼬흐나(콘야) 우르겐치(구 우르겐치)다. 터키어로 '우르겐치'에서 '우르'는 '치다', '때리다'를, '겐치(간치)'는 '수공 목제품'이란 뜻으로서 '우르겐치'를 직역하면 '손으로 나무를 두들겨 만든 공예품'이라고 한다. 아마 이곳이 옛날부터 수공예 목제품이 유명한 데서 나온 말 같다. 갓 지은 다소구즈 공항을 빠져나와 한참 달리니 길옆에 갑자기 큰 건물이 나타나면서 행인들이 어른거린다. 14세기 티무르 통치 시기에 지은 투르벡 칸의 묘당이다. 일설은 티무르의 처 하늄의 묘당이라고도 한다. 먼발치에서 봐도 문이 돔보다 높은 것이 특징이거니와 안에 들어가니 건축구도도 퍽 미묘하고 이색적이다. 24개의 작은 아치는 하루 24시간을, 12개의 큰 아치는 1년 열두 달의 달력을, 천장의 365개 흰줄 무늬는 1년 365일을, 하단의 4개 문은 1년 4계절을 상징한다고 한다.

여기서 얼마쯤 떨어진 맞은편 허허벌판에는 중앙아시아에서 가장 높다고 하는 쿠드루그 티무르 미나라(예배시간을 알리는 첨탑)가 우뚝 서 있다. 가까이 다가가 보니 실로 육중한 탑이다. 14세기에 지을 때의 높이는 65미터였으나 지금은 62.5미터로 좀 낮아졌다고 한다. 탑 밑 둘레가 35미터나 되는 뾰족탑이지만 몇 번의 지진에도 끄떡없다. 그러나 자세히 보면 어딘가 모르게 약간 휘어 있는 모습이다. 이론이 구구하지만, 아마 지진 때문이 아닌가 짐작된다. 이 평지에 돌출한 탑은 예배시간을 알리는 일과 등대, 또는 망루의 3중 구실을 했다고 한다. 14세기 중엽 이곳을 방문한 아랍의 대여행가 이븐 바투타의 여행기에는 탑 꼭대기에 황금 돔이 얹혀 있다고 기록되어 있으나 사실 여부는 확인할 길이 없다. 지상 6미터 높이에 문이 나 있고, 중간에 3단의 아랍어 경문이 격자식 색 타일로 새겨져 있다. 오늘도 고탑은 의젓이 서서 그 옛날의 영화를 묵묵히 증언하고 있다.

유지의 이곳저곳에 흩어져 있는 건축유물 가운데서 눈에 띄는 것은 1172년에 왕 파흐룻 딘 리즈(1156~1172)를 위해 세운 12면의 이르 아르스란 묘당과 대상들의 숙박소인 사라이 문 잔해 등이다. 특히 필자의 주목을 끈 것은 위대한 의학자 라지(854~925)의 묘당이다. 여기서 그의 묘와 만나리라고는 꿈에도 생각지 못했다. 이란 북부의 라이에서 출생한 이슬람 의학의 선구자 라지(라제스)는 의학뿐만 아니라 철학, 천문학, 연금술에도 박학다식해
총 200여 권의 저서를 남겼는데, 그중
의학서적만 117권이나 된다. 최초로 천
연두와 홍역을 의학적으로 구분하고 그
병원을 밝혀낸 걸출한 의학자다. 그의
의학서 가운데 백미는 유럽 의료학교의
교과서로 오랫동안 채택된 20권의 『의
학집성(醫學集成)』이다. 경건한 마음으
로 흐르는 땀을 훔치고 옷깃을 여민 채
묘 앞에서 머리 숙여 인사를 드렸다.

역사가 오래고 유지가 넓은 데 비해
유물이나 발굴 작업은 아직 미미하다.
매장유물이 적지 않을 텐데 알려진 것은
별로 없다. 한두 곳 묘당에서는 사람들

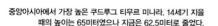
중앙아시아에서 가장 높은 쿠드루그 티무르 미나라. 14세기 지을
때의 높이는 65미터였으나 지금은 62.5미터로 줄었다.

천연두와 홍역의 병원을 밝혀낸 이슬람 의학의 선구자 라지(854~925)의 묘당.

이 경건한 마음으로 하늘을 향해 두 손바닥을 펴 들고 무언가 소원 성취를 위해 기
도에 몰입하고 있다. 이슬람 세계에서 사원이 아닌 묘당 같은 데 와서 기도를 드리
는 것은 수피즘(이슬람 신비주의)의 영향으로서 전통 이슬람에서는 삼가는 일종의
기복(祈福)행위다.

　아무튼 호라즘 문명을 이해하는 데는 좋은 기회였다. 이곳을 떠나 아무다리야 강
에서 10킬로미터쯤 떨어진 변방도시 다소구즈에 이르러 아담한 식당에서 점심을
치렀다. 닭고기 수프에 쇠고기 볶음밥은 깔끔하고 입맛에 맞았다. 쉴 참도 없이 아
무다리야 강을 지나 모래밭에 몇 겹의 철조망을 사이에 둔 투르크메니스탄과 우즈

베키스탄 두 나라 국경에 도착했다. 북새통이지만 비교적 순조롭게 출입국 수속을 마치고 다음 목적지인 히바를 향했다.

'태양의 땅' 호라즘, 스트라본은 이렇게 명명하면서 이곳엔 태양의 빛을 받아 자란 고귀한 나라들이 있었다고 기술하고 있다. 천혜의 땅에 찬란한 문명이 깃들었다는 의미다. 기름진 델타에 2백만 년 전에 이미 문명이 싹텄다면, 그곳은 분명 인류문명의 한 발원지임에 틀림 없다. 이른바 인류문명의 발원지라고 하는 '4대 고대문명론'이 도전을 받아야 할 이유의 하나가 바로 이런 데 있다.

32 박물관 도시, 히바
유적은 과거의 퇴물이 아니라 보물

국경에서 한 시간쯤 달려 드디어 목적지 히바(Khiva)에
도착했다. 역사의 무게가 켜켜이 쌓여 있는 황토빛 히바 성을 황금빛 석양이 아롱
지게 물들이기 시작한 오후 6시 무렵이다. 여장은 히바의 내성과 외성 사이에 있는
'아시아 부하르호텔'에 풀어 놓았다. 호텔에서 저녁식사를 하는데, 마침 이곳 민속
가무단(6명)이 초청되었다. 호라즘은 민속가무로 이름난 고장이다. 화려한 차림을
한 무용수들이 경쾌한 리듬에 맞춰 추는 춤과 전승 설화를 곁들여 부르는 구성진
노래 가락은 향토 맛이 물씬 풍기는 이곳만의 가무다.

다음 날(7월 6일) 아침 일찍 히바 관광에 나섰다. 어느 고대도시에 못지않은 문명
사를 간직한 히바는 아무다리야 강 하류의 비옥한 델타에 위치한 오아시스 도시로
서 고대부터 페르시아에서 카라쿰 사막의 출입구 노릇을 해 왔으며, 동서남북을
잇는 중요한 교역도시였다. 출토 유물에 의하면, 기원전 6세기경부터 성벽을 쌓기
시작했으며, 기원전 4~1세기 사이에는 내성을 중심으로 한 요새 도시가 형성되었
다. 기원후에는 쿠산 왕조의 공략을 비롯한 몇 차례의 외래 침탈을 받아 도시가 볼
품없이 망가졌지만 그때마다 신속히 복구되었다. 9세기 말 이슬람화가 시작된 뒤,
10세기 후반에 이르러서는 이찬 칼라(Itchan-Kala: 내성)와 디샨 칼라(Deshan-Kala:
외성)의 대체적인 윤곽이 잡혔다. 그러다가 16세기 초반 히바 왕국이 건국(1512)되
어 그 수도가 되면서 부단히 증축하고 개축해 오늘날의 모습으로 도시구조가 완성
되었다.

히바의 어원이나 기원에 관해 전해지는 전설이 하나 있다. 세계가 대홍수의 재난
을 겪고 있던 어느 날, 노아의 아들 신은 홍수에 쫓겨 사막을 정처 없이 배회하다가
그만 지쳐 잠이 들고 만다. 별안간 꿈 속에서 300개의 타오르는 관솔불을 보게 된

히바 이찬 칼라(내성)의 서문 성벽. 내성을 둘러싼 성벽의 높이는 7∼8미터, 두께는 5∼6미터이며 전체 길이는 2,250미터에 달한다.

다. 희망의 상징인 관솔불에서 행운을 느낀 신이 잠에서 깨어나자 모래언덕에 난데없던 배 모양의 요새가 나타난다. 신은 그 자리에서 요새에 관솔불을 걸게 하고는 우물을 파라고 명한다. 그러자 우물에서는 새 물이 용솟음친다. 사람들은 이 우물을 '헤이와크의 우물', 즉 '숨은 우물'이라고 너나없이 반긴다. 이 '헤이와크'에서 '히바'라는 이름이 유래되었다고 한다. 지금의 내성 지형은 신통히도 배 모양을 닮았고, 그 지층에서는 숱한 유물이 발굴되었으며, 서북쪽에 있는 한 우물이 바로 이 '헤이와크 우물'이라고 한다.

전체 히바 성은 크게 두 부분, 즉 내성인 이찬 칼라와 외성인 디샨 칼라로 구성되어 있다. 투르크어로 '이찬'은 '내부'나 '안쪽'을, '칼라'는 '도시'란 뜻으로서 '이찬 칼라'는 '안쪽 도시', 즉 '내성'이란 말이다. 이에 비해 흔히들 외성이라고 부르는 디샨 칼라에서 '디샨'의 어의에 관해서는 알려진 바가 없다. 다만 내성에 대칭되는 개념에서 외성이라 부르고 있는 것이다. 완벽하게 남아 있는 이찬 칼라는 모래 언덕 위에 기반을 다지고 햇볕에 말린 흙벽돌로 건물을 짓고 성벽을 쌓았다. 그래서 몇몇 채색 타일로 장식한 건물 말고는 성 전체가 황토빛 일색이나. 석삶은 세상 풍진을 겪었지만, 그 옛날의 풍치가 그대로 드러나 보인다.

내성을 둘러싼 성벽의 높이는 7~8미터이고, 두께는 5~6미터이며, 전체 길이는 2,250미터에 달한다. 성벽의 구조에서 특이한 것은 30미터 간격으로 망루와 기둥 구실을 하는 둥근 탑들이 버티고 있으며, 탑과 성벽 사이에는 톱니 모양의 난간을 설치해 통로를 만든 것이다. 성벽 외관에는 도랑을 파 물을 대는 해자(垓字)를 만들어 방어능력을 강화했다. 문자 그대로 난공불락의 요새화를 시도했다. 이에 비해 디샨 칼라는 1842년에 완성한 성벽으로서 축조에 소요된 흙은 히바 북부 2킬로미터 지점에서 파 왔는데, 그 양이 얼마나 많았는지 파낸 곳이 호수로 변했다고 한다. 그러나 이 외성은 심하게 허물어져 잔해만 남아 있다. 외성과 내성 사이에는 백성들의 주택이나 시장이 있었다고 한다.

일행은 호텔에서 가장 가까우면서 내성의 정문 구실을 하는 오타 다르보자, 즉 서문으로 들어갔다. 문은 동서남북에 각각 하나씩 모두 4개가 있는데, 남·북문 간의 길이는 약 650미터이고, 동·서문 간은 400미터쯤 된다. 면적이 26만 평방미터에 달하는 내성은 편의상 남부와 북부 두 부분으로 나눠 관람한다. 고도인데도 유물로만 보존되어 있는 것이 아니라 사람들이 살고 있으며, 더러는 사원이나 학교로 그대로 이용되고 있다. 정갈한 흙벽돌 집 사이사이로는 미로 같은 좁은 골목길이 이리저리 나 있다. 길을 잃기가 일쑤니 유의하라는 현지 안내원의 부탁이 거듭된다. 내성 내에는 총 부지 32,530평방미터에 4만여 점의 유물을 소장하고 있는 13개의 박물관과 20개의 마스지드(사원), 20개의 마드라사(신학교), 6기의 미나라가 촘촘히, 그러나 아기자기하게 배치되어 있다. 이처럼 유물의 단위당 밀도가 높은 유적은 그 어디에서도 찾아보기 힘들다. 밀도뿐만 아니라, 내용도 다종다양하고 건축술도 뛰어나며 보존상태도 나무랄 데가 없다. 이런 것이 높이 평가되어 1969년에는 '박물관 도시'로 지정되고, 1990년에는 유네스코가 전체 도시를 세계문화유산으로 등재했다.

서문에 들어서니 첫눈에 띄는 것이 오른편에 자리한 무함마드 아민 칸 마드라사다. 1855년 4년 간의 공사 끝에 완공한 이 신학교는 중앙아시아에서 가장 큰 규모의 신학교로서 넓이 71.7×60미터에 방 125개가 달린 2층 건물이다. 여기서 99명의 엘리트 학생들이 기숙하면서 이슬람 신학을 공부했다. 여기에는 또한 이슬람 최고 재판소도 함께 있어 명실공히 이슬람 신학과 '샤리아(이슬람 법)'의 구심점 역할을 했다. 지금은 건물의 일부가 호텔과 관광안내소, 환전소, 카페로 쓰이고 있어 '낡은 부대에 새 술을 담는다'는 전통 계승이나 조화를 새삼 음미하게 만든다.

음미도 채 끝나기 전에 육중한 탑이 앞을 가로막는다. 그 유명한 칼타 미나라다. 투르크어로 '칼타'는 '짧다'는 뜻으로서 칼타 미나라는 '짧은 미나라(첨탑)'라는 말이다. 여기서 '짧다'라고 한 것은 짓다가 그만둔 낮은 탑(26미터)을 빗대서 한 말이다. 그런데 히바 사람들은 이 탑을 '콕 미노라'라고 부른다. '콕'은 '푸른'이란 뜻이고, '미노라'는 '미나라'의 현지 발음으로서 '푸른 미나라'라는 뜻이다. 그것은 탑신이 푸른색 유약 타일로 장식되어 있기 때문일 것이다. 1852년에 착공해 3년 만에 중단된 이 미완의 탑에는 그만의 슬픈 역사가 스며 있다. 전하는 바에 의하면, 원래 히바국 술탄 무함마드 아민 칸은 높이 109미터의 미나라를 지어 꼭대기에서 400킬로미터 떨어진 적수 부하라를 조감(鳥瞰)하려고 했다. 상대방에 대한 일종의 멸시다. 이 소식에 접한 부하라의 칸은 앙심을 품고 탑 건축공들을 몰래 매수해 탑을 계속 짓지 못하게 했다. 격노한 아민 칸이 건축공들을 몽땅 처형하는 바람에 공사가

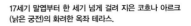
17세기 말엽부터 한 세기 넘게 걸려 지은 코흐나 아르크
(낡은 궁전)의 화려한 옥좌 테라스.

중단되었나」고 한다. 그러나 실제로
는 아민 칸이 1855년 페르시아와의
전쟁에서 전사했기 때문에 공사가
중단되고 말았다는 것이 정설이다.
기단부의 둘레가 14.2미터인 점을
감안할 때, 예상되는 탑 높이는
70~80미터에 이를 것이라는 것이
전문가들의 추단이다.

내성 한가운데 있는 코흐나 아르크, 즉 '낡은 궁전'은 '도시 속의 도시'를 표방한
복합건물이다. 1686년에 짓기 시작해 18세기 말에, 그러니까 한 세기를 넘겨서야
완공한 뒤 19세기 초엽에 다시 증축한 대형 건물이다. 칸들의 거처나 집무장소일
뿐만 아니라, 하렘이나 무기창고, 화약공장, 조폐소, 감옥 등 부대시설도 함께 설
치되어 있다. 가장 화려한 것은 2개의 나무 기둥이 받치고 있는 옥좌 테라스인데,
벽은 칠보 타일로, 천장은 적색, 황색, 녹색, 흑색의 다양한 채색 타일로 아롱다롱
장식되어 있다. 화려와 사치의 극치다. 넓이가 62×32.6미터인 중정에는 방문객을
위해 둥근 토대 위에 지었던 유르트(전통 천막) 자리가 아직 남아 있다. 하렘은 궁정
북쪽에, 왕비들의 방은 남쪽에 배치하고 있다. 궁정 입구에는 처형장이 마련되어
있고, 성벽을 따라 감옥이 늘어서 있다. 영화와 화려함을 폭압과 불의의 '사생아'
라고 한 것은 이러한 경우를 두고 한 말 같다.

여러 건물 가운데서 가장 신비스러운 느낌을 주는 곳은 주마 마스지드다. 아랍어
로 '주마'는 금요일이란 뜻이다. 일반적으로 '주마 마스지드'는 금요일에 집단예배
를 행하는 큰 마스지드를 말한다. 따라서 '주마 마스지드'는 보통명사일 수도 있고,
이곳처럼 고유명사일 수도 있다. 한 번에 5천 명을 수용할 수 있는 이 대사원은 10
세기에 지은 것인데, 그 뒤 몇 차례의 개축을 거듭했으며, 지금의 것은 18세기 말경
에 증축한 것이다. 넓이 55×46미터에 5미터의 높이를 가진 실내 예배당 천장을 3

5천 명을 수용할 수 있는 주마 마스지드의 천장을 받들고 있는 212개 나무 기둥. 기둥마다 굵기나 받침대, 조각이 다르다.

미터 간격으로 212개의 나무 기둥이 떠받치고 있다. 모두 호라즘 산 느릅나무로서 가장 오래된 4개는 10~11세기의 것이다. 기둥마다 굵기나 받침대, 조각이 다르며, 천장에는 채광과 통풍을 위한 창이 뚫려 있다. 그 창을 통해 들어오는 빛이 묘하게 굴절되어 내부는 엷게 낀 안개로 휩싸인 듯한 신비를 자아낸다. 히바인들의 심오한 미의식과 정교한 건축술을 보여 준다.

끝으로 들린 곳은 이슬람 호자 마드라사와 미나라다. 이슬람 호자는 히바의 마지막 칸인 이스푼 디야르 시대의 개혁파 대신으로서 이 신학교와 미나라는 그가 지은 것이다. 그는 호라즘의 근대화를 위해 산업을 장려하고 유럽식 학교와 병원, 우체국을 세웠으며 다리와 도로도 정비했다. 그러나 보수파들의 모해로 생매장되는 비운을 맞았다고 한다. 어느 사회에서나 근대화는 희생의 대가를 치르는 법이다. 이 건물은 히바 내성에서 가장 최신의 종교건물이라고 할 수 있다. 1층에는 42개의 방이 있는데, 면적은 43×32.5미터에 불과하다. 그러나 높이 57미터의 원추형 미나라만은 히바에서 가장 높은 명물이다. 정상에 올라가니 히바가 온통 한눈에 들어온다. 훌륭한 조망대지만, 올라

이슬람 호자 미나라 꼭대기에서 내려다 본 히바 시 전경.

목공을 배우고 있는 히바 어린이들. 히바의 목공예는 유명하다.

가기가 쉽지 않다. 폭이 40~50센티미터밖에 안 되는 118개의 비좁은 계단을 돌아 올라가야 한다. 경사가 60~70도나 되는 가파른 계단인데도 조명시설이 전혀 없어 오르내리는 데는 위험을 무릅써야 한다.

'태양의 땅' 호라즘의 심장부에 위치한 히바는 풍요와 더불어 청명한 날씨를 자랑한다. 그렇지만 근년에는 이상기후가 잦아 그 명성을 잃어 간다고 한다. 일주일 전에는 400년 만에 찾아온 혹서(낮 기온이 50~60도)로 관광객들이 나들이를 못하고 호텔에 머물다가 그만 돌아갔다고 한다. 그런데 다행히도 일행이 찾았을 때는 사정이 전혀 달랐다. 전날 뜻밖의 큰 비가 내려 폭염은 가뭇없이 사라졌다. 한국의 가을 날씨처럼 선선하다. 10여 일 간 중앙아시아의 열사에 시달려 온 일행에게는 언필칭 하늘이 내린 축복이라 하겠다. 게다가 이찬 칼라가 갈무리하고 있는 유물에서 공예품, 먹거리에서 날씨, 사람에 이르기까지 모든 것이 감명을 자아내기에 충분하다. 그래서 모두들 며칠 더 묵었으면 하는 기색이었다.

이러한 좋은 인상과 더불어 잊지 못할 추억 한 가지를 더 만들어냈다. 이찬 칼라의 골목길에서 관관상품을 거래하는 한 소녀의 안내로 손 아타샤노바 여사(54세)를 만났다. 그는 고향이 어딘지는 모르고 있으나, 말씨로 봐 함경도임이 분명하다. 할아버지 때 블라디보스토크로 살길을 찾아 갔다가 아버지 때 타슈켄트로 이주해 왔다고 한다. 지금 이찬 칼라 유물관리소 책임자로 있는 우즈벡인 남편과 결혼해 히바에 거주한 지 30년이나 된다. 원래 그는 러시아 문학 교사였으나 지금은 민박을 운영하면서 영어교사를 겸하고 있다. 최근 히바가 개방되면서 서구 관광객들이 몰려오자 현지 안내인과 관광상품 상인들에게 영어를 가르치고 있다. 그에게로 일행을 안내한 소녀가 바로 영어 수강생이다.

슬하에 2남2녀(장남 32세)를 두고 있는데, 장녀는 타슈켄트 주재 미국대사관에서 근무하고 있다고 한다. 한국말은 인사말 한두 마디밖에 못하지만, 엄연한 카레이스키(고려인)라고 자부하면서 자신의 꿈은 한국에 가 보는 것이라고 거듭거듭 강조한다. 친절을 다해 일행을 접대하는 모습이 평범한 한국의 중년 부인 그대로이다. 우리는 소박한 마음의 선물을 주고받기도 하고 얼굴도 함께 카메라에 담았다. 피는 물보다 진하기에 초면이 구면이 되는 그것이 바로 겨레붙이고 동족이다. 문 어귀에 나와 오래도록 손을 저으며 일행을 바래 주던 그 다정한 모습이 지금도 눈앞에 선하다.

히바는 '박물관 도시'답게 유적유물을 어떻게 보존하고 관리하는가에서 본보기를 보여 주고 있다. 유적유물은 역사의 퇴물이 아니라 보물이다. 그것은 어제의 증언이고 오늘의 자긍이며 내일의 길잡이다. 유적유물을 아끼고 사랑하며 그 값어치를 제대로 헤아리는 사람만이 문명인이며 미래창조형 인간이다.

짧지만 보람 있는 히바의 답사일정을 마치고 동북쪽 35킬로미터 지점에 있는 호라즘 주도 우르겐치 공항으로 향했다. 잘 포장된 길 양 옆에는 하얀 꽃송이를 머금은 목화밭이 무연히 펼쳐진다. 목화의 고장답게 목화를 모티브로 한 장식물들이 눈에 많이 띈다. 8시 20분에 공항을 이륙한 우즈베키스탄 항공사 소속 여객기는 한 시간 남짓 지난 9시 29분에 일행 28명을 목적지 타슈켄트로 무사히 날라다 주었다.

이슬람 시아파의 성지, 마슈하드
화려한 옷 갈아입은 순교의 땅

　　　　　투르크메니스탄과 이란의 국경을 이루는 코페트 산맥을 넘어서니 민둥산의 삭막함은 어느새 사라지고 푸르름 짙은 초원이 펼쳐진다. 양떼들이 옹기종기 모여 풀을 뜯는 모습이 퍽 평화롭다. 약 165만 평방킬로미터(한반도의 7.5배)의 면적을 가진 이란 국토는 절반 이상이 산악지대다. 평지의 4분의 1이 또한 사막과 황야이다 보니, 가경지는 전 국토의 4할도 채 안 된다. 그런 가경지마저도 주로 변두리 산맥들의 언저리에 몰려 있으며, 남북으로는 메마른 루트 사막과 카비르 사막이 한가운데의 이란 고원을 에워싸고 있다. 남보다 불리한 자연환경이시반, 슬기로운 이란 사람들은 이 박토(薄土)를 옥토로 일구어내고, 그 속에서 페르시아 문명을 화려하게 꽃피워 왔다. 우리는 그 향훈을 맡고자 불원천리 찾아온 것이다.

　　국경에서 한 시간 반쯤 달려서 꾸찬이라는 자그마한 읍에 도착했다. 점심시간이 훨씬 지났는데도 식당은 사람들로 붐빈다. 알고 보니, 오늘은 주마(금요일)라서 정오예배를 마치고 가족끼리 회식을 즐기는 날이다. 주 메뉴는 첼로케밥이다. 이곳은 짐승들의 먹이풀이 좋아 케밥이 유명한 고장이라고 한다. 이란어로 '첼로'는 '쌀'이고, '케밥'은 '꼬치구이'다. 꼬치는 소고기나 양고기, 닭고기 중 마음대로 고를 수 있어 우리는 양고기 첼로케밥을 청했다. 녹진녹진한 양고기 케밥 맛은 정말로 일품이다. 쌀밥 말고도 '넌(혹은 눈)'이라는 이란식 빵이 식탁에 올랐는데, 이 빵은 이스트를 넣지 않아 부풀리지 않고 얇게 노릇노릇하게 구운 것으로서 모든 음식을 싸서 먹는, 그야말로 이란 사람들에게는 주식 중 주식이다.

　　여기서 다시 두 시간쯤 달려 이란에서의 첫 목적지인 마슈하드(Mashhad)에 도착해 라레호텔에 여장을 풀었다. '라레'는 '꽃'이라는 뜻으로서 호텔을 꽃처럼 아름답게 꾸몄다는 뜻이라고 접대원은 자랑한다. 마슈하드는 이란 28개 주의 하나인 호라산 주의 주도로서 인구는 200여 만을 헤아려 이란에서는 세 번째로 큰 도시다. 마슈하드는 이란어나 아랍어로 '순교의 땅'이라는 뜻의 보통명사이기도 하나, 여기서는 고유지명으로서 이슬람 시아파의 3대 성지 중 하나다. 시아파 주류인 12이 맘파의 제8대 이맘 레자의 묘당이 있기 때문이다. 흔히 이곳을 '마슈하드 무깟다사', 즉 '신성한 마슈하드'라고도 부른다. 이곳은 매년 나라 안팎에서 1,200여 만 순례자들이 몰리는 세계적인 시아파 순례지다. 매해 200여 만이 모여드는 메카 성지순례보다 몇 배나 큰 규모다.

6~8월은 순례가 한창인 계절이다. 우리는 때맞춰 온 셈이다. 8월 6일, 이른 아침부터 거리는 순례객들로 물결친다. 이맘때면 밤낮이 따로 없이 순례객을 맞는다. 원래 이곳은 시아파의 성지라서 비무슬림들에게는 참배를 불허했으나, 지금은 개방하고 있다. 그래서인지 외국 관광객들이 눈에 많이 띈다. 현지 안내원은 전날부터 단정한 옷차림과 정숙을 거듭 당부했다. 아니나 다를까 입구에서는 소지품은 물론, 옷차림까지 단단히 단속한다. 남자라도 반바지 착용은 안 된다. 여자의 경우는 더욱 엄해서 차도르로 얼굴 외의 전신을 가려야 한다. 일반적으로 여자 쓰개에는 전신을 가리는 차도르와 어깨 정도까지 가리는 막나에, 머리만 가리는 스카프식 로사리, 그리고 얼굴 마스크 등이 있다. 차도르는 대체로 로사리 위에 우리네 장옷 비슷한 검정색 겉옷을 걸치는 것을 말한다. 외국 여인의 경우 사원 같은 성소에 드나들 때는 차도르로 전신을 가려야 하지만, 평소에는 스카프를 쓰면 된다. 이 레자 묘당에서 외국인은 여권까지 맡겨야 하니, 조금은 어이없는 느낌이 들었다. 그렇지만 로마에 가면 로마법을 지켜야 하는 터, 이해하고 따를 수밖에 없다.

무려 75만 평방미터나 되는 부지에 자리한 성소는 일괄해 '성역광장(聖域廣場, 팔라케이 하라메 무탓하르, 약칭 하람)'이라고 칭하는데, 하나의 복합적 문화도시를 방불케 한다. 중심에 있는 레자 묘당을 비롯해 나디르 샤 묘당, 의학자 샤이크 하킴 모멘 묘당(일명 곤바데 샵즈, 즉 녹색 돔), 고하르 샤드 마스지드(사원), 3개의 박물관(쿠르안 박물관, 중앙박물관, 융단박물관), 아스탄 고드스 중앙도서관, 라자비 신학대학 등 어마어마한 종교 교육 시설이 한데 어우러져 있다. 그 크기나 화려함은 이슬이란 호라산 주의 주도인 마슈하드에는 시아파 12이맘파의 제8대 이맘 레자의 묘당이 있어 성지 순례객들로 붐빈다. 묘당, 마스지드, 박물관, 중앙도서관 등이 75만 평방미터에 이르는 땅에 자리 잡은 성소는 뭉뚱그려 '성역광장(팔라케이 하라메 무탓하르)'이라 불린다. 카메라 등을 가지고 들어가지 못해, 밖에서 외벽만을 찍는 것으로 아쉬움을 달래야 했다.

람 세계에서 보기 드물 정도다. 더 놀라운 것은 이에 만족하지 않고 계속 확장하고 화려함을 보태 간다는 사실이다.

시 중심에 자리한 하람은 동서남북 네 개의 큰 거리와 연결되어 교통이 사통팔달하다. 주 입구는 서남쪽 메카 방향으로 나 있는 이맘 레자 거리에서 들어오는 정문인데, 남녀 통로는 다르다. 영내 시설물 사이사이에는 또 자그마한 5~6개의 광장이 공간을 메우고 있다. 일단 들어서면 먼저 영상실로 안내되는데, 거기서 15분 간주로 건물들의 복원 연혁을 영상물로 소개하는 홍보교육을 받는다. 817년 레자의 순교를 계기로 마슈하드가 성지로 부상한 이래, 여러 차례에 걸쳐 수니파와 몽골 침략군의 파괴, 티무르의 유린을 당했으나, 번번이 복원을 거듭해 오다가 16세기 사파비 조대에 이르러 수도가 되자 성지로서의 지위가 확고하게 굳혀졌다. 천도의 촉발제가 된 것은 이 조대의 샤 아바스 1세 왕이 당시의 수도 이스파한에서 1,300킬로미터나 떨어진 이곳까지 걸어서 순례를 한 장거와, 시아가 국교가 된 계기다. 지난 세기 초 영국과 러시아의 틈바구니 속에서 러시아군의 포격을 받은 바 있었으나 곧바로 회복되고, 1930년대에 들어서는 현대도시로 건설되었다. 1979년 이슬람 혁명 이후에는 그 위상이 더욱 높아져 지금 막 대대적인 증축공사가 진행중에 있다.

제일 먼저 들린 곳은 고하르 샤드 마스지드다. 이 사원은 티무르의 맏며느리인 고하르 샤드 여왕의 명에 의해 1405~1418년 사이에 지어진 사원으로, 부지만도 16만 평방미터에 달한다. 예배방향을 알리는 미흐랍(벽감)이 벽이 아닌 땅에 움푹 패여 있고, 순결과 경외를 상징하는 흰색으로 문양을 돋보이게 하며, 푸른 돔 천장을 얹은 것이 이채롭다.

사실 중요성으로 말하면 레자 묘당을 우선 찾았어야 하지만, 비무슬림들에게는 접근이 허용되지 않기 때문에 건너뛰었다가 돌아 나오는 길에 멀리서 바라볼 수밖에 없었다. 금빛 찬란한 황금 돔 아래에 놓여 있는 레자의 관은 촛불 속에 희미한 모습을 드러낸다. 순례객들은 울타리를 쳐 놓은 주위를 돌면서 순교자의 원혼을 달래고 축복을 기원한다. 어디선가 흰 천으로 덮은 시체 한 구를 여럿이 운구해 와서는 묘당 앞에 내려 놓고 장례기도를 하는 모습도 눈에 띄었다. 건물들의 벽장식에서는 여덟 닢의 꽃문양을 가끔 발견하게 되는데, 그 '여덟' 숫자는 레자가 제8대 이맘이었음을 상징한다고 한다. 그만큼 성인에 대한 소망과 추앙은 간절하다.

입구에 몰려 있는 3개의 박물관 중 가장 큰 것은 중앙박물관이다. 여기서 눈길을 끈 것은 16세기에 황금으로 돋음새김해 만든 레자 묘당의 문짝과 이른바 '신성한 7개 도시 융단'이다. 이 대형 융단은 메카, 메디나, 예루살렘, 나자프, 가르발라, 마슈하드, 곰 등 시아파가 성지라고 여기는 7개 도시의 이름으로 짠 것인데, 짜임새의 코의 개수가 무려 3천만 개에 달한다고 하니 그 크기를 가히 짐작할 수 있다. 옛날부터 호라산 지방은 융단을 비롯한 모직물로 이름을 떨친 고장이라서 그럴 법도 하다. 그리고 하람 주변에는 레자 바자르를 비롯해 주로 순례행사에 필요한 물품들을 파는 여러 개의 바자르(재래시장)가 성황을 이루고 있는데, 이색적인 물품 중에는 시아파들이 예배할 때 땅바닥에 놓고 이마를 맞대는 모후르라고 하는 자그마한 돌멩이가 있다. 돌에 이마를 맞대는 것은 돌같이 굳은 신앙심을 다지는 의미라고 한다.

1,200년 가까이 되는 이 모든 성역화 작업의 장본인은 이맘 레자(765~818)로 알려진 이맘 알리 알 리다이다. 그의 순교에 관해서는 엇갈리는 설들이 있다. 어쩌면 그 엇갈림 때문에 그가 전설적 성인으로 인구회자되었는지도 모를 일이다. 그는 아바스 조 5대 칼리파 하룬 라시드의 아들로 사우디아라비아의 메디나에서 태어나 35세 때 시아파 12이맘파 제8대 이맘으로 지목되었다. 그러다가 6대 칼리파인 마문이 돌연히 시아파의 저항을 잠재우기 위해 그를 자신의 후계자로 지명한다. 그의 부름을 받고 바그다드로 가는 도중 급사했다는 것이 정통사의 기록이다. 그러나 시아파는 그가 독살되었다고 믿고 있다. 그것이 사실이라면 레자는 당시 조야 수니파와 재야 시아파 간에 벌어졌던 치열한 교권 다툼의 희생양이 된 셈이다. 오늘도 이라크에서 소위 '수니'와 '시아'의 이름으로 재현되는 또 다른 패권 다툼의 일그러진 현장을 머릿속에 그려보면서 착잡한 심정을 안고 하람 광장을 나섰다.

약 30분 간 달려서 도착한 곳은 이란의 대 민족시인 피르다우시(H. A. Ferdosi, 940~1020)의 고향 투스(Tus)다. 대리석으로 지은 시인의 영묘는 아담해 보이며, 그 옆에는 유품을 전시한 전시관이 있다. 묘비의 면은 그의 대저인 민족적 대서사시 『왕서(王書, 샤흐나메)』 책장들로 촘촘히 부조되어 있다. 영묘는 그의 사후 천여 년

이 시난 1933년에 지었는데, 너무 허술해서 후에 증축했으며, 이슬람 혁명 때는 그가 이슬람에 거슬리는 정서를 가지고 있었다는 이유로 일부가 파괴당했지만, 곧 복원되었다고 한다. 성숙한 모습이다. 피르다우시는 신화시대부터 아랍 정복기까지의 이란 역사를 35년 간 무려 6만 편의 시로 엮어 이 책 속에 실었다. 그런 그는 당시 가즈니 조 술탄 마흐무드의 소외에 불만을 품고 풍자시를 썼다가 추방되기도 했다. 시인은 가셔도 시는 영원하다. 오늘도 꽃다발을 받쳐 든 추모객들이 줄지어 그의 영묘 앞에 서 있다.

문명의 모임터, 페르세폴리스
열린 마음 아름답게 피워낸 영원한 왕도

동북단에 위치한 이슬람 시아파의 성지 마슈하드를 이륙한 이란 항공기는 야음을 타고 서남 방향으로 황막한 카비르 사막과 이란 고원을 넘어 한 시간 반 만인 밤 9시 10분에 고도 시라즈(Shiraz)에 착륙했다. 밤 시간인 데다가 자그로스 산맥 기슭, 해발 1,468미터나 되는 높은 곳에 자리하고 있어 제법 시원한 느낌이 든다.

시라즈도 유서 깊은 곳이라서 볼거리가 많기는 하지만, 관광객들이 이곳에 들리

페르세폴리스 유적 들머리. 주두를 동물로 장식한 웅장한 규모의 기둥들이 열을 지어 늘어서 있다. 기념비적인 열주 양식은 고대 페르시아 건축의 두드러진 특징의 하나다.

는 것은 무엇보다도 한 관광권 내에 들어 있는 세계적 관광명소 페르세폴리스(Persepolis)를 찾아가기 위해서이다. 우리도 예외는 아니다. 이튿날 아침 일찍 도심에서 이스파한으로 가는 간선도로를 타고 동쪽으로 75킬로미터 떨어신 페르세폴리스로 향했다. 2킬로미터는 실히 될 먼 곳에서부터 벌써 높다란 석주가 우람한 공장 굴뚝처럼 아스라이 시야에 들어온다. 유적지 주차장이나 매표소, 매점, 간이우체국, 그리고 널따란 앞뜰은 명소답게 말끔히 단장했다. 25년 전 찾아왔을 때의 그 구질구질하던 모습과는 딴판이다. 그렇다면 유적지 내부는 그 모습 그대로일까. 그때와는 달리 이번 답사에서 역점을 두고 살피고자 하는 것은 '실크로드의 재발견'이라는 주제하에 일찍이 실크로드로의 서단(西段)에서 이 페르세폴리스를 통해 문명이 어떻게 소통되고 조화되었는가 하는 것이다.

페르세폴리스는 그리스어로 '페르시아의 도시'라는 뜻이다. 여기서의 페르시아는 오늘날까지도 이란 남부의 한 주 이름으로 남아 있는 '파르스(Fars)'에서 유래된 말인데, 페르세폴리스를 왕도로 삼은 아케메네스 조 페르시아(기원전 569~331)가 일어난 고장이다. 그런데 이란인들은 이곳을 '타크테 잠시드'라고 부른다. 페르시아어로 '타크테'는 '옥좌'라는 뜻이고, '잠시드'는 이란 전설 속 한 왕의 이름이다. 따라서 '타크테 잠시드'는 잠시드 왕의 옥좌라는 의미다. 건국 초기부터 '왕중왕(샤한샤, Shahanshah)'으로 자처한 통치자들은 행정중심으로서의 수도와 종교나 외교 행사지로서의 왕도를 구별해서 유지하고 있었다. 건국자인 키루스 2세는 임기응변으로 수도는 바빌론이나 에크바타나(오늘의 함단)로 정했으나, 궁성은 페르세폴리스에서 동북쪽 60킬로미터쯤 지점에 있는 파사르가데에 정했다. 마찬가지로 3대인 성군 다리우스 1세도 수도는 수사로 정했지만 왕도는 이곳 페르세폴리스로 잡았다. 남아 있는 유물로 미루어보면, 이런 궁성들이 실제적인 수도 노릇을 했음을 알 수 있다.

페르세폴리스는 다리우스 1세 때인 기원전 518년에 짓기 시작해 5대인 그의 손자 아르타크세르크세스 1세 때(기원전 469년경)에 거의 완성되었으니, 약 60년 동안 지은 셈이다. 왕도는 나즈막한 라흐마트('자비'라는 뜻) 산을 배면으로 해 높이 12미터의 인공 테라스(대지) 위에 터를 잡았는데, 총 면적은 약 12만 8천 평방미터(460×

280미터)에 달한다. 정면에는 수림이 우거진 마르브 다슈 평야가 눈 모자라게 펼쳐져 있다. 이렇게 완만한 경사지에 대지를 만들어 계단식 건물을 짓는 것은 바빌로니아식 건축법이다. 일세를 풍미한 이 거대하고 화려한 왕도는 기원전 330년 알렉산더 동정군이 지른 불로 하룻밤 사이에 잿더미로 변하고 말았다. 영존(永存)을 꿈꾸던 철옹성도 180여 년의 단명으로 역사의 뒤안길로 사라져버렸다. 이런 역사의 무상 속에 2,260년 동안이나 숨을 죽이고 파묻혀 있다가, 1931년 미국 시카고 대학 동방연구소 고고학팀의 6년에 걸친 발굴에 의해 비로소 그 영화가 유물로 재현되었다. 비록 이그러지고 빛바랜 재현이지만, 세인을 영화의 어제로 유인하기에는 충분하다.

그 어제와의 만남은 입구 좌측에서 111개의 돌계단을 밟고 올라가는 데부터 시작한다. 원래 이 계단은 통상 돌 한 덩어리로 한 계단을 만드는 방식이 아니라, 한 덩어리를 쪼아 다섯 계단으로 만든 것인데, 말을 타고도 불편 없이 올라갈 수 있도록 계단 높이는 10센티미터 정도로 했다. 일단 계단에 올라서면 4대 크세르크세스 1세가 세운 '만국의 문(다르바제 멜라)'이 나타난다. 지금은 높이 10미터 가량의 원주 몇 대만이 덩그러니 남아 있으며, 문 양 편에는 돌로 만든 목우상(牧牛像)과 사람의 얼굴에 날개돋힌 짐승 몸뚱이를 한 유익인면수신상(有翼人面獸身像)이 나타난다. 이런 수인상(獸人像)은 아시리아 미술에서 발원해 동전한 것이다. 이 짐승의 한 날개에는 크세르크세스 1세에 관한 3종 언어의 명문이 새겨져 있다. 이 문은 곧바로 의장대 사열로와 연결되며, 그 길 왼편에는 쌍두 독수리상이 이악스레 노려보고 있다.

여기서 우측으로 꺾으면 아파다나 궁전과 백주지(百柱址)에 이른다. 아파다나 궁전은 다리우스 1세 때 짓기 시작해 아들 대에 완공한 궁전인데, 주로 외국 사절을 접견하는 알현장이나 노루즈(신년) 때의 제사 장소로 쓰였다. 레바논 삼나무로 지은 천장을 받들던 높이 20미터의 72개 기둥 가운데 남아 있는 13개만 봐도 웅장했던 궁전의 규모를 짐작할 수 있다. 넓은 공간을 석조 기둥으로 떠받드는 공법은 고대 이집트에서 유래한 것이다. 그래서인지 기둥 초석에는 수련(睡蓮)으로 보이는 이집트 연꽃무늬가 오롯이 새겨져 있다. 궁전에는 동서남북에 출입문이 각각 하나

씩 있는데, 북측과 동측에는 독특한 미술사적 가치를 지닌 조공자행렬도와 사자가 목우를 습격하는 동물투쟁도가 아주 리얼하게 돋을새김되어 있다. 23개 국 조공자 (사신)들의 옷차림이나 헌상물은 각양각색이다. 아르메니아는 말을, 레바논은 금가락지를, 바빌로니아는 소를, 인도는 향수병을, 에티오피아는 상아를 각각 헌상한다. 이렇게 세계문명은 앞을 다투어 이곳으로 모여들고 있었다.

동물투쟁도는 동서미술에 자주 등장하는 모티브인데, 미술사가들은 그 원형을 바로 이 궁전의 동물투쟁도에서 찾고 있다. 뱀이 거북을 감고 있는 우리네 현무도의 발상원(發想源)도 이와 관련지을 수 있을 성싶다. 아파다나 궁전에 나타난 목우와 사자 및 그 투쟁의 상징성에 관해서는 학계의 견해가 좀 엇갈린다. 목우는 겨울을, 사자는 여름을 대표하는 동물로서 그들 사이의 투쟁은 계절의 이동을 표현한다는 설이 유력하다. 이것은 우리의 사신도에 등장하는 동물의 성질과 배색(配色)을 춘하추동의 4계절에 맞추어 동 청룡을 봄, 서 백호를 가을, 남 주작을 여름, 북 현무를 겨울로 배정하는 동양사상과 상통한다고 볼 수 있다. 그밖에 사자는 왕을, 목우는 적을 상징하므로 사자가 목우를 덮치는 것은 왕의 절대적 통치를 시사한다는 일설도 있다. 그리고 눈길을 끈 것은 조공하는 스키타이인들이 쓰고 있는 고깔형 모자인데, 우리 조상들이 써 오던 절풍모(折風帽)와 신통하게도 닮은꼴이다.

유지에서 가장 큰 공간은 사방 70미터의 부지에 100개의 기둥 흔적이 남아 있는 백주지(혹은 '백주의 방')다. 크세르크세스 1세 때 착공해 아들 대에 완성한 공간인데, 알현장 아니면 군대나 가신들의 회의장으로 추정된다. 서쪽 벽에 있는 왕이 단검으로 짐승을 찌르는 '악마와 왕의 투쟁상'은 악에 대한 왕의 제압을 뜻한다. 그런가 하면, 남쪽에 있는 '옥좌의 왕상'에서는 28개 속주의 신민들이 옥좌를 받들고 있는데, 왕의 머리 위에는 조로아스터교의 최고신 아후라 마즈다를 상징하는 '날개 달린 태양'이 그려져 있다. 이것은 당시 신과 왕, 신민 간의 상하관계를 여실히 보여 주고 있다. 그리고 별전으로는 '겨울궁전'이라는 뜻을 지닌 다리우스 1세의 대리석 궁전 타차라(일명 '거울의 집')와 '거주를 위한 궁전'이라는 뜻으로 합성궁(合成

크세르크세스 1세가 세운 '만국의 문'은 페르세폴리스를 대표하는 유적 가운데 하나다. 사람 얼굴과 짐승의 몸을 한 인면수신상이 문 양쪽을 지키고 서 있다.

'만국의 문' 부근에 있는 돌로 만든 목우상. 구슬 띠 장식을 두른 말 조각상은 오늘날 이란에서 페르시아 문화유산을 대표하는 상징물로도 알려져 있다.

宮)이라고도 하는 크세르크세스 1세의 별전 하디슈가 있다. 이 합성궁은 가운데 36개의 원주 자리가 남아 있어 그 크기를 가늠케 하며, 그 남쪽에는 하렘(왕비의 거실)이 있다.

이 유지의 정중앙에 자리한 중앙궁전은 회의실로서 동남북 3방향에 문이 하나씩 나 있어 일명 삼문궁(三門宮, 트리필론)이라고도 불리는데, 북측 계단에는 메디아인과 페르시아인들이 모여 회의하는 생생한 모습의 부조가 남아 있다. 동문 입구에는 속주 신민들이 다리우스 1세의 옥좌를 받들고 있는 모습도 보인다. 바닥에는 이 유지의 중앙 지점임을 알리는 사방 1미터쯤 되는 검은 돌이 박혀 있다. 이러한 화려함과 웅장함에 더해 우리를 더더욱 놀라게 한 것은 동남쪽에 있는 보물창고다. 알렉산더가 1만 마리의 당나귀와 5천 마리의 낙타로 창고에 소장된 보물을 엑바타나

다리우스 1세가 지은 아파다나 궁전 출입문에 새겨져 있는 사자와 목우의 투쟁도. 동물투쟁도는 동서미술에 흔하게 등장하는 도상으로 고구려 벽화의 사신도 도상과 연관이 있는 것으로 추정된다.

(오늘의 함단)로 운반해 갔다고 하니, 그 엄청난 규모를 가히 상상할 수 있다. 이후에 우리는 테헤란 박물관에서 여기서 발견된 황금잔을 보게 되었다. 그밖에 부속 박물관에는 당대 여러 문명의 집합상과 교류상을 보여 주는 각종 도자기와 장식품, 항아리, 동전, 타다 남은 천조각 등 출토품들이 전시되어 있다.

　3시간 동안 둘러보고 나서 서북쪽으로 6킬로미터 떨어진 낙쉐로스탐으로 발길을 옮겼다. 도중에 관광객들을 위한 라비 타부스 식당에서 점심을 먹었다. 향긋한 꽃과 싱싱한 나무가 우거지고 물고기가 노니는 연못까지 갖춘 운치 있는 식당이다. 이란어로 '낙쉐'는 '조각'이나 '회화'라는 뜻이고 '로스탐'은 전설 속 한 영웅의 이름이다. 이곳은 한마디로 암굴묘군(岩窟墓群) 유지인데, 가파른 낭떠러지 암굴에 4명의 왕이 묻혀 있다. 암벽을 향해 왼쪽으로부터 아르타크세르크세스 1세, 크세르

페르시아 제왕들의 암굴묘인 '낙쉐로스탐'. 낭떠러지에 굴을 뚫어 제왕 4명의 무덤자리를 마련한 십자형의 특이한 얼개다.

크세스 1세, 다리우스 1세, 다리우스 2세의 순이다. 다리우스 1세 외에 세 기의 묘
주인에 관해서는 이설이 있다. 그밖에 아르타크세르크세스 2세와 다리우스 3세의
묘는 페르세폴리스 배면산(背面山)인 라흐마트 산 중턱에 있다.

　이 4기의 묘형은 기본상 동일하다. 묘실 표면은 십자형이고, 상부에는 피장자의
상이나 묘비, 옥좌를 메고 있는 이른바 '옥좌메기'상, 아후라 마즈다의 신상 등이
그려져 있으며, 하부에는 기마전투도 등이 부조되어 있다. 크세르크세스 1세와 다
리우스 1세 사이에 있는 높이 7미터에 달하는 대형 '기마전승도'에는 260년 에데사
에서 사로잡힌 동로마제국 황제 발레리아누스가, 말 위에 앉아 있는 사산 조 페르
시아의 샤푸르 1세 앞에 무릎을 꿇고 있는 장면이 생생하게 묘사되어 있다. 그리고
이곳에서 얼마 떨어지지 않은 곳에는 사산 조 시대의 위풍을 보여 주는 낙쉐 라잡

암각유적이 있는데, 여기에는 왕들의 대관식 장면과 성직자들의 활동상 등이 그려져 있다.

　아케메네스 조 페르시아는 유라시아 중심부에 우뚝 섰던 최초의 세계적 통일제국이다. 대대로 문화적 절충주의와 포용성을 표방하여, 당시로서는 가장 뛰어난 문명요소들을 적극 섭취하고 창의적으로 조화시켜 소중한 인류 공동유산을 창출했다. 유적 유물의 세세한 부분에서도 발견할 수 있는 것처럼 왕도 페르세폴리스는 명실상부한 '문명의 모임터'로서 그 여진은 실크로드를 타고 멀리 동방 일각에 있는 한반도까지 미쳤다.

35 페르시아의 얼굴, 시라즈
조화와 포용의 미덕이 묻어 있는 다민족 도시

　　페르세폴리스와 그 부근의 유적들을 돌아보고 시라즈
(Shiraz)로 돌아왔다. 들머리는 시 동북방에 있는 '쿠르안 문(다르바제 쿠르안)'이
다. 시라즈의 현관이라고도 불리는 이 문은 보기에 그리 크지는 않지만 어딘가 모
르게 단아하고 엄숙한 느낌이 든다. 18세기 잔드 조(1750~1794) 때 여행자들의 안녕
을 기원해 세운 이 문 위에는 건국자 카림 한에 의해 만들어진 경전 『쿠르안』을 넣
어 두었던 자그마한 방이 지금도 남아 있다. 그 서쪽 벼랑에는 몇몇 유지들의 묘당
과 찻집이 있으며, 시가지가 한눈에 내려다보이는 전망대도 있다.

　예로부터 시라즈는 '페르시아의 얼굴'이라고 알려져 왔다. 일국의 얼굴이란 그
나라의 됨됨이나 색을 대표하거나 상징한다는 뜻이다. 시라즈는 여러 면에서 페르
시아의 흠잡을 데 없는 '얼굴'이다. 원래 '페르시아(오늘의 이란, 중국의 기록에는 파
사[波斯])'란 이 나라 개국의 터전이었던 남부 지역을 일컫는 '파르스'에서 유래된
말이다. 그런데 그 파르스의 심장부는 줄곧 시라즈를 중심으로 한 주변지역이었
다. 오늘도 파르스는 이란 28개 주 가운데서 인구 400여 만을 헤아리는 상위권 주로
서, 그 주도가 바로 시라즈다. 요컨대 시라즈는 페르시아를 잉태하고 키운 요람인
셈이다.

　사실 '페르시아'라는 말은 기원전 6세기 중엽 파르스 지방에서 출범한 아케메네
스 조 시대부터 지금까지 2,500여 년 동안 이란의 대명사로 사용되어 왔다. 숱한 조
대가 바뀌어도 그 기조에는 늘 '페르시아'라는 전통개념이 깊이 뿌리박혀 있었다.
그러다가 팔레비 왕조 때인 1935년에 이르러 국호를 오늘의 '이란'으로 개명했다.
페르시아인 대부분이 기원전 2000년경에 남러시아 초원지대에서 이란 고원으로
흘러들어온 인도-유럽계의 아리안 후예들이기 때문에, 그들의 이름을 따서 '이

시라즈의 이슬람 성소인 이맘 알리 이븐 함자 묘당의 정면. 9세기 건축물이다.

란'이라는 국명을 채택한 것이다. 그러나 서방에 경도된 팔레비 일족이 '탈아입구(脫亞入歐)', 이른바 '후진' 아시아를 벗어나 '선진' 유럽에 들어가려는 약삭빠른 속셈은 아니었는지 역사는 되묻고 있다.

페르시아의 요람답게 시라즈 지역은 오랫동안 나라의 터줏대감 노릇을 해 왔다. 외래의 아리안들이 기원전 7세기에 지금의 서북부 함단에 첫 국가인 메디나 왕국을 세웠지만, 얼마 못가서 기원전 6세기 중엽에 남부 파르스 지역에서 일어난 아케메네스 조에게 멸망하고 만다. 신흥 아케메네스 조(기원전 550~333) 페르시아는 인더스 강에서 이집트에 이르는 중앙아시아와 서아시아의 광대한 지역을 아우르는 첫 세계적 통일제국을 건설했다. 이 제국은 초기에는 시라즈의 북동 130킬로미터 지점에 있는 파사르가데('페르시아인의 본영'이라는 뜻)에 왕도를 두었다가, 30년이 좀 지나서는 동쪽으로 75킬로미터 떨어진 페르세폴리스로 옮긴다. 이 왕조를 이어 출현한 파르티아 조(안식[安息], 기원전 248~기원후 225) 페르시아는 헬레니즘의 온상으로서 페르시아적 순수성을 얼마간 희석시키고 만다. 그렇지만 그 뒤를 이어 파르스에서 일어난 사산 조(기원후 226~651) 페르시아는 아케메네스 조의 전통 계승자로 자부하면서 조로아스터교(배화교)를 국교로 삼고 역사적 전통성을 되찾는 등 페르시아주의를 표방했다.

그러나 아랍-이슬람군의 동정에 의해 나라가 망하고 이슬람화가 된 이래, 7세기 중엽부터 15세기 말엽까지의 약 800년 동안은 아랍, 몽골, 터키 등 타 민족의 지배

시라즈의 대표적 상징물인 도심 들머리의 '쿠르안(코란) 문'. 나그네가 먼 길을 떠나거나 남녀가 혼례식을 치른 뒤 반드시 통과하는 의례의 문이기도 하다.

를 받은 수난기로서 고유의 팔레비 문자 대신 아랍 문자가 쓰이고 민족종교인 조로아스터교는 이슬람교로 대체되었다. 그러나 페르시아 고유의 얼과 혼은 사그라지지 않고 살아서 숨쉬고 있었다. 티무르제국의 쇠퇴기에 투르크 부족의 연합체인 백양조(白羊朝)를 무너뜨리고 이스파한을 수도로 삼아 건국한 사파비 조(1501~1732)는 페르시아에서 주류를 이룬 시아파 이슬람교를 국교로 선포하고 강력한 민족국가 건설을 지향했다. 그러다가 다시 아프가니의 내침을 계기로 나라가 혼란에 빠지자 카림 한은 시라즈에 잔드 조(1750~1794)를 세워 국난을 타개한다. 잔드 조는 800년 만에 일어선 순수 페르시아계 왕조로서 이 시대의 유적 유물들이 지금까지 시라즈에 많이 남아 있다.

이렇게 시라즈는 역사의 고비마다 수호신마냥 페르시아의 정체성을 지켜 왔으며, 오늘로 이어지는 수많은 전승과 영광을 유산으로 남겨 놓았다. 그리하여 시라즈는 하나의 박물관 도시를 방불케 할 정도로 유적 유물이 곳곳에 널려 있다. 일정상 오래 머물 수 없어 두 시인의 영묘를 돌아본 후 잠깐 시내 관광에 나섰다. 시 중심을 이루는 슈하다(순교자) 광장에 이르니, 낮 시간이라서 그런지 비교적 한산하다. 광장 동쪽에는 시라즈의 상징이라고 하는 카림 한 고성이 우람한 자태를 드러내고 있다. 네 모퉁이에 원탑이 세워진 이 사각형 성채는 원래 잔드 조 건국자 카림 한의 거성이었으나, 후대에 와서 감옥으로 쓰이기도 했다고 한다.

성채 바로 곁에 파르스 박물관이 자리하고 있다. 이 건물은 잔드 시대에 영빈관으로 지었으나, 카림 한의 유언에 따라 그의 관을 안치한 묘당이 되었다. 그러나 잔드 조를 멸한 북부 투르크멘 출신의 카자르 조(1780~1924) 창건자 아가 무함마드는 후환이 염려되어 관을 테헤란으로 옮겨버렸다. 지금은 관 자리에 카림 한이 패용하던 도검 한 자루만이 덩그러니 놓여 있다. 박물관에는 오래된 경전 판본과 시라즈 일대에서 출토된 유물들이 전시되어 있다. 슈하다 광장의 서쪽에는 비교적 현대적인 이맘 후세인 광장(일명 세타드 광장)이 있고, 남쪽에는 구시가지의 저잣거리가 쭉 늘어서 있다.

시라즈는 지리적으로 남쪽의 페르시아 만과 북쪽의 내륙 각지를 이어 주는 요로에 위치하고 있어서 행정·군사·교역의 거점 구실을 해 왔으며, 땅이 기름져 농사와 목축업이 흥했다. 오늘날의 시라즈는 대체로 7세기 우마위야 조 아랍제국 시대에 이라크 총독의 관할하에 본격적으로 건설되기 시작했다. 부와이흐 조 때인 10세기에 궁전과 병원, 도서관 등을 짓고 시가를 정비했으며, 11세기에 처음으로 둘레 19킬로미터에 12개 성문이 달린 성벽이 축조되었다. 14세기 중엽 일 칸 국 시대에 이르러서는 성벽을 개축하고 도성을 17개 구역으로 나누었으며 성문도 9개로 줄었다. 시라즈는 천은(天恩)을 입은 고도라고들 한다. 10세기 이래 열 차례나 지진(19세기에 두 차례 대지진)이 일어났으며, 몽골과 티무르의 내침을 받았으나 크게 손상을 받지 않았다. 894년에 지은 가장 오래된 자미아 마스지드(일명 아티그 마스지드, 사파비 조 때 개축)와 잔드 조의 대표적 사원인 와킬 마스지드(1773)를 비롯한 사원들과 이맘 알리 이븐 함자 묘당, 1615년에 지은 마드라사 한(신학교) 등 유물들이 그런대로 잘 보존되어 있어 시대상을 여실히 증언하고 있다. 오늘날 시라즈 대학은 이란 3 대 명문대학의 하나로서 이곳의 학문과 교육의 전통을 이어 가고 있다.

이란 사람들이 자랑하는 조화외 포용의 미딕이 묻어 있는 곳이 바로 시라즈다. 그 옛날부터 유태인들이 차별 없이 이곳에 거주해 왔으며, 아랍-이슬람 정복 후에는 아랍인들이 대거 몰려와 이른바 함세족(아랍인과 페르시아인의 혼혈족)이라는 새로운 종족이 태어났으며, 16세기 이후에는 아르메니아인들도 이주해 와 삶의 터전을 마련했다. 1937년에 이란식으로 지어져, 최초의 페르시아어 성경 번역본이 보관되어 있는 성 시몬 교회는 이곳의 명소로 꼽히고 있다. 인구 120만을 헤아리는 시라즈는 다민족 혼성도시다. 절반을 약간 넘는 아리안계 페르시아인과 투르크족, 셈족, 기란-마잔다란족, 쿠르드족, 투르크멘족, 심지어 집시족 등 다양한 인종이 이웃하며 살고 있다.

시라즈는 장미의 도시다. 어디를 가나 향긋한 장미가 대지를 수놓고 있다. 가장 이름난 곳이 에람 정원(바게 에람)이라는 이야기를 듣고, 여름해가 뉘엿뉘엿 질 무렵 시 서북쪽에 위치한 그곳을 찾아갔다. '에람'은 페르시아어로 '낙원'이라는 뜻이다. 정문에 들어서니 오른편에 울긋불긋한 장미원이 펼쳐진다. 이곳 장미는 5~6월이 한창이라서 한물가기는 했지만, 여전히 색깔이 산뜻하고 녹진한 향기를 풍긴다. 이 정원은 19세기 에람 궁전을 지으면서 조성한 것인데, 장미 말고도 갖가지 꽃과 나무가 어우러져 사실은 하나의 수목원이다. 지금은 정문 바른편 언덕 위에 자리한 시라즈 대학 임업학과 학생들의 실습장으로도 겸하여 쓰고 있다. 특히 길 양옆에 도열이나 하듯 늘어선 20~30미터 높이의 삼나무가 인상적이다. 3대 절화(折花: 가지째 꺾는 꽃)의 하나인 장미는 동서양 모두에게 인기 만점의 꽃이다. 오늘날 우리가 원예종으로 재배해 감상하는 아름다운 장미꽃들은 동서교류의 산물이다. 원래 동양과 서양에서 야생하던 원종이 19세기 이후 서로 만나 교접함으로써 비로소 오늘날의 600~700종 개량장미가 선을 보이게 된 것이다. 그 교류의 징검다리가 바로 이 시라즈 장미다.

에람 정원에서 우리는 이스파한에서 여행 온 5명의 여중생들을 만났다. 머리에 검정 로사리를 쓴 여학생들인데, 우리에게 먼저 영어로 인사를 건네면서 이것저것 물어 온다. 알고 보니 영어로 말하는 훈련을 하기 위해 다가왔다고 했다. 킥킥거리며 수줍어하는 모습이 역력하지만, 천진난만하고 활기차 보였다. 그들의 얼굴에서 이란의 밝은 미래를 읽을 수 있었다. 우리는 카메라를 바꿔 가면서 기념사진을 찍었다. 숲 속으로 사라질 때까지 손을 저으며 우리를 바래 주었다.

시라즈는 낭만의 도시다. 그 페르시아적 낭만을 불러온 데는 포도주가 한몫 단단히 했다. 오늘날은 이슬람 율법에 묶여 술 소리를 입밖에 낼 수 없지만, 지난날은 결코 그렇지 않았다. 포도주가 없었던들, 시성 하피즈는 작시를 그만두었을 것이라는 것이 시단의 정론이다. 원래 카스피 해를 낀 페르시아 지방이 포도의 원산지 중 하나인 데다가, 시라즈는 옛날부터 포도주로 유명하다. 오늘날 많은 사랑을 받고 있는, 달콤한 맛이 특징인 호주산 '시라즈' 포도주는 아마도 이란의 고도 시라즈에 그 연이 닿은 것 같다.

시라즈를 페르시아의 얼굴로, 요람으로 만든 정신적 바탕에는 문학예술, 특히 시문학이 자리하고 있다. 그래서 시라즈를 시의 도시라고도 한다. 그 선봉에는 이곳 출신의 2대 시인이 서 있다. 그들의 시세계에 관해서는 다음 장에서 이야기할 것이다. 아무튼 시라즈는 페르시아의 산실인 파르스의 심장으로서 심한 역사의 부침 속에서도 시종 변함없이 그 역정을 대변하는 얼굴로, 그 힘을 보듬어 키운 요람으로 자리매김되어 왔다.

이란의 시성, 하피즈
신 비 의 허 로 영혼 달랜 페르시아의 이태백

"시를 읊었더냐, 진주를 꿰었더냐,

하피즈여, 그대의 시,

하늘의 별 목걸이를 쏟아 붓는다."

이것은 이란의 시성(詩聖) 하피즈(Hafez, 본명은 Khajeh Shams-ed-Din Mohammed)
가 자신의 시에 내린 자평이다. 그의 시야말로 당대의 고갱이를 알알이 주워 담고
샛별처럼 어둠을 비쳐 준다는 뜻이다. 자화자찬 같지만, 시성다운 호기다. 당시
이란 시인들이 마지막 행에 자신의 호를 넣어 시작(詩作)을 마무리하는 것은 하나
의 관행이었다. 그것은 언필칭 자신감의 표현이기도 하다. 이제 그 호기를 확인해
보기로 하자.

이란 사람들이 고도 시라즈에 와서 제일 먼저 찾는 곳은 왕릉이나 박물관, 사원
이 아니라 두 위대한 시인의 영묘다. 그것은 그저 현인을 추념하는 참배 이상의 의
미가 있기 때문이다. 그들은 시인의 묘나 시비 앞에서 시인을 불러내 대화하면서
마음속의 응어리를 풀고 삶의 길을 찾으며, 미래의 축복을 기원한다. 그래서 시라
즈를 '시의 도시'라고 한다. 이 두 시인은 바로 이곳 출신의 사디와 하피즈다. 그러
나 사디를 비롯한 기라성 같은 이란 시인들 가운데서 최고의 시성은 하피즈다. 이
란 가정이라면 경전과 하피즈의 시집만큼은 으레 갖춰져 있다고 할 정도로 하피즈
는 교조 버금가는 성인으로 추앙받고 있다.

우리가 먼저 찾은 곳은 호슈크 강 북안에 자리한 서정시인 사디(Sa'di, 본명은
Muslif Ibn Abdulah, 1207~1291)의 영묘다. 돔형 입구를 지나 대리석 관이 놓인 묘실
에 들어갔다. 관면에는 시인이 남긴 시구가 가득 새겨져 있다. 그는 민족 수난기인

숲으로 둘러싸인 아름다운 정원 속에 자리한 이란의 대표적 서정시인 사디 영묘의 전경. 위대한 시인을 추앙하고 그의 영혼과 대화하고자 하는 사람들이 찾아오는 곳이다.

몽골 강점기에 활동한 신비주의 탁발 시인으로서 30년 동안 북아프리카와 중동 전역, 중앙아시아와 인도 등지를 방랑하면서 세태를 경험한 뒤 초로에 고향 시라즈에 돌아왔다. 만년에 운율시 『과수원』(부스탄, 1257), 산문과 운문을 배합한 『장미정원』(굴리스탄, 1258)과 같은 명작을 남겼다. 메카 성지순례를 14차례나 했을 정도로 독실한 무슬림으로, 작품에서는 주로 이슬람적 신비주의 도덕을 서정적으로 설교하고 있다. 시인이 평소 즐기던 각종 장미로 아담하게 가꾼 정원 속에 영묘가 있다. 묘실 벽은 모자이크 타일로 화려하게 장식했다. 아름다운 장미 무늬를 두른 쪽빛 타일 판에는 9행시 『과수원』을 비롯한 그의 몇몇 시편이 오롯이 새겨져 있다. 지금의 영묘는 1864년에 개축한 것인데, 도서관과 더불어 지하에는 금붕어가 노니는 작은 풀과 차이하네(찻집)가 마련되어 있다.

여기서 차로 15분 거리에 시성 하피즈(1324?~1389)의 영묘가 있다. '하피즈'는 이

이란 최고의 시성으로 추앙받고 있는 하피즈의 영묘. 공원처럼 개방돼 있어 밤에도 참배객들이 찾아온다.

슬람에서 경전을 '암송한 사람'이라는 뜻의 고귀한 존칭이다. 정문에 들어서니 고
즈넉한 뜰 한가운데 여덟 개의 원주에 떠받쳐 있는 돔형 팔각정이 나타나는데, 그
바닥에는 대리석 관이 놓여 있다. 참배객들은 너나없이 관에 살포시 손을 대고 쓰
다듬곤 한다. 어떤 이는 시인의 시집을 들고 와서 경건하게 관을 마주해 낮은 목소
리로 읊조리기도 한다. 그들 모두의 얼굴에는 죽은 자와의 어떤 교감이 서려 있는
듯하다. 역대의 많은 시인들이 죽어서 이 묘당 곁에 묻히고 싶어 했는데, 지금까지
는 10여 명만이 그런 행운을 잡았다고 한다.

하피즈는 몽골제국 예하의 일 칸 국(1258~1353) 말기에 태어나 15세기 초 다시 티
무르제국의 지배하에 들어갈 때까지 약 50년 동안의 난세에 활동한 풍운의 시인이
다. 그의 삶과 활동을 지탱케 한 이념적 바탕은 당대를 풍미한 수피즘(이슬람 신비
주의)이다. 수피즘은 한마디로 인간이 신비의 체험을 통해 자기를 소멸(파나)함으
로써 '신과의 합일'에 도달할 수 있다는 사상이다. 너무나 막연하고 경외심만을
강조하는 전총 신관(神觀)에서 벗어나 신(알라)과 좀 더 가까이하면서 궁극적으로

는 신과 함께하는 영원으로 가려는 욕망을 반영해 8세기경부터 나타난 것이 바로 수피즘이다.

수피(수피즘 신봉자)들은 신비의 체험을 하면서 길고도 험난한 길(타리카)을 걸어가는 순례자라고 자부하는데, 그 길은 하나하나의 상승단계(마캄)로 이어져 끝내는 자기소멸(파나), 즉 '신과의 합일'의 최종단계에 다다른다. 상승단계의 구체적 과정에 관한 견해는 학자마다 다르기는 하지만, 대체로 회개와 참회, 단념과 포기, 금욕과 절제, 청빈, 인내, 신에 대한 의탁, 신비적 직관인 영지(靈智), 오직 신만을 애모하는 사랑, 만족, 자기소멸 등으로 보고 있다. 수피들은 단계마다 신의 은총에서 오는 신비로운 영적 심리상태(할)를 체험하게 된다. 이러한 독특한 신관을 가지고 출현한 수피즘은 13세기에 이르러 이론적으로 체계화되면서 도처에 종단이 결성되어 활발한 종교사회운동으로 발전했다. 그 중심에는 시종 이란이 자리하고 있었다.

하피즈는 철저한 수피로서 수피즘을 기조로 한 시 세계를 펼쳤다. 그는 어려서부터 신학과 더불어 문학에 남다른 소질을 갖고 교사로 일하면서 시 창작에 잠심몰두한다. 그가 시성으로서의 자리를 굳히게 된 것은 가잘이라는 서정 연시(戀詩) 장르에 수피즘을 완벽하게 구현했기 때문이다. 그는 한 편이 7~14행으로 이루어진 가잘 569편과 루바이아(4행시) 42편, 그리고 카시다(애도시) 몇 편을 남겼다. 하피즈는 전통적인 운율을 따라 시의 '음악성'을 살리면서도 꾸밈없는 소박한 언어표현으로 심오한 사상을 주입함으로써 사람들의 심금을 울린다. 그는 번뜩이는 시상과 풍부한 언어로 한 시편 속에 주제의 일치성보다는 사상의 연속성을 관철하는 데 주안점을 둔다. 그래서 흔히들 그를 향해 '신비의 혀'니 '언어에 관한 최고의 음악가'니 하는 찬사를 보낸다.

하피즈의 가잘은 사랑과 술을 주 모티브로 하고 있다. "하피즈여, 그대 눈에서 눈물의 씨가 철철 뿌려지니, 아마 이 새 같은 연인은 나의 덫 속에 있을지어다." "그대 사랑의 외침이 간밤에 나의 마음을 울리나니, 하피즈 가슴속의 공간은 그 메아리로 가득하다"라고 자신의 절절한 사랑을 솔직히 고백한다. 그리고는, 그 사랑의 꺼짐을 염려해 "오, 불 밝히는 궁정처럼 연인의 애정이 스며 있는 집, 신이여,

하피즈의 영혼과 교감하듯 영묘의 대리석관을 쓰다듬는 참배객들.

시내의 재난으로 그 집 폐허로 만들지 마소서"라고 애절하게 기도한다. 이렇듯 강렬한 시인의 연모는 단순한 인간에 대한 끽싱식 언노라기보다는, 차라리 신(알라)에 대한 이성적 연모라는 평가가 더 적절하다. 그래서 시인은 "장미는 내 가슴에, 술은 내 손에, 연인도 내 곁에 있으니, 그런 날엔 세상의 군주도 나에겐 한낱 노예일 뿐." "나의 종단(수피즘)에선 술이 허용(할랄)되거늘, 장미 같은 몸매 당신 얼굴 없이 술 마시는 건 금기(하람)라네"라고 신격인 연인과 '신과의 합일'에로 이끄는 무아지경의 상징인 술과의 불가분의 관계를 역설하고 있다.

하피즈의 가잘에서 술은 차원 높은 은유를 바닥에 깐 모티브다. 수피인 그에게 술은 '자기소멸'로 '신과의 합의'에 이르게 하는 영적 심리상태의 촉발제다. 왜냐하면 "신은 창세 이래 술 이외의 선물은 주지 않았고", "내 존재의 토대는 취하면서 쌓아 갔으며", "슬픔의 약은 술"이며, 또한 잠시드(페르시아 전설 속의 왕)처럼 술잔을 통해 세상 일을 읽을 수 있기 때문이다. 그래서 시인은 술을 '신의 이슬'로, 어둠을 밝히는 '빛'으로, '불타는 루비'로, '이성의 집'으로 여기면서 취함에서 깨달음을 얻고, 술잔에서 연인의 얼굴을 보며, 취한 눈에서 기쁨을 찾는다. 시에 자주 등장하는 사키(술 따라 주는 자)는 신의 뜻을 전달하는 자로 둔갑하며 그와 늘 교감한다. 요컨대, 하피즈에게 술은 결코 저질스런 주색이나 주벽 개념이 아니다.

이 대목에서 주선(酒仙) 이태백을 떠올리게 된다. 600여 년의 시차를 뒀음에도 두 시인은 그렇게도 닮은꼴이다. 이태백의 조상은 원래 페르시아어권 내에 속했던 쇄엽(碎葉, 오늘의 키르기스스탄 토크마크)에서 왔다는 일설이 있으며, 두 사람 다 한때는 궁정시인으로 있다가 쫓겨난 이력도 동병상련이다. 도달한 술의 경지에서도 막상막하다. 술에서 울금의 향기가 풍기고, 술잔에서 호박빛이 발하며, "술 마시니

수심이 날아갔네(酒傾愁不來)"는 이태백의 고백이다. "붓을 대면 비바람도 놀랐고 시가 이루어지면 귀신을 울게 했으며(筆落警風雨 詩成立泣鬼神)", '술 한 말에 시 백 편(斗酒詩百篇)'이라는 이태백에 대한 두보의 평가는 하피즈에게도 피장파장으로 해당되는 말이다.

시성 하피즈라는 큰 그릇에는 연모와 술로 은유화된 가잘뿐만 아니라, 심원하고 기발한 그의 인생관과 세계관이 함께 담겨져 있다. "인생의 역(수피즘의 상승단계)에서 기쁨과 평안은 순간, 낙타 방울은 가마 문을 닫으라 하네, 또 다른 역을 향해"라고 끊임없는 수양을 독려하고, "이기심 때문에 모든 일 구경에 오명만 남기니"라고 이기심을 꾸짖으며, "하피즈여, 고난 속에서도 밤낮으로 참으라, 종국엔 그대 소망 이루어지리"라고 인내를 주문한다. "사막에서 물이 멀리 떨어져 있거늘, 정신 차리라, 악귀가 아지랑이처럼 그대를 속이지 않도록"이라고 어려울 때일수록 미혹에 빠지지 말며, "하피즈여, 세상의 정원에서 가을바람에 괴로워 마라, 이성적으로 따져 가시 없는 장미가 어디 있더냐"라고 고진감래의 인생철학을 설교한다. 그런 가 하면 "난 가난을 존경하며 재물의 만족을 원치 않나니, 왕께 여쭈어라, 하루 세 끼는 신이 주신다"고 청빈을 떳떳해 하며, "노년기에 젊은 시절처럼 사랑에 빠졌네"라고 하면서 잠깐인 짧은 인생을 즐기라고 이슬람의 성선설(性善說)을 되뇌기도 한다.

시인은 종교사회운동으로서의 수피즘의 이념을 여러 모로 대변하고 있다. "누구도 마지막에는 무덤 속의 한줌 흙, 고대광실이 하늘을 찌른들 무슨 소용인가", "원하는 자 누구든 오고 원하는 자 누구도 말하네, 이 왕궁엔 거만도 오만도 없고 시종도 문지기도 없네", "정신이 온전하든 취했든, 모든 이는 연인의 추종자, 모든 곳은 사랑의 집, 이슬람 사원이든 유대 교회든 신은 어디에나 있다"라고 만민평등과 종교무차별을 역설한다. 그리고 "우정의 나무를 심으면 마음속에 선한 열매를 거두고, 악의 싹을 뽑지 않으면 고통의 수렁으로 빠질 테니"라고 권선징악을 설파하면서 친구들과의 우정을 소중히 여기기도 한다.

하피즈의 시는 주변의 아랍세계에는 물론, 멀리 서구에까지 큰 영향을 미쳤다. 19세기 독일의 대문호 괴테는 그를 '대적할 자가 없는 시인'이라고 극찬하면서 은

유나 상징어 등 그의 시적 소재들을 본받
아 서정 연시집 『서동시집』(1818)을 펴냈
다. 이 시집에는 괴테와 연인 마리아네
사이에 오간 편지가 수록되어 있는데, 그
중에는 하피즈 시집 『디반』의 장과 페이
지, 시행의 숫자를 언급한 암호편지가
들어있으니, 그 감응력을 가히 짐작할

수 있다. 니체도 「하피즈에게」라는 송시를 썼다고 한다. 300여 년 전 유럽에서 그
의 시집을 번역하기 시작한 이래 지금까지 수십 종의 언어로 번역 출판되었으며
유엔에서도 그의 가잘 50편을 엄선해 책으로 펴낸 바 있다.

이 모든 것을 되새기기에는 턱없이 짧은 시간이었지만, 묘당 참배를 마치고 곁달
린 차이하네(찻집)에 들렀다. 참배객들은 삼삼오오 여기서 차를 마시고 물담배도
피우며 다리쉼을 한다. 이란의 전통적 다도(茶道)는 좀 특이하다. 보통 찻물에 설탕
을 풀어 마시는 것이 아니라, 찻물을 마신 뒤 각설탕을 입안에 넣어 차 맛을 조절한
다. 그리고 이곳에서는 가끔 시낭송 모임이나 추념식 같은 행사도 연다고 한다. 그
런가 하면 꽃과 나무가 우거진 묘당 정원은 시민들의 산책공간이기도 하다. 한마디
로, 여기는 역사 속으로 사라진 죽은 자의 으슥한 무덤 자리가 아니라, 그들이 오늘
의 산 사람과 대화하고 교류하는 삶의 현장이다. 위인은 육체적으로 한 번만 죽을
뿐, 사람들의 기억 속에서 사라지는 또 한 번의 죽음을 당하지는 않는 법이다.

37 석류의 고향, 시르 쿠흐
페르시아 향기 한반도에 전한 생명의 과일

      시라즈에서의 꽉 짜인 일정을 그런대로 소화하고 이란 고원의 언저리에 자리한 야즈드(Yazd)를 향해 아침 일찍이 출발했다. 자그로스 산맥의 첩첩연봉들을 멀리하면서 차는 동북 방향으로 달린다. 이 산맥에서 흘러내리는 야튼한 고루츄 강이 사막의 메마른 땅 한 가닥을 적셔 주고 있다. 찻길과 나란히 흐르다가 어디론가 사라져버린다. 두 시간쯤 달려서 시라즈에서 동북쪽으로 130킬로미터 떨어진 고도 파사르가데에 도착했다.

석류의 고향 시르 쿠흐(사자산)로 가는 길. 사막 지대 특유의 황량한 산들과 그 아래 짙푸른 석류나무 숲이 대조적이다. 계절이 일러 석류가 붉게 익진 않았지만 나무마다 주렁주렁 열려 있었다.

시라즈 동북쪽 130킬로미터 지점에 기원전 6세기 세워진 아케메네스 조 페르시아의 첫 도읍인 파사르가데 왕궁 터. 돌기둥 잔해들만 남았다.

　'페르시아인의 본영'이라는 뜻의 파사르가데는 세계 첫 통일제국이었던 아케메네스 조 페르시아의 첫 왕도다. 기원전 539년에 이 왕조를 세운 키로스 대왕은 메디아군을 격파한 이곳에 왕궁을 짓고 왕도로 삼았다. 간선도로에서 6킬로미터가량 들어가니 우선 널따란 평지 한가운데 피라미드 형으로 돌 기단을 쌓아 올린 무덤이 우뚝 서 있다. 사방이 11미터쯤 되는 이 네모꼴 무덤이 바로 키로스 대왕의 무덤이다. 조로아스터교의 신앙에 따르면 죽음은 불결하기 때문에 시신을 신성한 흙 속에 파묻는 것은 허용될 수 없으므로 이렇게 돌로 기단을 쌓고 그 위에 시신을 얹어 놓았다고 한다. 7세기 이슬람군이 쳐들어 올 때까지만 해도 이 무덤은 솔로몬 어머니의 무덤으로 알려져 있었기 때문에 이슬람군으로부터 화를 면했다고 한다.

　이 왕도 터에는 두개의 궁전과 조로아스터교 신전, 솔로몬의 감옥, 창고 등 웅대한 규모(부지 둘레가 3,100미터)와 화려한 건축술을 말해 주는 흔적들이 고즈넉이 남아 있다. '만국의 문'에 들어서니 8개의 방이 달린 중앙 홀이 나타나는데, 천장을 떠받치고 있던 지름 80~90센티미터에 높이 16미터나 되는 어마어마한 돌기둥 잔해들이 눈에 띈다.

　여기서 3시간쯤 달려 어느 한 마을을 지나는데, 이곳에 있는 큰 나무 그늘이 길손들의 쉼터라고 하기에 찾아갔다. 나무는 신화에나 나올 법한 거목 사이프러스다. 듣던 바대로 몇 백 년의 수령을 헤아리는 이 나무의 밑둥치는 어른의 세 아름은 실히 되고 키는 30미터가 넘으며 우거진 잎새가 던지는 그늘은 그 지름이 20미터나 된다. 이 뙤약볕 사막에서 길손에게 시원한 그늘을 드리워 주면서도 대가 한 푼 안 받는 이 너그러운 음덕(陰德), 오늘 그 음덕을 먼저 누린 이는 우리가 아니라 집시들이다. 알록달록한 옷차림의 집시들이 그늘 밑에 옹기종기 모여 있다. 우리 일행이 다가가자 호기심에 찬 조무래기들이 한꺼번에 우르르 몰려든다. 그들의 습성을 잘 아는 우리로서는 각별히 유의하지 않을 수 없었다. 그들에게 남의 물건을 채고 훔치는 것은 하나의 생존방식으로서 전혀 문제되지 않는다. 그러나 모두 지극히 소박하고 선량한 사람들이다.

일가족 혹은 몇 가족이 무리를 지어 떠돌아다니는 이 방랑자들은 원래 히말라야 산맥 기슭에 살던 인도계 인종의 하층민으로서 9세기경부터 역사 무대에 등장했다. 점차 서방으로 이동해 14~15세기에는 유럽 각지에 모습을 드러낸다. 그들이 쓰는 말은 산스크리트계의 언어와 비슷했으나, 지금은 마구 뒤섞여서 분간하기 어렵다. 유럽에서는 자칭 롬이라고 하여 그들의 언어를 로마니어라고 한다. 집시는 영국인들이 만들어낸 타칭이다. 그들은 집시들이 이집트에서 온 사람들인 줄 알고 '이집션'이라고 불렀는데, 여기서 어두음이 말소되면서 '집션', 즉 집시가 되었다고 한다. 그들을 가리켜 프랑스에서는 '보헤미안'이라고도 한다. 사실 집시의 역사나 명칭에 관해서는 이설이 너무나 많다.

오늘날 180~400만을 헤아리는 집시들의 역사는 인종차별과 멸시로 얼룩진 수난의 역사다. 15세기 말 스페인은 집시들의 유랑 생활을 금지한답시고 그들을 추

파사르가데를 지난 뒤 한 마을에서 만난 집시 가족이 취재진에게 인사를 하고 있다.

방하거나 종신형에 처하는가 하면 심지어 귀를 자르는 만행까지 서슴지 않았다. 그 후 유럽에서는 얼토당토아니한 단속법이나 처벌법에 걸어 그들을 무자비하게 탄압했다. 그러니 그들은 끈질긴 생명력으로 갖은 울분과 애환을 특유의 정열적이며 흥겨운 춤과 노래로 승화시켜 세계 악무사의 한 페이지를 장식하고 있다. 저 구성진 플라밍고에는 그들의 이 모든 삶이 고스란히 녹아 있다. 우리는 바로 지금 그들과 함께 있다. 멜론을 나누어 먹으며 정답게 기념사진도 찍었다. 보이지 않을 때까지 손을 저으며 바래 주던 그들의 모습이 지금도 눈앞에 선하다.

이제부터는 불모지의 사막지대다. 햇볕도 한결 더 뜨겁다. 옛 대상들이 머물던 사라이(숙소)의 잔해만이 군데군데 쓸쓸히 남아 있다. 사막을 꿰뚫는 수로공사를 하느라고 이곳저곳 파헤친 자리가 드러나며, 아직 땅 속에 묻지 못한 굵직한 수도관이 사람의 손길을 기다리며 모래바닥에 그대로 누워 있다. 자금난 때문에 공사가 중단되었다고 한다. 아무튼 황막한 사막을 개조해 보려는 이란 사람들의 의지만은 가상스럽다. 사막을 한 시간쯤 달리자 길 좌우에 듬성듬성 나무숲이 나타난다. 고불고불한 산길을 한참 달려 해발 2,500미터에 달하는 정상을 넘어서면서부터는 나무숲이 산을 뒤덮고 있다. 대부분은 한창 물이 오른 짙푸른 석류나무다. 하산하는 데만도 30여 분이 걸렸다.

이 산이 바로 석류의 원산지인 시르 쿠흐다. 페르시아어로 '시르'는 사자(獅子)고, '쿠흐'는 산이라는 뜻이다. 이를테면 사자산이다. 왜 '사자산'이라고 했는가에 대해서는 전하는 바가 없으나, 옛날부터 이 산이 석류의 원산지라는 데는 이의가 없다. 산 기슭엔 독수리 머리 모양을 한 산봉우리가 마을 어귀를 지키고 서 있다고 해서 독수리마을이라는 이름의 오붓한 마을이 있다. 이 마을 중심을 지나는 큰 길 한가운데 이 고장이 석류의 고향임을 알리는 커다란 석류 가장물이 설치되어 있다. 긴 타원형의 잎사귀를 가진 2~3미터 높이의 석류나무는 가지가 무성하며, 가지마다 덜 익은 노르끄레한 석류가 몇 개씩 달려 있다.

이렇게 우리는 한 시간 동안이나 새콤달콤한 향이 풍기는 석류 숲속을 거닐었다. 석류는 오랜 경작역사를 자랑하는 과일 중 하나다. 이집트의 피라미드 벽화에 그려져 있는가 하면, 성서에도 여러 번 나온다. 원산지 페르시아에서는 '생명의 과일',

'지혜의 과일'로 알려져 왔다. 그것은 그 속에 질병 치료와 건강에 유효한 여러 가지 성분이 함유되어 있기 때문이다. 클레오파트라와 양귀비가 즐겨 먹었다고 해서 '미녀는 석류를 즐긴다'라는 말까지 나왔다. 더욱이 근간에 이란 주변의 중년여성들이 갱년기 장애를 거의 겪지 않는다는 사실이 밝혀지면서 석류가 '갱년기 여성에게 제2의 생명을 준다'는 말이 나돌아 어디서나 주목을 끌고 있다. 또한 씨를 담뿍 품고 있는 석류는 다산(多産)을 상징한다고 해 예로부터 여성들의 복식 무늬로 인기가 높다. 씨는 식용뿐 아니라 설사나 이질, 복통 같은 질병을 치료하는 수렴제(收斂劑)로, 껍질은 염료나 구충제로, 마른 나무는 귀중한 목재로, 버릴 것 하나 없이 귀중하게 쓰인다.

바로 이 때문에 석류는 급속하게 세계 각지로 퍼져나갔다. 중국의 경우, 기원전 3세기 한 무제의 사신으로 대하(大夏, 박트리아, 오늘의 아프가니스탄)에 갔던 장건(張騫)이 그곳에 전해 온 페르시아산 석류를 들여 와 중국에 보급시켰다. 한반도에는 8세기경에 중국으로부터 들어 온 것으로 보이며, 조선시대 복식 유물에서 석류 무늬를 찾아볼 수 있다. 이렇게 보면 석류는 저 멀리 이란과의 유대를 맺어 준 고마운 매체다. 그러한 석류를 매만지는 순간 문득 시공을 초월한 두 지역 간의 교류상 일단이 머리에 떠올랐다.

한반도에서 출토된 몇 가지 사산계 유물이 이러한 교류상을 실증해 주고 있다. 대표적인 것으로 1959년 경북 칠곡군 송림사 5층 전탑에서 발견된 금동제 사리함 속에 사리병(높이 7센티미터)을 넣어 둔 유리그릇이 있다. 7세기 초의 작품으로 추정되는 이 쪽빛 유리그릇에 사산계 무늬의 특징인 환문(環紋: 고리무늬)이 있는 점으로 미루어 사산계 유리그릇임을 쉽게 유추할 수 있다. 5~6세기의 고신라 고분에서 출토된 유리기구들이 주로 후기 로마유리계에 속한 것이라면, 7세기에 나타난 유리 제품은 사산계에 속한 것이 많다. 이러한 사실은 동서 문명교류라는 큰 흐름 속에서 고신라와 통일신라시대 문화가 보여 준 상이성과 그 변모를 상징적으로 시사해 준다. 이 점에서 송림사 유리그릇이 갖는 문명교류사적 의미는 대단히 크다.

그밖에 경주박물관에는 황룡사 목탑지 사리공에서 발견된 화수대금문금구(花樹對禽文金具: 꽃나무를 사이에 두고 짐승이 마주한 무늬의 금구)라는 은제 그릇과 경주 일

경주에서 발견된 '입수쌍조문석조유물'. 나무를 한가운데 두고 두 마리 공작이 마주하고 있는 도상으로서 전형적인 사산계 대칭문양이다.

대에서 출토된 입수쌍조문석조유물(立樹雙鳥石造遺物: 나무를 사이에 두고 두 마리 새가 마주한 석조유물)이라는 돌 유물이 소장되어 있는데, 그 무늬가 독특해서 학계의 큰 주목을 끈 바 있다. 연구 결과 이 두 유물은 모두가 사산계 특유의 무늬를 지녔음이 밝혀졌다. 나무를 사이에 두고 새가 상대해 있는 이른바 대칭무늬와 바깥에 원주대를 만들고 그 안에 진주를 촘촘히 박아 넣는 연주문(聯珠紋) 형식이다. 앞의 송림사 사리함 속의 유리그릇은 사산 조 페르시아로부터 전래되고, 이 황룡사 사리함 속의 은제금구와 석조유물은 사산계의 조각기법을 받아들인 창작품으로 판단된다.

페르시아로부터의 석류와 유리제품의 유입, 무늬의 수용은 당시 한반도와 페르시아 간에 진행되었던 교류의 한 단면을 여실히 보여 주고 있다. 그 역사의 파노라마를 머릿속에 그리면서 그 현장을 확인하는 답사의 길은 자못 가벼울 수밖에 없었다. 때는 2005년 8월 8일(월요일) 오후 5시부터 6시 사이다. 시르 쿠흐 산 너머로 뉘엿거리는 여름 해를 등지고 40킬로미터 더 달려서야 조로아스터교의 성지 야즈드에 당도했다.

38

조로아스터교의 성지, 야즈드
신 성 의 불 꺼 지 지 않 는 침 묵 의 땅

이란 고원의 언저리에 자리한 야즈드(Yazd)는 고풍이 물씬 풍기는 유서 깊은 사막의 도시다. 고불고불한 골목길을 사이에 두고 다닥다닥 붙어 있는 흙벽돌집들은 중세의 티를 벗어나지 못한 채 오늘의 삶을 갈무리하려고 몸부림치고 있는 성싶다. 알렉산더 대왕이 지었다는 감옥은 도시가 오래됐음을 말해주고, 이란에서 가장 높은 52미터의 자니아 사원(15세기 지음)의 미나레트는 오늘도 시가 전체를 도도히 굽어보고 있으며, 셀주크 시대의 12이맘 영묘는 성역화되어 있다. 일찍이 1270년대 마르코 폴로는 이곳을 지나면서 받은 인상을 '매우 훌륭하고 당당한 도시로서 활발한 무역'이 진행되고, 상인들은 이곳에서 만들어지는 '야스디(야즈드)'라는 비단옷을 교역해 많은 이익을 얻고 있으며, 주민들은 이슬람교를 신봉한다고 여행기 『동방견문록』에 적고 있다. 야즈드에 대한 역사적 증언으로 자주 인용되는 말이다. 그러나 그 증언에는 간과한 점이 하나 있다. 이 고장이 조로아스터교의 발원지이자 성지라는 사실이다. 이슬람의 포위 속에서 오늘의 야즈드를 있게 한 데는 이 점이 큰 몫을 하고 있는 것이다.

그래서 야즈드에서의 답사일정은 조로아스터교의 흔적을 찾는 데 초점을 맞췄다. 메마른 사막의 지평선에 긴 여름해가 가물거릴 무렵, 우리 일행은 그 흔적을 가장 오롯이 남겨 놓고 있는 이른바 '침묵의 탑'으로 급행했다. 시 남쪽 변두리 사막의 나지막한 언덕에 각각 높이 50미터와 70미터쯤 되는 흙모래 산 두 개가 나란히 마주하고 있다. 그곳이 바로 '다크메이 자르토슈티얀', 즉 '조로아스터교 신도의 장지'인데, 일반적으로 '침묵의 탑(타크메)'이라고 부른다. 이러한 '침묵의 탑'은 이곳만이 아니고, 조로아스터교 신도들이 있는 곳이면 장지로서 으레 있게 마련이

다. 우리는 입구에서 오른편에 있는 여자들의 장지인 낮은 '탑'을 택했다. 비스듬히 경사진 나선형 길을 따라 정상에 올라서 보니 안지름이 10미터, 높이 5미터가량으로 원형 흙벽돌 벽이 둘러져 있으며, 바닥 한가운데 구덩이가 움푹 패여 있다. 오랜 풍화작용과 방치 속에 지금은 형체를 알아볼 수 없는 한낱 허물어진 유적일 뿐, 설명 없이는 그 속내를 도시 알아낼 수 없다. 그래서인지 이름 모를 유령들이 배회하고 있다는 으스스한 느낌을 지울 수가 없었다.

최초의 계시종교인 조로아스터교(일명 마즈드교)에서는 영혼과 육체를 분리시켜, 영혼은 영원하지만 육체는 일단 죽으면 불결한 흉물로 변해 신성한 흙이나 물, 불과 접촉할 수 없다고 한다. 그래서 토장이나 화장은 할 수 없는 터, 결국 시신은 땅과 분리된 높은 곳에 얹어 놓고 독수리 같은 새가 뜯어 먹게 해 그 존재를 없애버려야 한다는 것이다. 시신을 구덩이 위에 올려 놓으면 새가 와서 뜯어 먹고, 살이 삭아지면 걸러진 백골만이 아래로 굴러 떨어져 마치 탑처럼 차곡차곡 쌓이게 된다. 죽은 자니 침묵할 수밖에 없고, 또 시체는 불결하니 침묵해야 할 것이다. 그래서 이 조장(鳥葬)의 장지를 '침묵의 탑'이라 일컫는가 보다. 맞은편에 있는 남자들의 장지인 더 높은 '침묵의 탑'도 생긴 구조나 하는 구실은 똑같다고 한다. 다만 이쪽은 여자, 저쪽은 남자의 장지라는 것이 다를 뿐이다. 아마 여자 시신은 여자들이 운구해

야즈드에 있는 두 개의 '침묵의 탑'. 왼쪽 높은 탑(높이 70미터)에는 남자의 주검을 얹고 오른쪽 낮은 탑(높이 50미터)에는 여자의 주검을 얹어 놓아 새들이 뜯어 먹게 하는 '조장'의 장소다.

야 하니, 힘이 덜 드는 낮은 곳에 장자를 마련할 수밖에 없었을 것이다.

조장은 지금도 티베트나 네팔 같은 곳에서 행해지고 있는 일종의 매장법인데, 원래 하늘과 더불어 새를 신성시하는 신앙에서 비롯된 것이다. 이러한 신앙에 따르면 새는 인간의 영혼을 하늘로 운반하는 매개체이며 영물이다. 그런데 그 운반과정을 단축시키기 위해, 이를테면 새에게 빨리 뜯기기 위해, 별별 끔직한 짓을 불사하는 관행이 있는가 하면, 여러 가지 미신도 엉켜 있다. 조로아스터교의 경우, 사자의 오른쪽 눈이 먼저 파먹히면 선인으로 낙원에 가고, 왼쪽 눈이면 악인으로 지옥에 떨어진다는 속설이 있다. 그러나 이란은 이러한 매장법이 전근대적이란 이유로 70여 년 전에 법으로 금지시켜 지금은 토장을 한다. 토장을 한 공동묘지가 바로 이 '침묵의 탑' 기슭에 자리하고 있다.

이 이색적인 종교에 대한 호기심은 이튿날의 참관에서 더더욱 부풀어졌다. 여러 개 사원 가운데서 가장 중요한, 그리고 이교도의 참관이 허용되는 아테슈카데 사원을 찾았다. 아테슈카데는 페르시아어로 '불의 집'이라는 뜻이다. 시 중심에 있는 베헤슈티 광장에서 카샤니 거리를 따라 '침묵의 탑' 방향으로 5분쯤 가니 크림색 담장을 두른 사원 건물(1934년에 지음)이 나타난다. 정면 상단에는 선신으로 섬기는

아후라 마즈다를 상징하는 날개 펼친 새 모양 문장이 걸려 있다. 좌우 날개와 몽둥이의 쪽빛 타일에 페르시아어로 '바른 생각, 바른 행동, 바른 말'이라는 3대 준칙이 횡서로 쓰여 있다. 60이 넘은 한 사제의 안내를 받으며 안을 둘러봤다.

사원이자 박물관이기도 한 이곳에서 가장 주목을 끄는 것은 1,532년 동안이나 꺼지지 않고 지펴 있는 불이다. 유리창 너머로 간들거리는 불꽃이 희끄무레하게 보인다. 원래 남부 파르스의 아잘파란바흐 사원에 보존되었던 불씨를 이곳으로 옮겨 온 것이라고 한다. 살구나무 같은 단단하고 바싹 마른 나무를 사르는 불이다. 2,500여 년의 긴 역사를 자랑하는 조로아스터교의 끈질긴 생명력을 피부로 느끼는 순간이다. 이 종교에서 불은 선신의 상징 중 하나로서 불을 통해 신의 본성을 깨달을 수 있다고 믿을 뿐, 불 자체를 숭배하는 것은 아니다. 따라서 불을 숭배하는 종교인 양 '배화교(拜火敎)'로 한역한 것은 재고되어야 할 것이다. 그밖에 천교(祆敎)라는 한역도 있는데, 이것은 조로아스터교를 화천(火祆), 즉 '불의 신'을 믿는 종교로 오해한 데서 나온 오역이라고 추단된다.

입구의 맞은편 벽에는 전형적인 성화(聖畵)기법으로 그린 교조 조로아스터의 초상화가 걸려 있다. 조로아스터에 관해서는 17세기 말 프랑스의 앙케틸에 의해 『벤디다드』 같은 경문이 발견되면서부터 조금씩 알려지기 시작했으나, 지금까지도 숱한 베일에 싸여 있다. 본명은 페르시아어로 차라투스트라인데, 영어로 조로아스터라고 불린다. 오늘의 이란 서부 쉬즈 지방에서 기원전 7~6세기에 태어난 그는 어려서부터 세상사, 특히 존재의 의미에 관해 고민과 사색을 거듭하던 끝에 약관 20세에 속세를 등지고 입산 칩거하면서 명상에 잠기고 금욕생활을 시작한다. 드디어 30대에 신으로부터 예언자로 점지되어 계시를 받고 설교에 나선다.

8년 동안 정직, 바른 사고, 정의, 겸손, 성취, 불멸 등 신의 속성을 대변하는 여섯

조로아스터교의 상징인 아테슈카데 사원 안의 1532년 된 불씨.

명의 최고 천사(아메셔 스판드)를 만나
교리를 다듬고 전파하는 데 진력했으나
여의치 않아 실망했을 때 악령이 찾아
와 종교를 버리라고 종용한다. 그러나
그는 분연히 거부하고 동부지방의 발흐
(오늘의 아프가니스탄 영내)로 자리를 옮
긴다. 2년 간 투옥되는 시련을 이겨내
고 끝내 왕을 설복해 그의 보호와 후원
을 받기에 이른다. 왕은 1만 2천 마리
의 소가죽을 무두질해 햇볕에 말린 후
그 위에 경전 『아베스타』를 쓰도록 명
한다. 그때 만들어졌다고 하는 경전이
전해진 바는 없다. 그는 한 유목민과의
'성전'에서 77년 간의 생을 마감한다.

석가, 공자, 소크라테스 등 기라성
같은 현자들이 동서양에서 자웅을 겨루는 경천동지(驚天動地)의 시대에 그 완충지
에서 태어나 활동한 조로아스터는 단연 그들 반열의 선구자였다. 근 2천 년이나 지
난 후에도 철학자 니체는 명저 『차라투스트라는 이렇게 말했다』(4부의 철학적 산문
시, 1883~1885)에서 차라투스트라(조로아스터)를 자신의 이상적 분신으로 간주하고
'위버멘시(초인)'로 대표되는 그를 대지의 주인이며 인류의 미래를 이끌어 갈 지도
자로 추앙한다. 그러면서 그를 통해 '존재의 수레바퀴는 영원히 돌고 돈다'는 영원
회귀설을 터득한다.

조로아스터가 신의 계시를 받은 뒤 각지를 전전하면서 설교한 내용들을 21권으
로 묶은 것이 '지식'이라는 뜻을 지닌 경전 『아베스타』다. 그러나 그 집성과정은 명
확치 않다. 앞에서 언급하다시피 생전에 발흐 왕의 명에 의해 만들어졌다는 것은

한낱 전설에 불과할 뿐이다. 실제로는 오랫동안 기록 없이 입으로만 전해 왔다. 그러다가 기원후 3~4세기 사산 조 페르시아 시대에 와서 조로아스터교가 국교로 자리를 굳히면서 팔레비어나 가트어 등 고대어로 집대성되어 21권으로 편찬되었던 것이다. 그마저도 비교적 완벽하게 남아 있는 것은 한두 권뿐이다.

교조가 경전을 통해 설파한 교리는 유목사회로부터 농경정착사회로 넘어가는 역사적 시대상을 반영하고 있으며, 그 바탕인 신관은 다신교로부터 이신교(선신과 악신)를 거쳐 일신교로 승화하는 지향성을 표방하고 있다. 조로아스터교를 이원론적 일신교라고 평가하는 이유가 바로 여기에 있다. 그 핵심은 선과 밝음을 상징하는 선신 아후라 마즈다와 악과 어둠을 상징하는 악신 아리만 간의 경쟁과 투쟁을 통해 결국은 선이 악을 이겨 아후라 마즈다가 유일신이 되어 우주를 통괄한다는 것이다. 조로아스터 사후 3천 년이 되면 구세주가 나타나는데, 그때 인간은 그의 앞에서 부활해 최후심판을 받는다. 바른 생각과 바른 행동, 바른 말을 한 선인은 천국으로 건너가는 다리를 무사히 통과하나, 그렇지 못한 악인은 다리에서 발을 헛디뎌 지옥으로 떨어진다는 것이다. 유대교나 기독교, 이슬람교에서의 최후심판론이나 부활론, 불교의 응보설의 연유를 연상케 하는 대목이다.

조로아스터교는 발상지 페르시아에서 기원전 6세기부터 기원후 7세기 중엽까지 천여 년 동안 성세를 누리다가 동전한 이슬람교에게 잠식당한다. 신도 중 일부는 이슬람교로 개종하고, 일부는 인도를 비롯한 주변지역으로 탈출한다. 오늘날 세계적으로 신도 수는 약 15만(이란에 4만 5천 명)밖에 안 되는데, 그중 1만 5천 명가량이 발원지 야즈드 부근에 잔류해 있으며, 인도 봄베이 지역에 근 10만 명이 모여 살고

아테슈카데 사원 정문에 조각된 조로아스터교의 상징물. 선신으로 섬기는 아후라 마즈다를 상징하는 날개 펼친 새 모양 문장이 새겨져 있고, 그 좌우 및 아래에 페르시아어로 '바른 생각, 바른 행동, 바른 말'이라는 3대 준칙이 횡서로 쓰여 있다.

있다. 그 여파는 중국까지 미쳤다. 수·당시대에 페르시아와의 내왕과 교류가 활발해짐에 따라 그 물결을 타고 천교(祆敎) 라 일컫은 조로아스터교가 들어왔다. 교도들을 관리하기 위해 수대에는 살보(薩甫), 당대에는 살보(薩寶)라는 전담기구까지 설치했다. 천사(祆祠) 라고 부른 그들의 사원이 수도 장안을 비롯해 뤄양이나 둔황 등 지방에도 세워져 교세가 널리 퍼졌다. 그러다가 845년 회창법란 때 불교탄압정책의 곁불에 얻어맞아 이른바 '삼이교(三夷敎: 세 오랑캐 종교)'의 하나로 낙인되어 제재를 받게 된다. 그러나 당장 절멸은 되지 않고 원대까지도 몇 군데에 천사가 남아 있었다.

아무리 이채로워도 모진 풍상 속에서 제 모습을 이어온 조로아스터교와 그 유적은 분명 인류의 공동문화유산이다. 일행을 안내한 아테슈카데 사원의 근엄한 사제는 "조로아스터의 불길은 영원히 꺼지지 않을 것이다"라고 힘주어 말하면서 우리 일행을 바래 주었다. 굳은 믿음, 그것은 언제나 역사를 불태우는 불꽃이고, 역사의 흐름을 채워 주는 샘물이다.

39

이란의 진주, 이스파한
문명이 살아 숨쉬는 '세계의 절반'

페르시아 문명의 향훈에 심취한 우리 일행의 답사길은 비록 열사의 사막길이지만, 그 어느 구간 소중하고 흥겹지 않은 것이 없다. 조로아스터교의 성지 야즈드를 떠나 서북 방향으로 세 시간쯤 달려서 옛 도시 나인(Na'in)에 들어섰다. 이곳엔 1,700년 전 사산 조 시대의 성벽과, 이란에서 가장 오래된 사원의 하나인 나인 사원(11세기 지음)을 비롯해 이슬람교 시아파의 특색을 보여 주는 유물들이 적잖게 남아 있다. 예배 시간을 알리는 사원의 미나라는 한 개가 아닌 두 개며, 박물관에는 시아파 2대조인 후사인의 순교를 기리는 아슈라일(이슬람력 1월 10일) 때마다 기념행사(타키야)에 쓰이는 특유의 목제 의장도구도 전시되어 있다.

야즈드의 자미아 사원에서도 민바르(설교단)가 왼쪽이 아닌 중간에 자리하고, 예배 방향을 알리는 벽감인 미흐랍 좌우엔 문이 있으며, 예배를 인도할 때의 이맘 자리가 지면보다 낮게 패어 있었다. 이 모든 것은 시아파 나름의 변형적 수용이다. 그밖에 여기서 목격한 지하수 냉각방법은 특이하다. 지상에 5~6미터 높이로 세운 돔 형식의 냉각탑 상단에는 몇 개의 칸막이를 비스듬히 설치해 공기가 엇갈려 흐르게 함으로써 지하수의 증발을 막고 물도 차게 한다. 사막 사람들의 영특한 슬기다.

다시 서쪽으로 세 시간쯤 가서 소문난 고도 이스파한(Esfahan)에 도착했다. 도시 한복판을 가로지르는 자얀데 강기슭에 위치한 카우사르 국제호텔 605호에 여장을 풀었다. 내려다보이는 강가 야경은 문자 그대로 황홀경이다. 인구 160만을 헤아리는 이스파한은 동서남북과 사통팔달하는 교통요지에 자리하고 있다. 기원전 아케메네스 조 시대부터 '가발'이라는 이름의 도시로 알려지기 시작했으며, 7세기경에 이르러서는 '세파한'으로 개명되었는데, '세파'는 페르시아어로 '군인'이란 뜻이고, '세파한'은 그 복수형이다. 따라서 이때는 '군인들의 집결처', 즉 '군영'이라

옛 사막 도시 라인에서 지금도 쓰고 있는 냉각탑. 지하수와 공기의 흐름을 이용한 자연 에어컨이다.

는 뜻의 도시였다. 그리고 10세기까지만 해도 자얀데 강을 사이에 두고 페르시아 인과 유대인들이 각각 거주 하는 남북 두 개 도시로 나 뉘져 있었다.

그 후 사만 조와 지야르 조, 가즈나 조, 셀주크 조의 지배를 받으면서 그러한 구 분은 점차 사라졌고, 13세기 중엽 몽골군의 내침을 당했으나 다행히 큰 피해는 없 었다. 그러나 14세기 말 서정하는 티무르군에게 저항한다는 이유로 7만 명이나 학 살당해 머리를 쌓아 언덕을 만들 정도의 대참상을 겪었다. 16세기 초부터 사파비 조(1501~1732)의 치하에 들어갔으나 한때 오스만군에게 함락되기도 했다. 그러다가 1598년 제5대 왕 아바스 1세가 수도를 가즈빈에서 이곳으로 옮겨옴에 따라 전성기 를 맞는다. 당시 여행가들의 기록에 의하면, 이스파한은 인구 100만에 사원이 160 개, 학교 48개, 여관 1,800개, 공중목욕탕 273개를 가진 굴지의 세계적 대도시었다. 그래서 이때 이스파한을 가리켜 '세계의 절반(네스페 자한)'이라 불렀다. 그러다가 18세기 전반 아프간족의 침탈과 그를 계기로 건국한 잔드 조가 시라즈로 천도하면 서 이스파한은 점차 사양길에 접어들었다.

이스파한은 '이란의 진주', '세계의 절반'이라는 미명을 간직하고 있는 이슬람 세 계 유수의 도시다. 어디를 가나 그 미명에 걸맞은 유적 유물이 즐비하다. 그래도 제 일 먼저 찾는 곳은 16세기 아바스 1세 때 조성한 이맘 광장이다. 이란인들이 '세계의 그림(나그세 자한)', '열린 박물관'이라고 즐겨 부르는 이 광장은 원래 '왕(샤)의 광장' 이라 불렸으나, 이란 혁명 후 '이맘 호메이니 광장(약칭 이맘 광장)'으로 이름을 바꿨 다. 호텔에서 페르다우 시 교를 건너 시 중심에 있는 광장까지는 차로 20분 거리다.

이른 아침인데도 광장 주변은 관광객들로 붐빈다. 광장 서쪽, 6층짜리 알리카푸

이맘 광장의 자미아 사원 앞에 있는 폴로 경기장의 대리석 골대 기둥. 이란에서 시원된 폴로 경기는 한반도를 비롯해 세계 여러 곳에 전파되었다.

(높은 문) 궁 문으로 들어갔다. 이란 최초의 고층건물로서 왕이 귀빈들을 맞던 영빈
궁이다. 경사가 꽤 가파른 계단을 밟고 맨 위층에 올라가니 기둥 18개가 떠받친 사
방 20미터, 높이 15미터의 탁 트인 테라스가 나타난다. 여기서 왕은 눈 아래 광장에
서 펼쳐지는 폴로 경기를 관람했다. 테라스에 곁달린 음악연주실은 돔식 천장에 각
기 다른 모양새의 구멍들을 뚫어 음의 공명을 조절했다고 하니 실로 놀랍다. 벽에
는 아프간족이 쳐들어와 마구 쪼아낸 상흔이 그대로 남아 있기도 하다. 남북 길이
512미터, 동서 길이 163미터의 널따란 긴 네모꼴 광장과 그 언저리에 자리한 건물
들이 한눈에 안겨 온다. 오른쪽(남쪽)엔 이맘 사원과 자미아 사원이, 맞은편(동쪽)
에는 샤이흐 로트폴라 사원이, 그리고 왼쪽(북쪽)엔 게이사리예 바자르가 배치되어
있다. 광장은 남북에 각각 두 개씩의 돌 골대가 박혀 있는 폴로 경기장이다. 한마디
로 페르시아 조형미술의 진수를 집대성한 파노라마의 현장이다.

　이제 그 현장을 하나하나 짚어 보기로 하자. 왕족들의 전용사원이라서 미나라가
없는 샤이흐 로트폴라 사원은 아바스 1세가 장인이자 대설교사인 레바논 출신의

17세기 페르시아 건축예술의 백미로 꼽히는 이맘 사원의 한 입구에 아라베스크 채색타일에 둘러싸인 문이 우리의 옛 대문과 흡사해 눈길을 끈다.

로트폴라를 위해 세운 사원으로 17년 (1601~1618)이나 걸려 지었다. 쪽빛을 바탕색으로 해서 다양한 채색의 타일로 모자이크한 벽면장식은 아라베스크의 극치를 이룬다. 안에서 쳐다 본 천장은 아롱진 공작새가 깃을 편 듯한 형상이다. 4백 년 전의 찬연함을 그대로 유지하고 있는 것은 실로 놀라운 일이 아닐 수 없다.

이어 자미아 사원으로 발길을 옮겼다. 집단 예배를 근행하는 사원으로서 규모가 클 뿐만 아니라 역사도 오래되었다. 8세기에 지은 가장 오래된 사원으로서 몇 번의 개축을 거듭했는데, 지금의 건물 대부분은 12~14세기에 개축한 것이다. 그래서 총체적으로는 아기자기한 아라베스크 양식을 따르고 있지만, 시대별 특색이 역력해서 이란의 사원사 연구에 귀중한 교본이 되고 있다. 경문과 당초무늬를 섬세하게 수놓은 미흐랍(벽감)은 이란이 자랑하는 미술수작이다. 넓은 중정(76×65미터)을 지나면 미로 같은 회랑들이 이어지는데, 천장은 무려 470여 개의 작은 돔으로 연결되어 있다.

가셔지지 않는 경탄 속에 옆에 있는 이맘 사원으로 발길을 돌렸다. 광장 이름을 바꾸었듯, 이 사원도 원래는 '왕(샤)의 사원'이었으나, 지금은 '이맘 사원'으로 고쳐 부르고 있다. 페르시아 건축예술의 백미라고 하는 이 사원은 아바스 1세의 명에 의해 1612년에 시공해서 그의 사후인 1638년, 26년 만에 완공했다. 건물의 외형적 특징은 두 개의 미나라와 정문을 메카 방향을 향해 45도로 살짝 돌리고, 음향의 최대 확산을 위해 높이 54미터의 외측과 38미터의 내측으로 구성된 2중 돔을 얹은 것이다. 조용할 때는 종잇장 뒤집는 소리까지 들린다고 하니 그 정밀함을 가히 짐작할 수 있다. 천장의 종유석 무늬를 비롯해 형용할 수 없이 화려한 모자이크는 보는 이의 혀를 차게 한다. 높이 48미터에 달하는 미나라의 돌출부에는 다섯 손가락 자국 비슷한 것이 찍혀

있는데, 그것은 교조 무함마드와 시아파가 숭상하는 이맘 알리와 부인 파티마, 아들 하산과 후사인 다섯을 상징한다고 한다. 이 사원에는 17세기에 증설한 두 개의 마드라사(신학교)가 달려 있는데, 각각 여름과 겨울에 문을 연다고 한다.

이맘 광장에서 또 한 가지 볼거리는 알리 카푸 궁 뒤편에 있는 '40개의 기둥'이라는 뜻의 체헬 소툰 궁전이다. 거울로 장식한 20개 기둥이 정원에 있는 연못 수면에 비춰져 40개로 보인 데서 유래된 말이다. 아바스 2세의 명에 따라 1647년에 영빈관으로 지은 궁전인데, 주목을 끄는 것은 6폭의 세밀화. 그중 3폭은 오스만과 인도, 우즈베키스탄 왕들이 원조를 청하기 위해 내방할 때 베푼 연회 장면이고, 다른 3폭은 오스만과 두 번, 인도와 한 번 회전하는 전투 장면이다. 그밖에 여러 점의 섬세한 사실적 세밀화가 선을 보이고 있다. 인도 여인이 죽은 남편을 따라 불 속에 뛰어드는 순장 장면은 그렇게 사실적일 수가 없다.

원래 세밀화는 서양이나 사산 조 페르시아에서 종교서적의 삽화나 장식으로 쓰이다가 이슬람 시대에 이르러 바그다드화풍과 중국풍(몽골풍)의 영향을 받은 일칸(이란)화풍의 두 파로 나뉘어 발전해 왔다. 특히 사파비 조에 이르러 그 절정을 이루면서 인도 등 주변국들의 화풍에 큰 영향을 미쳤다. 이란을 비롯한 서남아시아의 일세를 풍미하던 이 독특한 화풍을 직접 음미할 수 있는 기회가 차려진 것은 큰 행운이 아닐 수 없었다.

이스파한이 '이란의 진주'라는 사실을 좀 더 실감하기 위해 일행은 광장 북쪽에 이어진 게이사리예 바자르를 찾아갔다. 천여 개의 점포를 거느리고 있는 이 재래시장은 이란의 어제와 오늘을 한눈에 볼 수 있는 카펫과 금속세공품, 유리그릇, 그리고 갖가지 토산품과 교역품들로 꽉 차 있다. 특히 이곳은 사산 조 시대의 연주문이나 포도당초문, 수렵문 같은 전통적인 문양을 계승한 '페르시아 카펫'의 원산지다. 보통 카펫 한 장을 짜는 데 몇 년, 심지어 10년 이상이 걸린다고 하니 그 값어치를 짐작할 수 있다.

이스파한다움을 만끽하는 데는 자얀데 강을 떼어 놓을 수가 없다. 글자 뜻 그대로

영빈관이었던 체헬 소툰('40개의 기둥'이라는 뜻) 궁전 벽면에 새겨진 호화로운 세밀화. 방문한 외국 왕을 위한 연회 장면이다.

이스파한의 명물인 자얀데 강 위의 시오세 폴 (33다리). 1602년에 놓은 길이 300미터에 너비 14미터의 이 다리는 사람만이 다니며 밑에는 찻 집이 있다.

이 강은 이곳 사람들에게 생명을 주는 강이다. 서남쪽 자그로스 산맥에서 발원해 이스파한의 중심부를 서에서 동으로 가로질러 도시를 남북으로 갈라 놓고는 유유히 400킬로미터를 더 흐르다가 카비르 사막에서 자취를 감춘다. 강 위에는 11개의 크고 작은 다리가 놓여 있다. 그중 5개는 옛날에, 나머지 6개는 근래에 가설한 것이다. 가장 유명한 다리는 '시오세 폴(33다리)'이다. 여기서 '33(시오세)'은 다리 위에 33개의 작은 아치가 있는 데서 유래한 숫자다. 1602년에 놓은, 길이 300미터 너비 14미터의 이 다리는 도시 중심에서 남북으로 뻗은 대동맥 차하르 바그(4개의 정원) 거리를 이어 주고 있으나, 유람의 운치를 살리기 위해 차량 통행은 금지되고 사람만 거닌다. 일행은 다리 밑층에 마련된 차이하네 (찻집)에서 산들바람에 향 짙은 홍차를 마시면서 한때의 망중한을 즐기기도 했다.

여기서 동쪽으로 1.5킬로미터쯤 가면 길이 133미터에 너비 12미터의 카쥬 다리 (1666년 완공)가 나타난다. 상하 두 층으로 된 이 다리의 상층은 원래 왕들이 주연을 베푸는 테라스였으며, 하층은 예나 지금이나 수량을 조절하는 갑문 역할을 한다. 다리 북단에 자그마한 사자상이 하나 있는데, 이 사자에 한 번 올라 앉으면 금방 결혼한다는 속설이 있다고 한다. 무언가 타자의 힘을 빌어 자아를 만족시키려는 것은 동서양 어디를 가나 인간의 상정인가 보다. 가장 오래된 다리는 사산 조 시대에 기초를 놓은 뒤 12세기에 완공한 11개 돌 아치의 샤르스탄 다리다.

이맘 광장을 단순한 성소가 아닌 시민의 쉼터로 열어 놓고, 궁전이나 사원의 부속건물을 전통상품의 매점으로 이용하며, 시오세 다리 위를 여유작작하게 거닐고 그 밑에 차이하네를 차려 놓고 오늘을 즐기는 이란 사람들, 그들은 문명의 창조물들을 울타리 안에 가둬 놓고 박제화하는 것이 아니라, 오늘의 삶 속에 살아 숨쉬게 하고 있다. 그 지혜가 한결 돋보인다.

활자의 길 이어 준 이란의 구텐베르크
고려의 금속활자가 독일까지 전해진 길은?

　　'실크로드의 재발견'이라는 조금은 거창한 구호를 내걸고 이어 가는 우리의 답사 길에서 늘 마음에 새기는 것은 우리 역사나 문화와의 상관성을 찾아내는 일이다. 멀리 떨어진 이란에서도 예외는 아니다. 아니, 먼 땅이니만치 더 절박하고 의미가 크다.

　'이란의 진주'라는 여기 이스파한에서도 몇 가지를 들춰냈다. 8월 10일(수요일), 찾아간 도심의 이맘 광장은 원래 폴로 경기장이었다. 17세기 초 사파비 조 왕들은 알리카푸 궁전의 높은 테라스에 앉아 눈 아래 광장에서 펼쳐지는 경기를 즐겨 관람하곤 했다. 그 현장에는 경기장 남북 양쪽에 골대로 쓰던 대리석 기둥이 각각 두 개씩 남아 있다. 기둥의 밑둥 둘레는 약 2미터이고, 높이는 2미터 30센티미터쯤 되며, 두 골대 사이 거리는 10미터 가량이다. 폴로는 페르시아어로 '초건'이라고 하며 '공'이라는 뜻이다. 원래 폴로 경기는 북방유목민족들이 즐기던 말 타고 하는 경기로서 기원후 3~4세기경 사산 조 시대부터 페르시아에서 유행한 것으로 전해지고 있다. 그것이 비잔틴 시대에 콘스탄티노플을 거쳐 유럽에 전해지기 시작했으며, 근세에는 인도에 와 있던 영국인들, 특히 군인들을 통해 영국에 알려지고, 그것이 다시 미국으로 건너갔다. 오늘날까지도 영국에서는 상당히 인기 있는 경기로 각광받고 있다.

　동방의 경우, 한자문명권에서는 격구(擊毬)라는 이름으로 알려져 왔다. 중국 당나라 현종이 타구(打毬), 즉 격구를 했다는 기록으로 미루어 당 이전에 이미 중국에 전해진 것으로 짐작된다. 중국을 거쳐 한반도에 들어온 격구는 무신들이 무예를 익히는 놀이가 되면서 점차 퍼지게 된다. 고려 초 의종(毅宗, 1146~1170) 같은 임금은 격구명수로 실록에 남아 있으며, 말엽인 공민왕(恭愍王) 때엔 조선조의 건국

줄파 지구의 아르메니아 교회 가운데 가장 규모가 큰 반크 교회의 내부는 '최후의 심판', '바벨탑', '예수의 탄생' 등 화려한 성화로 가득 차 있다.

자 이성계도 격구를 선호했다고 한다. 세종 때에 이르러 크게 흥하게 되는데, 세종
은 경기관람을 즐겼을 뿐만 아니라, 격구를 보급하기 위해 격구장 30개를 하사하
기도 했다. 이즈음에 격구를 격려하는 회례악(會禮樂)이라는 타구악과 타구 춤까
지 생겨났다.

　문치주의를 표방한 조선조 중기 이후 귀족사회에서는 점차 사라지고 민간에서
놀이로만 계승된다. 급기야 격구는 말을 타고 공을 막대기로 쳐서 구문 밖으로 내
보내는 마상경기와 걸어 다니면서 공을 구멍 안에 넣는 보행경기의 두 가지로 갈라
진다. 상세한 기록을 남긴 『경국대전』에 의하면, 경기장의 길이는 400보, 골대 사
이의 거리는 5보로서 원조인 이스파한의 이맘 광장 경기장 규모(길이 510미터)보다
는 작다. 경기방법으로는 경기자들이 중간의 출마표에서 격구봉을 들고 대기하다

가 기녀가 노래하고 춤추면서 구장 한복판에 공을 던지면 경기가 시작된다. 이란의 폴로 경기에서는 좀처럼 볼 수 없는 경기와 악무의 결합으로서 문화접변의 좋은 본보기다.

같은 날 오후, 자얀데 강 남쪽에 있는 줄파 지구를 찾아갔다. 수만(한때는 6만) 명의 아르메니아인들이 살고 있는 이곳에는 13개의 아르메니아 교회(정교)가 있다. 그중 가장 큰 반크 교회에 들린 것은 이 나라에서 종교 간의 상생관계가 어떻게 이루어지고 있는가를 알아보기 위해서였다. 17세기 초 사파비 조의 아바스 1세는 재주 많은 아르메니아인들을 이곳으로 유치했는데, 그들이 살던 고향(지금의 아제르바이잔 국경지대) 이름을 따서 '줄파'라고 불렀다. 교회는 이슬람교 사원을 개조한 돔형 건물로서 꼭대기에 자그마한 십자가가 꽂혀 있고 우측에 종각이 있으니 기독교 교회임을 가려낼 수 있다. 17세기 중엽에 지은 이 교회 안은 '최후의 심판'을 비롯해 '바벨탑', '예수의 탄생', '세 동방박사의 예수 방문', '예수의 12제자상' 등 성화로 가득하다. 황금색 모자이크 성화들은 화려하면서도 엄숙한 분위기를 자아낸다.

교회 내부를 둘러보고 한 울타리 안에 있는 아르메니아 박물관으로 발길을 옮겼다. 무심코 입구 계단을 오르다가 우측에 웬 동상이 세워져 있기에 누구의 동상인가고 안내원에게 물었더니, 이란의 구텐베르크 가차투르 바르다페트(Khachatour Vardapet, 1590~1646)의 동상이라고 대답한다. '이란의 구텐베르크', 순간 온몸에 전율을 느꼈다. 우리나 독일 말고도 또 한 명의 활자 발명가가 있단 말인가. 잠시 어안이 벙벙했다. 우선 입구 오른편에 전시된 가차투르의 활자인쇄기 앞으로 다가갔다. 묵직한 철제 인쇄기 한 대가 놓여 있다. 곁에 있는 유리상자 속에는 몇 가지 금속활자가 진열되어 있는데,

아르메니아 박물관 입구에 있는 '이란의 구텐베르크' 가차투르 바르다페트의 동상.

293

진얼징 설명문에는 "신형 줄파 인쇄기에 사용된 금속활자(1646년)"라고 쓰여 있다. 우리나라의 금속활자 인쇄술이 실크로드를 따라 서방으로 전해졌을 개연성을 주장하면서 그 고증에 늘 부심해 오던 터라 이런 발견은 실로 고무적인 충격이 아닐 수 없었다.

박물관에는 관련 자료가 전혀 없으며, 촬영도 금지되어 있다. 할 수 없이 관장을 찾아가 학술연구에 필요하니 사진이라도 찍게 해 달라고 간절히 청했다. 한참 경청하던 30대 후반의 젊은 관장은 그의 입회하에 인쇄기는 단 한 장만 찍을 수 있으나, 활자는 절대 안 된다고 딱 잡아떼는 것이었다. 그나마도 감지덕지 고맙게 생각하고 귀중한 한 컷을 거머쥐었다. 소개 글이나 책자 같은 것을 요구하니, 한 권밖에 없다고 하면서 『아르메니아의 첫 인쇄기에 관한 책』이라는 소책자를 보여 주기에 역시 그의 면전에서 전체를 촬영했다. '박물관 전시물 촬영의 금지'와 '지식의 공유'라는 두 불문율의 상충을 또 한 번 절감하는 순간이다.

우리가 '이란의 구텐베르크' 가차투르가 만들어낸 이 금속활자 인쇄기 현물을 월척이나 낚은 듯 보배시하는 것은 우리나라가 발명한 금속활자의 서방 전파 문제의 해결에 일말의 빛을 던져 주고 있기 때문이다. 우리 한국은 세계에서 가장 오래된 목판인쇄본과 금속활자본을 함께 보유하고 있는 인쇄문화의 선도국이다. 아직까지도 우리를 제치고 초유의 '발명'으로 잘못 알려져 있는 구텐베르크의 금속활자 주조는 고려 최초의 금속활자보다 200여 년, 그 첫 인쇄본인 『42행 성서』는 흥덕사의 『직지』보다도 78년 뒤에 나온 것이다. 2005년 10월 프랑크푸르트에서 열린 국제도서전시회를 계기로 우리와 독일 학자들은 "새로운 발견, 활자로드를 찾아서"라는 제하의 국제학술모임을 갖고 처음으로 한자리에 모여 금속활자 인쇄와 그 전파에 관한 학문적 접근을 시도했다. 전람회 주빈국으로서 의미 있는 모임이었는데, 국내에는 보도 한마디 전해진 바 없었다.

우리는 당대의 문명교류사적 배경 속에서 두 나라의 금속활자 인쇄가 여러 중간 환절을 포함한 소정의 통로를 거쳐 서로가 상관하였을 개연성이 짙다고 설파하면서, 이 통로를 '활자의 길(활자로드)'이라 이름 지었다. 그 길은 대략 남·북 두 갈래로, 남로는 한국에서 중국을 지나 중앙아시아와 이란을 거쳐 유럽과 독일에 이르는 오아시스 육로에, 그리고 북로는 한국에서 몽골을 지나 남 시베리아를 거쳐 유럽과 독일에 이르는 초원로에 해당된다. 이에 관해선 일정한 공감대가 이루어졌다. 모임에서 구텐베르크 박물관 에바 하네부트 벤츠 관장에게 이 아르메니아 교회 박물관에 소장된 금속활자 인쇄기에 관해 이야기했더니, 관장은 금시초문이라면서 당장 가 보겠다고 약속했다.

이 박물관에는 기독교 전파나 아르메니아인들의 조난사에 관한 흥미 있는 유물들이 여러 점 전시되어 있다. 전시품 중에서 특히 눈길을 끈 것은 다이아몬드펜으로 성경 구절을 새겨 넣은 머리카락과 세계에서 가장 작은 14페이지짜리 0.7그램 무게의 성경책이다. 현미경이 아니면 볼 수 없는 희귀품들로서 아르메니아인들의 섬세한 손재주를 말해 주고 있었다. 그밖에 아르메니아인들이 독립을 위해 투쟁해 온 고난의 역정을 묘사한 그림이나 유물 앞에서는 경건한 마음을 금할 수가 없었다. 교회 입구 오른쪽에는 1915년 오스만제국의 대학살에 의한 200만 희생자들을 기리는 추모비가 세워져 있다. 기단에는 싱그러운 장미꽃들이 놓여 있다.

우리 문화와 관련된 보물찾기는 다음날도 이어졌다. 이스파한에서 가장 오래된 자미아 사원에 들렀는데, 이 사원은 11세기 셀주크 시대부터 티무르 시대와 사파비조 시대까지 세 조대에 걸쳐 증·개축한 대형 사원이다. 건축술에서 특이한 점은 여러 가지 형태의 천장 꾸밈새인데, 그중에는 고구려의 천장 꾸밈새와 같은 형의 이른바 마름모꼴 천장이 있다. 일명 말각조정(抹角藻井) 혹은 궁륭형 천장 또는 귀접이식 천장이라고도 하는 이 천장은 만들 때 벽면 상단의 네 모서리에 판석을 밀어

고구려의 천장 꾸밈새와 같은 형태의 말각조정(귀접이식) 천장인 이스파한 자미아 사원의 마름모꼴 천장.

닝고 낮붙여 덮어, 천장의 열린 면적이 반씩 줄어들면 판석으로 덮개를 해 마무리 짓는 방식이다. 이러한 건축기법은 고대 메소포타미아에서 생겨난 후 그리스에서 유행하다가 서아시아와 중앙아시아를 거쳐 고구려까지 동전

했다는 것이 학계의 중론이다.

이러한 형태의 사원은 주로 셀주크 시대(11세기)의 천장에서 많이 볼 수 있는데, 모양새에서는 약간씩 차이가 있으며 일부는 공기나 햇빛의 소통을 위해 마지막 부분을 막지 않은 것도 있다. 이러한 천장 축조기법은 아프가니스탄의 바미얀 석굴군이나 중국 신장 일대의 민가나 사원건물에서도 발견된다. 강서대묘를 비롯한 고구려 벽화에서 보다시피, 고구려에서는 이 기법이 크게 유행했음을 알 수 있다. 이것은 이 기법의 교류상을 통해 우리 문화와 페르시아 문화 간의 공유성을 입증해 준다. 동아시아에서 이 기법을 적극 도입한 나라는 고구려뿐이다. 중국은 도입했으나 극히 형식적이며, 백제나 신라, 일본에서는 그 흔적을 찾아볼 수 없다.

이렇게 우리는 폴로 경기와 금속활자 인쇄술, 그리고 마름모꼴 천장기법 등을 통해 이루어진 한반도와 이란 간의 오래된 문명교류상을 다시 한 번 이곳 이스파한 현장에서 확인할 수가 있었다. 이것은 '세계 속의 한국'을 찾아 떠난 우리의 답사길에서 얻은 또 하나의 값진 열매라 자부하지 아니할 수 없다.

41

전통과 현대가 갈등하는 테헤란
낡아버린 현대화와 되돌아온 전통

　　문명사에서 전통과 현대가 공존하면서 갈등하고 조화하는 것은 하나의 발전순리다. 문제는 갈등을 어떻게 극복하고 조화에 이르는가 하는 것이다. 이것은 유구한 역사와 문화를 간직하고 있는 실크로드 연변의 여러 곳을 답사하면서 내내 눈여겨보게 되는 문제 중 하나다. 근래에 이란만큼이나 전통과 현대의 갈등 속에 몸부림친 나라도 보기 드물다. 그 중심에는 수도 테헤란이 자리하고 있다.

　　밤 11시 5분, 고도 이스파한에서 북쪽으로 400킬로미터 떨어진 테헤란으로 가는 이란 항공편에 몸을 맡겼다. 짙게 깔린 밤하늘의 어둠 속에 48년 전과 25년 전에 찾았던 테헤란의 엇갈린 모습이 주마등처럼 눈앞을 스쳐 지나간다. 지금의 테헤란은 과연 어떤 모습일까. 순간 답사를 떠나기 직전에 읽은 책 한 권의 충격이 되살아난다. 이란의 여류 영문학자인 아자르 나피시는 이슬람혁명의 격동기인 1979년부터 1981년 사이에 테헤란 대학의 영문학 교수로 재직한다. 그러다가 히잡(베일) 착용을 거부한다는 이유로 해직된다. 그 후 7명의 젊은 여성과 함께 비밀 독서회를 만들어 『롤리타』 같은 금서들을 읽으면서 전통의 한계와 현대의 꿈 등에 관해 눈을 떠 현실에 항거한다. 그러나 그는 결국 버티지 못하고 가족과 함께 미국으로 망명하여 『테헤란에서 롤리타를 읽다』를 저술한다. 여기서 '롤리타'란 성도착증을 다룬 미국 작가 나보코프의 장편소설 『롤리타』(1955)를 말한다. 그는 성적 억압에서 벗어나기 위한 계몽으로서 비판적으로 이 책을 읽은 것으로 보인다.

　　사실 이슬람의 전통에 대한 시비에서 단골로 등장하는 히잡은 여러 사회적 문제를 미연에 방지하기 위해 여성의 노출을 자제하는 일종의 관행이지, 구속력을 가진 제도나 규정은 아니다. 그래서 무용론이 제기되면서 자의에 맡기는 나라가 있는가 하면, 아예 폐지해버린 나라도 있다. 이란의 경우, 혁명 전에는 폐지했으나, 혁명 후에는 서구화(현대화)로 인해 망가진 전통을 되살린다는 명분 아래 다시 착용하도록 하고 있다. 이것이 현대를 꿈꾸는 아자르에겐 질곡일 수밖에 없다. 신정체제 같은 정치 문제에서부터 히잡 착용 같은 생활의 구석구석에 이르기까지 전통과 현대 간에 엇박자가 생기고, 저울추가 어느 쪽으로 기우는가에 따라 이른바 진보와 보수가 갈려 갈등하며, 여기에 서방과의 갈등이 엉켜 그 양상이 더욱 복잡한 것이 오늘날 이란의 현실이 아닌가.

어느새 45분 간의 비행을 마치고 자정께 호메이니 국제공항에 안착했다. 공항을 빠져나와 숲이 우거진 우중충한 밤길을 30분쯤 달려 시 북쪽, 고도 1,500미터의 언덕 위에 자리한 보즈루크아자디호텔(대자유 호텔)에 여장을 풀었다. 원래 이 호텔은 인터콘티넨탈호텔이었으나, 지금은 이렇게 이름이 바뀌었다. 이란의 모든 호텔 이름을 이런 식으로 몽땅 바꿔버렸다고 한다. 최고 5,604미터의 다마반드 산을 비롯해 4천 미터 이상의 연봉들을 거느리고 있는 엘브루즈 산맥의 남쪽 기슭에 자리한 테헤란은 고도가 높을 뿐만 아니라, 지형도 대체로 북에서 남으로 경사지면서 경관도 달라진다.

국도로서의 테헤란의 역사는 200여 년밖에 안 되지만, 인간의 거주역사는 신석기시대로 거슬러 올라가며, 도시로서의 면모는 13세기 전반부터 갖춰지기 시작했다. 몽골군이 서남쪽 8킬로미터 지점에 있는 셀주크 조 수도 레이를 파괴하자, 복원 대안으로 테헤란이 떠올랐던 것이다. 나무숲이 무성하고 맑은 강물이 흐르는 쾌적한 자연환경에다가 과일이 풍족하고 사냥의 적지라서 16세기 중엽 사파비 왕조의 타흐마스프 1세는 여기에 별궁을 짓고 둘레 8킬로미터에 달하는 성벽을 쌓았다. 그러다가 잔드 조(1750~1794)를 전복한 북방계의 카자르 조(1780~1924)가 수도를 남부의 시라즈에서 인구 1만 5천밖에 안 되는 테헤란으로 옮겼다. 이때부터 테헤란은 이란 역사무대의 심장부로 부상한다. 인구가 5~6만으로 늘어난 19세기 후반에는 성벽 둘레를 15.5킬로미터로 확장했다.

20세기에 들어와서 주변 강대국들의 간섭과 제1차 세계대전의 전화를 입으면서, 테헤란은 현대화에 눈을 뜨기 시작한다. 1925년, 테헤란을 수도로 한 팔레비 왕조의 출범은 그 신호탄이다. 건국자 레자 샤는 성벽을 철거하고 직선도로를 빼며, 잠시디예 공원을 조성하는 등 현대 도시로서의 기틀을 마련했다. 이어 40킬로미터 떨어진 서쪽 교외의 카라지 강에 댐을 건설해 전력을 확보함에 따라 식료품이나 직물류밖에 생산 못하던 소비도시를 일약 방적, 전기기계, 자동차 등을 만들어내는 현대적 공업도시로 전환시킨다. 뿐만 아니라, 서쪽 타브리즈로부터 동쪽 마슈하드를 연결하는 철도를 부설하고, 테헤란 대학을 비롯한 교육시설도 확충한다. 특히 20세기 초 중동에서는 가장 먼저 석유를 캐내 타의 추종을 불허하는 부국으로 부상해 국명도 이란으로 바꾸면서 탈(脫) 페르시아를 표방했다.

그러나 이 급조된 현대화의 과정은 전통과의 조화를 무시한 채 서방 일변도로 치달음으로써 결국 전통과의 갈등을 심화시켰고, 현대화도 제대로 이루지 못하게 되었다. 1979년 팔레비 왕조를 뒤집은 이슬람혁명은 바로 그러한 결과다. 혁명 후 20여 년 간, 전통과 현대의 갈등구조가 양상은 달라도 본질은 의연한 것 같다. 요컨대, 20세기를 기점으로 해 전통과 현대는 마치 새끼줄의 두 오리처럼 서로가 얽기

페르시아 건국 2500년을 기념해 1971년 팔레비 왕조 때 세운 아자디 탑(자유의 탑, 높이 45미터)의 현대식 위용과, 오른쪽 이슬람혁명의 아버지 호메이니의 초상은 테헤란의 오늘을 상징한다.

설기 얽히고 뒤치락거리면서 이란의 오늘로 이어져 왔다. 이 모든 책원지가 바로 71년 간(1925~1996) 인구가 무려 22배(30만에서 676만 명)나 격증한 수도 테헤란이다. 이제 그 실상을 챙겨 보기로 하자.

8월 12일, 오랜만에 맞는 흐린 날씨다. 울적함보다 상쾌한 느낌이 든다. 테헤란에서의 답사는 현대화의 '헌 쇳덩어리'로 남아 있는 팔레비 조 시대의 여름궁전 참관으로 시작했다. 찾은 곳은 시의 북쪽 끝, 엘브루즈 산맥의 나지막한 봉우리들로 에워싸인 사드 아바드 궁전 박물관이다. 원래는 궁전이었으나, 지금은 궁전 집기들을 전시하는 박물관이 되어서 '궁전박물관'이라고 부른다. 원시림 같은 울창한 수풀로 뒤덮인 널따란 부지 안에는 18개의 궁전이 여기저기 흩어져 있으며, 그중 몇 개는 박물관으로 개조했다. 잘 포장된 오르막 숲길을 10분쯤 걸어서 '청궁(카헤 샵즈)'에 이르렀다. 거울로 벽을 장식한 응접실 '거울의 방'을 비롯해 식당이며 욕실, 침실은 몽땅 프랑스식으로 꾸몄고, 식기나 탁자, 의자 등 집기도 최고급 프랑스제다. 땅바닥에는 120수의 카펫을 깔았다. 모든 것이 눈부실 정도로 사치스럽다. 엘브루즈 산맥의 한 봉우리로 치닫는 세계 최장(7킬로미터) 리프트가 아스라이 보인다. 한국에서 왔다고 하니, 경비병이 엄지손가락을 내들면서 '축구!'라고 하던 말이 지금도 귓전에 쟁쟁하다. 함께 찍은 기념사진은 소중한 추억으로 남아 있다.

오던 길을 되돌아서 이른 곳은 경내에서 가장 큰 '백궁(카헤 멜라트)'이다. 원래 이 궁은 제2대 샤의 왕비가 살던 궁이다. 그 곁에는 군사박물관이 있는데, 모두 수리중이어서 내부를 볼 수가 없어 좀 아쉬웠다. 그런 속에서도 한 가지 흥미를 유발한 것은 '백궁' 정문 한쪽에 남아 있는 웬 장화 조형물이었다. 안내원의 설명에 의하면, 원래는 장화를 신고 있는 레자 샤의 동상이었으나, 혁명 때 성난 시위대들이 몰려와 동상은 짓부수고 장화만 남겨 놓았다는 것이다. 분노 속에 되찾은 이성 덕분에 역사의 현장을 증언하는 흉물 한 점이라도 볼 수 있으니 다행이다. 세상에 널리 알려진 팔레비 일족들의 호화는 분명 분수를 넘은 현대에로의 일방통행이다. 그래서 저주의 대상이 되는 것이다.

사드 아바드 궁전 박물관 안 '청궁'의 프랑스풍 실내. '거울의 방'을 비롯해 식당이며 욕실, 침실은 몽땅 프랑스식으로 꾸몄고, 식기나 탁자, 의자 등 집기도 최고급 프랑스제다. 호화사치의 극치다.

이제 이 '현대'와 대립각을 세워 온 전통의 현장을 찾아가 보자. 우연히 사디 거리에 있는 옛 미국대사관 건물 곁을 지나갔다. 혁명 당시 세상을 떠들썩하게 했던 인질극 현장이다. 지금은 무슨 연수학교로 쓰인다고 한다. 철조망으로 둘러싸여 정적마저 감돌며, 외벽엔 사탄의 얼굴을 한 자유의 여신상이 그려져 있다. 자유를 놓고 말하자면, 그토록 갈망하는 쪽은 이란 사람들이기에 호텔 이름도 '아자디(자유)'로 고치고, 1971년 페르시아 건국 2,500주년을 맞아 세운 기념탑(높이 45미터)도 '아자디 탑'으로 이름 짓지 않았는가.

먼저 찾아간 곳은 이란 고고학박물관이다. 기원전 6천 년경부터 19세기까지 여러 조대를 거치면서 나타난 역사상을 구체적으로 보여 주는 각종 유물과 미술품이 7세기 이슬람화를 기준으로 본관과 별관으로 나뉘어 전시되어 있다. 원통 인장과 채도, 루리스탄 청동기 등 동서교류의 상징물들이 있는가 하면, 함무라비 법전 복사본과 다리우스 1세 동상, 페르세폴리스 궁전의 알현도 등 귀중한 출토품도 눈에 띈다. 혈액형 B형에 나이 37세인 1,700년 전의 '소금인간'의 다소곳한 모습은 그렇게 온화할 수가 없다. 이어 들린 압기네 박물관은 90여 년 전에 지은 아담한 2층 건물로서, 한때는 이집트대사관이었으나 지금은 유리와 도자기 박물관으로 쓰이고 있다. 1층에는 기원전 4세기부터 기원후 8세기까지, 2층에는 9~19세기에 만들어진 각종 유리와 도자기 유물이 일목요연하게 전시되어 있다. 도기 각배라든가, 유리 봉수형(새머리 모양) 물병은 우리 눈에 익숙한 유물들이며, 출처불명이라고 되어 있는 청자 앞에선 한참 동안 발길을 멈췄다.

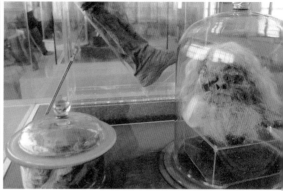

이란 고고학박물관에 소장된 채도 항아리(왼쪽). 1993년 체흐라바드 강 언덕에서 출토된 1,700여 년 전 '소금인간' 의 미라(오른쪽).

　마지막으로 찾은 카펫(파르쉬) 박물관은 1978년에 지은 현대적 박물관으로서, 15세기부터 20세기 초까지 짜낸 100여 점의 카펫 수작들을 모아 놓고 있다. 질 좋은 카펫을 짜내는 것은 물론, 카펫이라는 직물을 수준 높은 예술품으로 승화시킨 이란 사람들의 지혜는 놀랍기만 하다. 전통적인 연주 무늬나 대칭 무늬 말고도 일반적으로 이슬람 회화에서 기피하는 인물이나 동물의 구상(具象) 무늬도 대담하게 도입하고 있어 그 슬기가 더욱 돋보인다. 이 모든 것은 오늘로 이어진 어제의 전통 유물들로서 현대와의 공존 속에서 갈등 아닌 조화를 예시하고 있다.

　그러한 조화는 이란과 우리나라의 공존이나 교류에서도 찾아볼 수 있다. 앞글에서 언급했지만 혜초의 페르시아 역방이나 석류, 폴로 경기, 금속활자, 마름모꼴 천장, 각배, 봉수형 물병 등 다양한 유물과 관계에서 두 나라 간의 오랜 전통적 교류와 유대가 확인되었다. 그 연장선상에서 지금 서울 강남에는 폭 50미터, 길이 4킬로미터의 '테헤란로'가, 테헤란 북부에는 길이 3킬로미터의 '서울스트리트'가 뻗어 있다. 그런가 하면 테헤란에 있는 '서울공원'은 시민들에게 한국의 정취를 선사하고 있으며, 또한 300여 명의 한인들은 두 나라 간의 친선사절과 문화 전도사의 역할을 하고 있다. 현대에 와서 일어난 이와 같은 일들은 두 나라 간에 이루어진 전통과의 공존과 그 계승을 의미하는 것이다.

　테헤란 시가지 자체도 현대적 건물이 즐비한 북쪽 신도시와 전통적 가옥과 골목이 빠듯이 들어선 남쪽 구도시로 나뉘어 있다. 그 말썽 많은 히잡도 남북 신구도시 사이엔 그 쓰임새가 달라 보인다. 이렇게 테헤란은 어느 모로 보나 아직 전통과 현대가 공존하면서도 갈등이 나분한 도시로 비쳐진다. 그러나 이것은 어디까지나 전진도상의 일시적 진통으로서 슬기로운 이란 사람들은 잘 극복하리라 믿어 의심치 않는다.

42

기독교와 이슬람 아우른 다마스쿠스
해묵은 편견 버리고 화합의 문명 꽃피운 곳

테헤란에서 밤 비행기로 2시간 45분 만에 시리아의 수도 다마스쿠스에 도착했다. 미수교국이라서 공항에서 입국 비자를 받는 것이 어렵지 않겠는가 걱정을 했는데, 뜻밖에 20분도 안 걸려 비자를 내주었다. 세관통과도 무난하고 관리들도 사뭇 친절했다. 한때 '경색'되었던 시리아도 이제는 빗장을 많이 풀었다고 한다.

다마스쿠스는 세계에서 가장 오래된 도시 중 하나다. 지금은 아랍어로 '디마슈크'라고 하지만, 옛날에는 '샴 카비르(큰 샴, 약칭 샴)'라고 했다. 다마스쿠스의 어원과 관련해서는 그리스 신화에 나오는 다마스가 이곳에서 술의 신 디오니소스에게 스켄(술을 담는 부대)을 준 데서 유래(다마스켄)되었다는 설과 물의 신의 처인 '다마키나'의 이름과 연관시켜 '물을 댄 땅'이라는 설 등이 있다. 아랍어 '디마슈크'는 고대 셈어 '디마쉬카'의 음사라는 주장도 있다. 신화나 고대 셈어에서 이름의 유래를 찾아야 하리만큼, 다마스쿠스의 역사는 유구하다.

카시윤 산 동남 기슭에 펼쳐진 '에메랄드(푸른 옥) 오아시스'라고 불리는 기름진 구타 오아시스에 자리한 다마스쿠스는 지정학적 위치의 중요성 때문에 일찍부터 많은 민족과 국가들이 흥망성쇠를 거듭하고 다양한 문명들이 어우러져 왔다. 기원전 2천 년경, 아람인들이 이곳에 소왕국을 세운 이래, 기원전에는 아시리아와 아케메네스 조 페르시아, 셀레우코스 왕국의 지배를 연이어 받다가 처음으로 기원전 87년 아랍 셈족이 이곳을 수도로 한 나바티야 왕국을 세운다. 그러나 얼마 못가서 로마제국의 내침으로 비극적 종말을 맞고, 이어 비잔틴제국의 영역에 편입됨으로써 기원을 전후해 수백 년 동안 그리스-로마 문명과 기독교 문명에 훈육된다.

그러다가 635년에 아랍-이슬람군에게 정복되어 우마위야 조 아랍제국의 수도

사도 바울 기념교회의 내부 벽에 걸려 있는, 바울이 박해를 피해 바구니를 타고 피신하는 장면을 그린 성화.

가 되면서 초기 이슬람 세계의 심장부로 부상한다. 그러나 아바스 조 이슬람제국 시대에 들어와 수도를 바그다드로 옮기면서 그 지위는 상대적으로 떨어진다. 10세기 후반, 이집트에서 일어난 파티마 조의 속지로 변한 후, 4백 년 동안 십자군과 몽골군, 티무르군의 잇따른 내침을 받아 파괴와 재건의 과정을 거듭한다. 16세기 초부터 오스만제국의 속주로 있다가 제1차 세계대전 후에는 프랑스의 식민도시로 전락한다. 1943년 시리아가 독립하면서 수도가 되어 오늘에 이르고 있다.

이렇게 다마스쿠스는 4천여 년 동안 수많은 침탈을 당했어도 폐허가 되어 터전을 잃어 본 적은 한번도 없이 끈질긴 생명력을 유지해 왔다. 그 속에서 고대 메소포타미아 문명을 비롯해 페르시아 문명, 헬레니즘 문화, 그리스-로마 문명, 기독교 문명, 비잔틴 문명, 이슬람 문명, 프랑스 문명 등 다양한 동서 문명의 세례를 받으면서 그 문명들을 잘 조화시키고 융합시켜 특유의 복합도시문화를 꽃피웠다. 그래서 흔히들 다마스쿠스를 가리켜 '시대의 동반자', '동방의 낙원'이라고 한다. 중세 이곳을 찾은 아랍 시인 누르드딘(Nur-ed-Din)은 이곳 정경을 이렇게 읊고 있다.

"다마스쿠스, 행운이 가득한 우리네 집, 아득한 하늘가 너머의 그 축도
갈대가 춤추고 새들이 지저귀며 꽃이 만개하고 물이 출렁이는 곳
현현(顯現)한 온갖 산해진미, 훗훗한 거목의 녹음에 감싸였네
계곡마다에 '모세의 샘'이 솟고 화원마다에 푸르름 넘치네."

다마스쿠스가 '시대의 동반자'답게 역사의 고비마다를 슬기롭게 헤쳐 온 일들 가

운데서 오늘까지도 그 빛을 발하고 있는 것은 기독교와 이슬람을 한 품에 안아 아우른 것이다. 기독교와 이슬람 간의 관계를 놓고 해묵은 편견에 사로잡혀 있는 현실에서 이 점은 더더욱 중요하다. 그래서 그런 사실을 잘 보여 주는 몇 곳을 답사 대상지로 잡았다. 그 첫 곳으로 기독교인들(시리아 2천만 인구 중 13퍼센트가 기독교인)의 거주구역인 바붓 샤르크(Bab-ed-Sharq)에 있는 아나니아 교회를 찾아갔다. 이곳은 '교회의 핍박자'였던 성 바울이 다마스쿠스로 가는 도중에 기독교로 개종해 복음 전도사로 다시 태어난 신앙적 탄생지다. 돌계단으로 지하에 내려가면 자그마한 교회가 있는데, 벽에는 바울의 이러한 역정을 보여 주는 그림들이 걸려 있다. 또 근처에는 바구니를 타고 피신하는 바울을 형상화한 성화 등 유물을 소장한 기념교회도 있다. 기독교인들의 순례지로서 그날도 몇몇 외국 순례객들이 눈에 띄었다.

다음으로 찾은 곳은 구시가지 중심에 자리한 우마야드(Umayad, 바니 우마야) 사원이다. 이슬람 세계에서 네 번째로 신성한 곳이라고 알려진 이 사원은 705년 우마위야 아랍제국의 제6대 칼리파 왈리드(Walid)가 세운 아랍의 대표적 건축물로서 규모면에서 유수의 대사원일뿐만 아니라, 건축술에서도 아랍 모자이크 예술의 백미로 꼽힌다. 넓은 대리석 광장을 지나 동서 길이 130여 미터의 예배당에 들어서면 그 화려한 벽장식과 건축술에 그만 어안이 벙벙해지고 만다. 1326년 이곳을 둘러본 아랍의 대여행가 이븐 바투타(Ibn Batutah)가 묘사한 내용과 크게 다르지 않다. 그는 "이 사원이야말로 세상에서 가장 화려하고 섬세하며 우아하고 장쾌하며 완벽한 사원이다. 그에 견줄 만한 사원이란 이 세상 어디에도 없다"라고 감탄하면서, 비잔틴 왕이 칼리파 왈리드에게 1만 2천 명의 공장을 보내 이슬람 사원으로 개축한 사실을 전하고 있다. 그러면서 이 사원이 지닌 특출한 공덕에 관해 "이 사원

우마야드 사원의 입구. 들어가기 전 손발을 씻는 곳이 있다.

교회를 핍박하던 바울이 기독교로 개종해 전도사로 거듭난 아나니아 교회에서 관광객들이 바울의 역정을 기록한 성화를 보고 있다.

우마야드 사원 예배당 안에 세례 요한의 머리가 안치된 화려한 무덤을 관광객들과 신도들이 구경하고 있다.

에서의 1배는 다른 곳에서의 3만 배와 맞먹으며", "세계가 궤멸된 뒤에도 사람들은 여기서 알라를 무릇 40년 동안이나 신봉하게 될 것이다"라는 한 성훈학자의 예언도 인용하고 있다. 그 만큼 이 사원은 예로부터 이슬람 세계에서 높은 위상을 누리고 있다.

　이것 말고도 이 사원이 지니고 있는 특별한 의미는 오랜 풍상 속에서도 기독교와 이슬람교가 한 자리에 어우러져 있는 현장이라는 사실이다. 원래 이곳은 원주민 아람인들의 하다드(Hadad: 비와 땅을 주관하는 최고신) 신전이었으나 로마 시대에 주피터 신전으로, 비잔틴 시대에는 세례 요한 교회로 변신했다가 이슬람 시대에 이르러 오늘의 우마야드 사원으로 탈바꿈한 것이다. 이를테면 중층적인 다종교성역인 셈이다. 지금 예배당 한쪽에는 헤롯 안티파스 왕에게 참수 당한 사도 요한의 머리가 안치된 화려한 무덤이 자리하고 있다. 한 종교의 사원 안에 다른 종교의 성자가 묻혀 있으며, 그것을 경배한다는 것은 보통 상식으로는 도저히 상상할 수 없는 일이다. 그러나 이슬람교에서는 그것이 가능하다. 왜냐하면 이슬람교에서는 기독교를 포함해 다른 종교의 성자들을 자기 종교의 성자들처럼 신앙적으로 경배(신앙 제4조)하기 때문이다.

2001년 5월 사원을 찾은 교황 바오로 2세는 웅집한 무슬림들 앞에서 "우리의 위대한 종교공동체인 이슬람과 기독교를 더 이상 갈등이 아니라 존경할 만한 대화의 집단으로 만드는 게 나의 열렬한 소망이다"라고 연설해 큰 박수갈채를 받은 바 있다. 갈등 아닌 대화, 그것이 종교 본연의 사명이 아닌가. 이 사원은 1997년 유네스코의 세계문화유산으로 등재되었다. 묻건대, 세계문화유산치고 이렇게 심원한 뜻을 지닌 문화유산이 과연 몇이나 있을까.

우마야드 사원 곁에는 아랍 세계에서 가장 크다고 하는 '수크 하미디야(하미디야 시장)'라는 재래시장이 붙어 있다. 정말로 그 명성에 걸맞게 갖가지 토산품과 외래 상품들로 꽉 차 있다. 특히 화려하고 부드러운 '다마스쿠스 비단'은 유명하다. 신앙의 장소와 삶의 공간을 하나로 한다는 이슬람의 정교합일 이념을 잘 구현한 현장이다.

해가 뉘엿거릴 무렵, 서쪽 카시윤 산 중턱 전망대에 올랐다. 솔솔바람이 하루의 고달픔을 씻어 준다. 시 전경이 한눈에 내려다보인다. 올망졸망한 집들 사이사이에 현대적 고층건물들이 띄엄띄엄 끼어 있다. 로마시대에 지은 성채 잔해와 바르다 강이 실오리처럼 아른거린다. 지금은 현장을 찾을 길이 없지만, 이 산에는 초기 기독교와 관련된 여러 가지 전설이 깃들어 있다. 아담이 에덴동산에서 쫓겨나 이 산 어느 동굴에 피신했고, 이 산 어디에 아브라함이 탄생한 동굴과 모세의 묘가 있으며, 예수와 어머니 마리아의 은

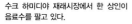
수크 하미디야 재래시장에서 한 상인이
음료수를 팔고 있다.

신처도 있다고 한다. 이러한 전설은 모두 경전 『쿠르안』에 등장하므로 모슬렘들은 거의 사실로 믿고 있다. 이곳이 유대교나 기독교의 발생지인 가나안이나 이스라엘과 인접해 있고, 기원을 전후해 로마제국의 지배하에 있었으며, 희랍어권과 더불어 시리아권을 문화적 배경으로 기독교가 태동한 역사적 사실 등을 감안하면, 이러한 전설을 한낱 근거 없는 낭설로만 치부할 수는 없다. 아무튼 이 카시윤 산은 초기 기독교와 인연이 있는 성산임에는 틀림없다. 그래서 이븐 바투타도 "이 산은 길상 (吉祥)으로 유명하다"고 했던 것이다.

다마스쿠스의 어제에 얽힌 기독교와 이슬람의 어울림상을 실감하면서, 이른바 기독교 문명과 이슬람 문명 간의 '충돌'을 운운하는 현대인들의 무지와 편견이 얼마나 무모한가를 다시 한 번 자성해 본다. 이젠 '충돌' 아닌 대화와 공존을 모색해야 할 것이다. 우리의 답사가 그 모색에 일말의 단서라도 제공했으면 하는 마음 간절하다.

43 고귀한 적, 살라딘
충돌의 시대, 살라딘의 재림을 기다린다

지정학적 요로에서 동서양 여러 문명의 세례를 받은 고도 다마스쿠스에는 동서 문명의 만남을 실증해 주는 유물들이 많이 남아 있다. 그러한 만남에는 유대교나 기독교, 이슬람교의 공존 말고도, 일상문물의 교류라든가 십자군 전쟁 같은 치열한 맞부딪침도 포함되어 있다. 그러한 만남을 유물로 확인하기 위해 찾아간 곳은 다마스쿠스 국립박물관이다.

아기자기한 아라베스크 무늬로 장식한 정문에 들어서니 고풍스런 박물관 건물이 나타난다. 관내에서 우선 눈에 띈 것은 우가리트 관에 전시된 우가리트 문자 점토

아라베스크 무늬로 장식된 다마스쿠스 국립박물관의 정문. 이곳에는 중국, 로마, 비잔틴 등 다양한 문명의 유물이 전시되어 있다.

판이다. 라어스 샤므라(Ra's Shamrah)에서 출토된 이 기원전 15세기의 문자는 라틴어 알파벳의 조형(祖型)으로서 그 발견은 동서양 문자 연구에 하나의 획을 그은 사건이었다. 발길을 옮겨 나리 관에 들리니, 탈 카즐(Tal el- Kazl)에서 출토된 기원전 16세기(청동기 말엽)의 채도와 10세기경의 중국 당삼채(唐三彩)가 나란히 놓여 있다. 아마 이 채도는 원조인 메소포타미아 채도의 영향을 받아 만들어진 것이고, 당삼채는 중국의 당·송대 때 활발했던 도자기 교역의 산물일 것이다.

로마 관에서는 우리에게 너무나 익숙한 새머리 모양 물병을 비롯한 로마 유리그릇들을 발견할 수 있었다. 그런가 하면, 비잔틴 관에는 '중국에서 온' 다마스쿠스 비단(83년)이니 '중국에서 온' 한(漢)-다마스쿠스 비단(103년)이니 하는 설명을 붙인 한나라 때의 비단 유물이 선을 보이고 있는데, 이것들은 주로 팔미라 유적에서 나온 것으로서 실크로드 오아시스로를 지중해 동안까지 연장하게 된 결정적 증거가 되었다. 이 소중한 유물들에 대한 연구가 아직 미흡해서 아쉬움의 여운을 남긴 채 박물관을 나섰다. 안내하던 학예사는 우리와의 공동연구를 희망했다.

앞서 들린 아즘 궁 박물관은 18세기 오스만제국의 총독 관저 자리인데, 당시의 생활상을 보여 주는 흥미 있는 유물들이 많이 전시되어 있다. 열탕과 냉탕을 배합한 터키식 목욕탕이나 지름이 150센티미터나 되는 구리 식판, 신랑신부를 돋보이게 하기 위해 신발 바닥을 20센티미터나 높인 장면 등은 당시의 생활문화를 생생하게 보여 주고 있다. 구리의 세공과 대롱불기법에 의한 유리 제작, 각종 식물무늬를

새긴 다마스쿠스 비단 같은 시리아 특유의 전통품들을 만들어 내는 생산과정도 목격할 수 있었다.

다마스쿠스의 관광일정에서 빼 놓을 수 없는 것이 살라딘(Salāh ad-Din)의 영묘를 참

아즘 궁 박물관에 재현된 무슬림의 손님 접대 장면.

살라딘 영묘 안 벽에 걸려 있는 살라딘 초상화.

배하는 일이다. 오후 3시경, 작렬하는 여
름 햇볕 속에서도 참배객들이 줄을 잇는
다. 여성들은 검정색 이바(겉옷)로 전신
을 가려 죽은 자에 대한 경배를 표한다.
시내 살라딘 광장에는 말을 타고 질주하
는 그의 동상이 우뚝 서 있기도 하다. 살
라딘은 이슬람 역사상 드물게, 어찌 보면
유일하게, 동서양 모두에게서 위인으로
추앙 받는 인물이다. 서구와 이슬람 세계 사이에 발생한 십자군 전쟁(1095~1291)이
라는 가장 날카로운 대립관계를 슬기롭게 타개했기 때문이다. 기독교와 이슬람교,
기독교 문명과 이슬람 문명 간의 이른바 '충돌'에 시달리고 있는 이 시대에 세계가
그의 '재림'을 바라고 있는 것도 바로 이 때문이다. 이런 의미에서 그의 무덤은 두
문명 간의 화해와 어울림을 상징하는 성소라고 말할 수 있다.

이라크의 티그리스 지방 쿠르드족 가문에서 출생한 살라딘(본명은 살라흐 앗딘 유
수프 이븐 아이유브, 1137~1193)은 14살의 어린 나이에 입대해 승승장구, 마침내 이집
트 파티마 조의 재상(1169)에 오른 후, 정국의 혼란을 틈타 이 왕조를 전복하고 북아
프리카에서 메소포타미아에 이르는 광대한 지역을 망라한 아이유브 왕조를 세운
다. 국교를 이슬람 시아파에서 전통파인 수니파로 바꾸고 분열위기에 처한 이슬람
세계를 재통일하는 위업을 달성한다(1169~1193 재위). 그러나 그의 결정적 운명은 8
차 중 가장 규모가 큰 제3차 십자군 전쟁(1189~1192)과 함께했다. 그는 일국의 최고
통치자인 술탄에 앞서 용·지·덕을 겸비한 무장으로서 영국의 사자왕 리처드가 이
끄는 십자군과 대결한다.

결전의 하틴 전투에서 십자군 2만을 유인해 물 없는 지역에 고립시켜 놓고는 일
격에 전멸하며, 아르수트 전투에서는 패하고도 전열을 재빠르게 정비해 결국 승전
고를 올린다. 유리한 전황임에도 불구하고 패전한 적장에게 손을 내밀어 평화협정

을 주도한다. 뿐만 아니라, 무모한 리처드가 야파 전투를 벌여 반격해 오다가 낙마한 신세가 되자, 살라딘은 "고귀한 사람은 그렇게 땅에서 싸우면 안 된다"고 일침하면서 자신이 만 두 필을 보낸다. 또한 리처드가 열병에 걸리자 위로편지와 함께약과 얼음을 구해 보냈다는 일화는 유명하다. 너그럽고 호방한 기개다.

이른바 '성지 탈환'을 명분으로 삼은 십자군은 제1차 원정에서 40일 간 예루살렘을 포위한 끝에 2일 간 점령하고는 모슬렘들을 가차 없이 살해하고 가옥을 파괴한다. 무슬림들과 함께 싸운 유대인들은 십자군이 입성한 후 장로의 지시를 받고 예배당에 집단적으로 모여 예배를 근행한다. 이때 십자군은 그들을 포위하고 불을 질러 타죽게 한다. 지난 2000년, 꼭 900년 만에 로마 교황은 이때의 비행을 사죄하는칙령을 발표한 바 있다. 늦은 감이 없지 않으나 성숙한 모습이다. 이에 반해, 살라딘은 88년 만에 빼앗겼던 예루살렘을 도로 찾고는 일체 살육과 파괴를 금지시키고,포로들은 몸값만 받고 풀어주었으며, 유대인들에게는 교회를 돌려주었다. 그 후700년 동안 예루살렘의 길 위에는 피 한 방울 떨어진 적이 없다고 한다.

살라딘은 리처드와 평화협정을 맺고 3개월 후에 파란만장한 생을 마감한다. 다른 곳에서 사망했으나, 마드라사(신학교) 자리였던 이곳에 안장했다. 술탄이자 개선장군이었건만 그의 금고에는 약간의 은 부스러기밖에 없어, 가족과 친구들이 돈을 거둬 장례비를 마련했다고 한다. 평소 "재물 보기를 모래같이 보는 사람도 있다"며 부와 영화를 경멸하고 근면과 소박함을 신념으로 삼아 온 그였다. 그의 신념답게 무덤도 소박하다. 그를 안치한 나무 관은 입구에서 오른쪽에 있고, 왼쪽엔1898년 독일의 카이저 빌헬름 2세 황제가 기증한 대리석 관이 빈 채로 놓여 있다.십자군 지휘자들조차도 그를 가리켜 '고귀한 적'이라고 일컬으면서 존경했으며,단테의 『신곡』에는 소크라테스와 플라톤 등 희세의 위인들과 함께 '최소한의 벌을받는 고결한 이교도'로 등장한다.

제3차 십자군 전쟁을 주제로 한 영화 〈킹덤 오브 헤븐〉에서 살라딘 역을 맡은 시리아 배우 가산 마스오드는 살라딘이 아랍과 무슬림들의 자부심과 위엄을 지켜 준영웅이며, 문명과 국가들 간의 충돌이나 전쟁을 바라지 않고 평화와 대화를 주장한평화주의자라고 평가한다. 그러면서 그는 영화를 통해 이 세상은 전쟁과 광신자들

다마스쿠스 시내 살라딘 광장에 세워진 살라딘 동상. 살라딘은 북아프리카에서 메소포타미아에 이르는 광대한 지역을 아우른 아이유브 왕조를 세워 분열 위기에 처한 이슬람 세계를 재통일한 영웅이다.

에 의해 움직여지는 것이 아니라, 대화를 통해 함께 살아가야 한다는 메시지를 전달하고자 했다고 고백한다. 이것이 바로 감독 리들리 스콧이 영화를 제작한 의도라고도 밝히고 있다. 그래서 이 영화는 아메리카—이슬람위원회로부터 '균형 잡힌 훌륭한 영화'라는 호평을 받게 되었던 것이다.

그러나 그의 삶과 죽음을 욕되게 하는 저간의 망령이 사라진 것만은 아니었다. 1920년 7월, 시리아가 프랑스의 위임통치(실제로는 식민통치)하에 들어가게 되자 다마스쿠스에 입성한 프랑스 점령군 사령관 앙리 구로 장군은 제일 먼저 살라딘 무덤을 찾아가 "살라딘이여, 우리는 돌아왔다. 내가 여기에 있다는 것은 이슬람 전체를 기독교가 지배한다는 의미다"라고 장엄하게 선언한다. 그러한 망령, 혹은 그와 유사한 망령이 지금도 완전히 사라졌다고 장담할 수는 없다. 이것이 오늘의 비극이다.

근간에 일부이기는 하지만, 9·11테러나 이라크 전쟁을 기독교 문명과 이슬람 문명 간의 불가피한 '충돌'로 왜곡하면서 그 원인(遠因)을 7~8백 년 전의 십자군 전쟁에서 찾는데, 이것은 그야말로 어불성설이다. 사실 이 전쟁은 '성지 탈환'이라는 종교적 열광을 방편으로 내건 전쟁으로서, 그 본질은 신흥유럽과 아랍-이슬람 세계가 지중해 일원에 대한 패권과 이권을 놓고 다툰 전쟁이지, 결코 오랫동안 공생 공영해 온 두 종교나 두 문명 간의 대립이나 충돌은 아니다. 그럼에도 불구하고 아직까지도 우리네 학계나 여론은 이슬람교를 폭력의 종교로 오도하면서 '충돌론'을 금과옥조처럼 맹신하는 경향에서 크게 벗어나지 못하고 있다. 다행히도 근간에는 일부에서 유럽중심주의를 비판하는 목소리를 내면서 십자군 전쟁에 대한 재조명을 시도하고 있다. 원로 서양사학자 한 분은 얼마 전에 발표한 글에서 이렇게 지적하고 있다. "서유럽의 성직자와 귀족들이 합작해서 엮어낸 성지탈환전쟁-십자군 원정이란 곧 동방 이슬람의 경제적 번영과 문화적 우월에 대한 서유럽의 질투와 갈망이 빚은 발작이다." 되새겨 볼 만한 성찰이다.

다마스쿠스에서의 일정을 마치는 날 저녁, 현지 안내원은 우리 일행을 집에 초대했다. 그는 우리의 다음 행선지인 팔미라의 한 유목민 가정에서 9남매 중 다섯째로 태어나 시리아에서 공부를 마치고 직장생활을 하다가 캐나다로 이주, 그곳 여인과 결혼해 가정을 꾸렸다. 그러나 그가 아이 낳기를 거부해서 그만 이혼하고 귀국했다고 한다. 대가족제를 선호하는 아랍인에게 자식이 없다는 것은 일종의 사회적 의무를 저버리는 행위로서 용납될 수 없다. 지금은 관광학교 교사를 하면서 공식 관광 안내원직도 겸하고 있다. 그는 손수 갖가지 과일과 당과류, 음료수를 차려 놓고 우리를 환대해 주었다. 우리는 그와 환담하면서 즐거운 한때를 보냈다. 호텔에 돌아오니 저녁상에 난데없이 쌀밥과 쌈 배추가 놓여 있었다. 한국 사람들의 기호를 헤아려 호텔 측에서 특별히 차진 이집트 수입쌀과 배추를 마련했던 것이다. 이것이 바로 아랍인들 특유의 손님 대접이고 친절이다.

오아시스 육로의 서단, 팔미라
2천 년 전 한나라의 비단 조각이 나온 교역도시

8월 14일, 이날은 괜히 아침부터 들뜬 기분이다. 새벽 5시에 일어나 호텔 주변을 몇 바퀴 돌고나서 벤치에 앉아 오늘 하루 일정을 더듬어 봤다. 갈 곳은 다마스쿠스에서 북쪽으로 215킬로미터 떨어진 시리아 사막 한가운데의 오아시스 도시 팔미라다. 26년 전, 한 번 다녀온 곳이다. 그때만 해도 이곳에 관한 지식이 일천해서 기억에 남는 것은 뿌연 모래먼지를 뒤집어쓰고 몇 시간 달려가서 휑뎅그렁한 신전 터를 대충 둘러본 것뿐이다. 그러나 이번 걸음은 사뭇 다르다.

아침 8시에 출발해 두 시간쯤 달리니 사막 속에 운치 있게 꾸며 놓은 '바그다드 카페'가 나타난다. 여기서 생 박하 잎을 띄운 짙은 홍차를 마시며 30분 간 휴식을 취하고 나서 얼마 안 가니 서쪽 해안지대로 이어지는 철도가 가로지르고, 우측으로는 이라크로 통하는 고속도로가 아스라이 뻗어 있다. 여기서 이라크 국경까지는 150킬로미터 거리다. 왼편에 크네피스 마을의 얕은 모래언덕을 마구 파헤친 인산

다마스쿠스 북쪽 215킬로미터 지점에 있는 시리아 사막 한가운데의 오아시스 고대도시 팔미라.

팔미라 가던 길에 들른 바그다드 카페. 여기서 베드윈(사막 유목민)들의 기호품인 박하잎 띄운 홍차를 마셨다. 운치 있는 카페 밖은 황량한 사막이다.

염 노천채굴장이 나타난다. 여기저기에 녹슨 채굴기 잔해들이 흉물스레 나뒹군다.

한 시간 더 달려 드디어 팔미라(Palmyra)에 도착했다. 한사코 이곳을 찾은 것은 실크로드의 전개에서 차지하는 중요성 때문이다. 1877년 독일의 지리학자 리히트호펜(F. V. Richthofen)이 중국에서 중앙아시아를 경유해 서북 인도로 가는 길 연변에서 고대 중국 비단 유물이 발견되었다는 점을 감안해 처음으로 이 길을 자이덴슈트라센(Seidenstrassen: 독일어로 비단길), 즉 '실크로드'라고 명명했다. 그러다가 역시 독일의 동양학자 헤르만(Herrmann A.)은 그 동안 중앙아시아에서 지중해 동안의 이 팔미라까지 이어지는 오아시스 곳곳에서 중국 비단 유물이 발견된 사실에 근거해 이 비단교역의 길을 팔미라까지 연장하고 '실크로드(일명 오아시스로)'라고 재천명했다. 요컨대, 팔미라에서 중국 비단 유물이 발견되었기 때문에 실크로드 오아시스 육로는 오늘날처럼 지중해 동안까지 연장된 것이다.

팔미라는 동서남북으로 메소포타미아와 지중해, 아나톨리아와 아라비아 반도를 연결하는 교통요로에 위치하고 있을 뿐만 아니라, 주변에 분당 3톤의 물을 뿜어내는 에프카 샘물(33도의 방사성 유황온천)을 비롯해 몇 개의 수원을 가지고 있어 시리아 사막 중 유일하게 물이 넉넉한 고장이다. 그리하여 일찍부터 사람들이 정주하고 농업과 목축업이 발달했으며 대상(隊商)교역이 활발했다. 최초의 기록인 기원전 2370년경 아카트 왕조 때의 점토판에는 이곳 이름이 '타드무르(Tadmur)'로 쓰여 있고, 구약 성서에도 기원전 1000년경 솔로몬이 황야에 '타드무르'를 세웠다고 나온다. '타드무르'는 대추야자라는 뜻의 고대 셈어 '타무르'에서 유래된 말로서 지금도 이곳의 아랍어 이름은 '타드무르'다. 흔히 쓰는 '팔미라'는 그리스어나 라틴어의 '대추야자'라는 뜻으로서 의역명인 셈이다.

타드무르는 기원전 6세기에 아케메네스 조 페르시아의 치하에

바그다드 카페 안쪽은 홍차를 즐기는 여행객들로 붐빈다.

321

들어갔다가, 기원전 4세기 알렉산더의 동정을 계기로 그리스 문화의 영향을 받게 되며, 이때부터 '팔미라'라고 불린다. 기원전 1세기부터 기원후 3세기 중엽까지 로마제국의 속지로 있었지만, 상당한 독립성을 유지, 7만 대군으로 이집트까지 원정할 정도의 국력을 가진 강력한 왕국으로 성장한다. 그러다가 일세를 풍미한 마지막 여왕 제노비아가 로마군에게 사로잡혀 극적인 비운을 맞으면서 약 300년 간의 팔미라 영화는 끝나고, 벨 신전을 제외한 모든 건물들이 파괴되었다.

오늘의 팔미라는 인구 3만에 10여 평방킬로미터의 유적지를 보유하고 있는 관광 명소다. 도착한 시간은 이미 정오지만, 들머리에 들어서자마자 곧바로 중국 비단 조각이 나왔다고 알려진 아르타반 탑묘로 향했다. '무덤 골짜기'의 탑묘군(塔墓群)에 있는 이 묘는 부유한 아르타반 일가가 150년경에 지은 탑식 묘로서 지하실과 지상 4층을 합쳐 높이가 25미터에 달하며, 그 속에는 약 300구의 시신이 묻혀 있었다고 한다. 입구의 윗면 바깥에 아치형 노대가 튀어 나와 있는데, 그 밑 석판에 묘에 관한 설명문이 새겨져 있다. 층층마다 가로로 벽감을 파고 그 속에 시체를 안치하고, 동쪽 벽면에는 사자들의 흉상을 그렸다. 시신을 감싼 수의 속에서 중국 한나라 때의 비단, 즉 한금(漢錦) 조각이 여러 점 발견되었다.

한금이라고 고증하는 증거는 그 특이한 직조기법이다. 한금은 날실로 무늬를 만들어 씨실을 감추는 날실 현문(顯紋)과, 날실을 두드러지게 해 천이 마치 밭이랑처럼 부푸는 이랑 무늬가 그 특색이다. 실크로드 오아시스로를 여기 팔미라까지 연장할 수 있는 당당한 증거를 제시한 이 한금 유물은 기원 전후 중국 한나라와 1만여 킬로미터나 떨어진 이곳 사이에 있었던 교류의 일단을 입증해 주고 있다. 6세기 중엽에 쓰인 『위서(魏書)』 '서융전(西戎傳)'에는 이곳을 차란(且蘭) 왕국이라고 지칭하

한나라의 비단 조각 유물이 발견된 팔미라 아르타반 탑묘의 내부. 공간 사이로 관을 넣어 시신을 안치한다.

면서 대진(大秦, 로마)에 예속되어 있다고 기술하고 있다.

　오후에는 팔미라 박물관을 찾아갔다. 1961년에 개관한 구관을 3년 전부터 일본 측에서 직접 지원하고 증수해서 2주 전에 새로이 단장한 모습으로 다시 문을 열었다. 선사시대의 타제석기로부터 팔미라 왕국 시대의 여러 신전 복원도에 이르기까지 다양한 유물이 전시되었는데, 눈길을 끈 것은 2층에 전시된 한금을 비롯한 각종 견직유물이다. 놀라운 것은 입구에서부터 일본어 안내 비디오가 방영되고, 태반의 진열장이 일본 고고학 팀의 발굴품으로 채워져 있다. 일본은 1970년부터 이곳 발굴에 참여해 지금은 벨 신전의 한 모퉁이에 연구소까지 차려 놓고 발굴 작업을 선도하고 있다. 같은 동양학자로서 자부를 느끼는 한편, 소외된 우리의 현실엔 자괴하지 않을 수 없었다.

　이어 발길을 옮긴 곳은 팔미라 유적 중에서 가장 오래된 벨 신전이다. 32년에 본전을 짓기 시작해 2세기 중엽까지 주랑, 정문, 주벽 등 부속건물들을 완성했다. 이 그리스식 신전은 동서 길이가 210미터, 남북이 205미터의 정방형이며, 그 한가운데 있는 본전은 동서 30미터, 남북 55미터의 직사각형 석조건물로서, 주위에는 코린트식 열주가 에워싸고 있다. 본전의 좌우 벽 감실에는 주신인 벨을 중심으로 좌우에 월신(月神)인 아그리볼과 태양신인 야르히볼을 거느리고 있다. 본전은 4세기 후에는 기독교 교회로, 7세기 후에는 이슬람 사원으로 이용되었는데, 그 흔적이 오롯하게 남아 있다. 그리고 이 신전 경내에는 1929년까지 주민들이 살고 있다가 3년 동안 전부 철수했는데, 우리 일행의 안내를 맡은 왈리드의 가족도 그중에 끼어 있었다고 한다. 그밖에 시내에는 나보 신전과 벨샤민 신전, 아라트 신전, 페르하몬 신전 등 몇 개 신전이 더 있어 당시의 두터운 신앙체계를 말해 주고 있다.

벨 신전을 나와 옛 도시 유적 관광에 나섰다. 주요 유적들은 팔미라의 척추라고 할 수 있는 열주도로를 따라 좌우에 촘촘히 배치되어 있다. 동서로 뻗은 너비 11미터의 열주도로는 길이가 무려 1,100미터나 되며, 그 양쪽에는 높이 9.5미터, 지름 95센티미터의 코린트식 석주가 750개나 늘어서 있어 석주림(石柱林)을 방불케 한다. 기둥의 상단에는 대상무역에 공을 세운 사람들의 석상을 얹어 놓기 위해 만든 대좌(받침대)가 약간 튀어나와 있다. 대좌 밑에는 그들의 공덕을 찬양하는 명문이 그리스어와 팔미라어로 새겨져 있다. 팔미라인들이 얼마나 교역을 중시했는지 볼 수 있는 단적인 증거다. 이 열주도로의 기점은 200년경에 세웠다가 1930년에 복원한 아치형 개선문이다.

양쪽에 출입문이 달린 개선문에 들어서서 열주도로를 따라 전진하다 보면, 오른쪽(북쪽)에 293~303년에 지은 목욕탕이 나타나고, 좀 더 나가면 왼쪽(남쪽)에 원형 야외극장에 이른다. 관중석은 13단 11열이고, 무대는 앞쪽 폭이 48미터, 길이 10.5미터의 전형적인 로마식 극장이다. 맨 뒷열에 올라가 앉아 보니, 무대 위에서의 활동이 그렇게 선명하게 보일 수가 없다. 양 옆에는 소음차단벽도 설치했다고 한다. 극장 바로 곁에는 원로원의사당이 붙어 있으며, 그 남쪽에는 폭 84미터에 길이 71미터의 세관건물이 자리하고 있다.

당시 대상교역을 진작시키고 국고를 증식하는 데 세관업무는 대단히 중요했다. 그래서 이 세관 터와 특히 거기서 출토된 관세표 등에 흥미가 동했다. 그 내막을 전해 주는 '팔미라 관세표(關稅表)'라고 하는 석비가 러시아의 한 여행자에 의해 발견

(1881)되었는데, 그리스어와 팔미라어로 137년에 작성된 것이다. 표에 따르면 거래된 교역품은 귀금속, 향유, 올리브, 비단, 청동상, 물. 소금, 낙타 등이며, 세금 계산 단위는 낙타 한 마리가 싣고 있는 짐이다. 당나귀 한 마리 분은 낙타 한 마리 분의 반액, 짐수레 한 대 분은 낙타 네 마리 분으로 계산한다. 세계에서 가장 오래된 세관과 관세표라고 한다.

그밖에 여러 가지 볼거리가 많은데, 교류와 관련해 주목할 만한 것은 도로의 중앙 교차점에 세워진 4주문(柱門, 테트라피론)이다. 네 개씩의 기둥으로 된 구조물 4개를 문기둥으로 삼은 건물인데, 그 석재는 멀리 이집트의 나일 강 상류의 아스완에서 운반해 온 회색 화강암이다. 얼핏 봐도 팔미라 북방 12킬로미터 채석장에서 캐 온 여타 흰색 석회암 기둥들과는 판이하게 다르다. 그 육중한 석재들을 어떻게 운반했을까 하는 의문이 남는다.

팔미라의 해돋이와 낙조를 보지 않고는 팔미라에 다녀왔다는 소리를 하지 말라는 말이 있다. 서쪽에 있는 디오크레티아누스 성채의 나지막한 언덕에 오르니 벌써 관광객들로 웅성거린다. 오후 6시 50분, 장엄한 낙조가 멀리 사막의 지평선을 붉게 물들인다. 이곳저곳에서 환호성이 터진다. 이튿날 새벽, 유서 깊은 벨 신전을 불그무레하게 물들이기 시작하는 해돋이도 가슴 뿌듯이 맞이했다. 이렇게 우리는 팔미라의 흥망을 함께 지켜봤다.

45 알파벳의 산실, 우가리트
3천년전 첫 알파벳의 경이로움

　　　　　　오늘은 새벽 4시에 기상했다. 도중에 한두 곳 들러 목적지 알레포(Aleppo)까지 가야 할 거리가 358킬로미터나 되는 데다가, 이곳 팔미라의 벨 신전 너머로 떠오르는 일출의 황홀경을 맛봐야 하기 때문이다. 바람대로 일출을 보고 서쪽으로 2시간쯤 달려 150만 인구를 가진 교육의 도시 홈스(Homs)에 도착했다. 홈스는 예로부터 '홈스야'라는 미녀의 고장으로도 유명하다. 길 양 옆에는 키가 4~5미터 자란 초록의 소나무와 올리브 나무가 숲을 이루고 있다. 시 중심에 있는 사피르호텔 로비에서 잠시 휴식을 취했다. 문득 50년 전 카이로 대학 유학 시절 대학에서 함께 기숙하면서 다정히 보내던 이곳 출신의 학우 아바스 생각이 떠올랐다. 그의 어머니는 이 고장의 명물인 '할라위야(당과)'를 손수 만들어 보내면서 꼭 절반을 나눠 필자에게 전하라고 했다. 몇 차례 감사의 편지를 띄운 일이 삼삼히 떠오른다. 그 어머님, 지금쯤 생존해 계시는지. 그 아들 아바스는 이 도시 어디에 있으련만. 우정이란 인간 본연의 마음씨이기에 세월도 국경도 뛰어넘는 법.

　　시외를 빠져 나오니 큰 정유공장들이 눈에 띈다. 안내원의 말에 의하면, 시리아에서도 석유가 채굴되기는 하지만 부족해서 지중해로 뻗은 송유관을 통해 이라크에서 보충 받아 왔으나, 지금은 송유관이 막혀 에너지 부족난에 시달리고 있다고 한다. 석유. 알라가 아랍 무슬림들에게 고루 하사한 부존자원이라고는 하지만, 알라도 감당 못할 '괴력'에 눌려 그 실현이 부정되니 한낱 허언으로밖에 들리지 않는다.

　　다시 1시간쯤 달려 시리아의 최대 항구 도시 라타키야(아랍어로는 라지키야)를 지나 북쪽 15킬로미터에 위치한 고도 우가리트에 이르렀다. 지금은 라어스 샤므라(Ra's ed-Shamrah)라고 하는 마을인데, '라어스 샤므라'는 아랍어로 봄과 여름철에 피는 노란색 '샤므라 꽃이 피는 갑(岬)'이라는 뜻이다. 그리고 '우가리트'는 고대

아카디어와 바빌론어의 '우가루(밭, 땅이라는 뜻)'에서 파생된 말이다. 지중해가 한 눈에 내려다보이는 해발 20미터의 언덕에 자리한 우가리트는 면적 30만 평방미터나 되는 고대 지중해 연안 유수의 도시다. 1928년 봄, 이 마을의 한 농부가 밭을 갈다가 우연히 땅 속에 묻혀 있는 석판 하나를 발견했는데, 석판을 들어올리자 그 밑에서 부장품이 가득한 묘실이 드러났다. 이 소문이 퍼지자 클로드 세페르를 비롯한 프랑스 고고학자들이 달려와 연구를 시작한 이래 점차 그 면모가 밝혀지게 되었다. 지금까지 근 80년 동안 발굴 작업을 계속했지만, 워낙 방대한 유적이라서 4분의 1밖에 발굴하지 못한 형편이다.

지금까지의 발굴 결과에 의하면, 약간 경사진 이곳에는 기원전 7500년부터 기원전 1200년 사이에 신석기시대, 석기-황동시대, 전기 청동시대, 중기 청동시대, 후기 청동시대 등 5개의 문화층이 형성되었다. 샤비브 강과 달바 강 사이의 기름진 땅으로서 귤과 올리브 같은 과일이 풍성한 이곳엔 기원전 7000년경부터 사람이 살기 시작해, 기원전 2000년경에는 도시국가인 우가리트 왕국이 세워져 역사무대에 등장한다. 키프로스와 이집트, 이라크 등 주변 국가들과의 활발한 국제교역을 통해 막대한 부를 축적하면서 기원전 14~13세기에는 전성기를 맞는다. 이때부터 패망기(기원전 1400~1180)까지 집권한 8대의 왕 이름과 재위 연대도 밝혀졌다. 그러나 이 고대왕국은 기원전 12세기에 이르러 갑자기 모습을 감추고 마는데, 그 원인은 지진이나 외래의 침입으로 짐작된다. 축조된 왕궁과 신전, 분묘와 가옥, 수리시설과 각종 석제 및 청동제 유물, 인장, 특히 이 모든 것을 기록한 점토판 문서가 발굴되어 우가리트 왕국의 면모를 윤곽적으로나마 파악할 수 있게 되었다.

8월의 지중해성 기후는 한마디로 혹독하다. 사실 한 달 남짓하게 기온이 이보다 훨씬 더 높은 열사지대를 누볐지만 그런대로 견뎠는데, 이곳의 고온다습(정오가 38도)한 날씨는 정말로 지긋지긋하다, 몇 발자국만 떼어도 땀범벅이다. 야트막한 언덕 길을 올라서 서쪽을 향한 큰 대문에 들어섰다. 폐허가 되어 뒤죽박죽이지만 곳곳에 안내판이 세워져 있어 어딘지를 구분할 수 있다. 90개의 방이 달린 왕궁과 어전, 감시구멍이 달린 대기실, 대형 응접실과 연회장, 두개의 신전, 관공서, 지하의 장방형 묘실, 수로, 우물, 물이나 포도주를 넣었던 돌항아리 등 유적유물들이 눈에

띤다. 유물은 대부분 프랑스가 가져가고, 일부만 다마스쿠스 박물관과 알레포 박물관에 소장되어 있다.

이러한 유물 가운데서 가장 주목을 끈 것은 우가리트 알파벳이다. 수천 점 점토판 문서의 기록수단인 이 우가리트 문자는 설형(쐐기꼴)문자를 사용한 세계 최초의 알파벳으로서 그 발견으로 인해 점토판 문서가 해독되고, 우가리트 역사가 베일을 벗게 되었을 뿐만 아니라, 알파벳 문자사 연구의 단초가 열리게 되었다. 그래서 고고학계에서는 1947년 이스라엘의 쿰란에서 발견된 가죽 두루마리 '사해사본(기원전 2세기의 유대교 경전)'과 함께 20세기의 가장 중요한 성서고고학의 발굴성과로 평가하고 있다. 사실 우리가 불원천리 이곳을 찾아온 이유도 바로 이 문자의 발견 현장을 확인하고, 오늘날까지 이어온 알파벳의 전파사를 추적하기 위해서다. 이 우가리트 알파벳은 응접실에 딸린 몇 개의 작은 방에서 발견되었다고 한다. 3,300여 년 동안 인류문명의 전승수단 구실을 해 온 알파벳 산실의 현장에 서는 순간, 실로 감개무량했다. 문자는 인간을 인간답게 한 최고의 발명품이며, 알파벳은 지식을 특권층 독점으로부터 만민공유로 유도한 평등과 민주주의 촉발제(觸發劑)가 아니었는가.

점토판 문서란 진흙을 물에 개어 여러 가지 크기의 판을 만들고, 그것이 굳기 전에 대나무 같은 예리한 도구로 글씨를 눌러 쓴 문서를 말한다. 이러한 점토판은 햇볕에 말리거나 뜨거운 불에 구워내면 돌같이 단단해진다. 기원전 3300년경에 메소포타미아의 수메르 문명에서 최초로 만들어진 문자는 이러한 점토판에 쓴 쐐기문자로서 기원전 4세기 아케메네스 조 페르시아가 멸망할 때까지 장장 3천 년 동안이나 쓰여 왔다. 우가리트 점토판(길이 5.5센티미터, 너비 1.3센티미터) 문서는 기원전 13세기경에 8개 언어의 5종 문자로 쓰여졌는데, 모두가 쐐기문자의 범주에 속한다. 그중 토착문자인 우가리트 문자는 다른 쐐기문자들과는 달리 30개의 자모체계(순서)를 갖춘 최초의 문자다. 이러한 체계화된 알파벳이 있었기에 비로소 그토록 많은 점토판에 문서를 기록할 수 있었던 것이다. 우가리트 왕국의 멸망과 더불어 일

세계 최초의 쐐기꼴 알파벳이 발견된 지중해 연안의 고대도시 우가리트의 옛터. 유적 발굴 현장 한쪽에 당시 포도주와 물을 담아 두던 항아리가 보인다.

’abgḫdhwzḥṭykšl
mḏnẓs‘pṣqrt
ġṯ’i’uś

석묘에서 발견된 점토판 문서(가운데)에 새겨진 우가리트 알파벳
(위)과 그 음가(아래).

시 자취를 감췄던 이 문자는 얼마
후 복원 계승된다.

기원전 5세기, '역사의 아버지'
헤로도토스는 페니키아의 전설적
인물 카드모스에 의해 그리스에 알
파벳이 전해졌다고 했다. 그런데
그 알파벳은 우가리트 알파벳을 계
승한 페니키아 알파벳이라는 것이
밝혀졌다. 1922년 페니키아의 옛
땅이었던 레바논의 비블로스에서
모래사태가 나는 통에 비블로스 왕
가의 석관 하나가 드러났다(베이루트 박물관 소장). 관 벽에 페니키아 알파벳으로 명
문이 새겨져 있는데, 이것이 최초의 알파벳 비문이다. 그 형태는 현대 알파벳의 꼴
을 닮았으며, 문자체계는 우가리트 알파벳 체계와 대체로 일치한다. 우가리트 문
자는 해상활동을 하던 페니키아인들을 통해 동서로 널리 전파되었다. 서쪽으로는
그리스에 전해지고, 그것이 다시 라틴어로 이어진 후 현대의 서구 알파벳으로 발달
했다. 동으로는 아람어를 거쳐 인도어와 아랍어, 히브리어의 알파벳을 탄생시켰
다. 그래서 우가리트는 알파벳의 산실이며, 그 문자는 알파벳의 조형이라고 말하
는 것이다.

우가리트 유적지 앞 식당에서 지중해산 생선 튀김으로 푸짐한 점심을 먹고 나
서, 곧바로 북방의 고도 알레포로 향했다. 2시경, 하루 중 가장 뜨거운 때 해발
700미터쯤 되는 알라위 산마루를 넘다가 그만 엔진 과열로 차 에어컨이 고장났다.
운전기사가 싣고 온 물을 엔진에 끼얹자 한참만에 정상적으로 가동한다. 사막길에
선 자주 있는 일이다. 알레포 도착 전 15킬로미터 지점 오른편에서 '현대자동차 공
장'이라는 간판이 달린 굴뚝이 갑자기 시야에 들어왔다. 일행의 시선이 한데 모아
졌다. 안내원 왈리드는 금방 눈치를 채고 시리아에도 한국 물품이 많이 들어온다
고 설명한다.

우가리트 북쪽의 고대도시 알레포의 성. 이집트 아유브·맘루크 왕조 시대(12~16세기)에 외침을 막기 위해 해발 150미터의 고지에 성채를 짓고 성 주위에 깊은 해자까지 파 놓은 요새다.

  오후 4시경, 알레포에 도착해 우선 알레포 국립박물관에 들렀다. 1만 년 전 석기 시대부터 13세기까지의 유물들이 시대별로 전시되었는데, 그 대부분은 폴란드와 프랑스, 독일 고고학자들에 의해 발굴된 것들이다. 특이한 것은 탈 할프 관에 전시된 아시리아 시대의 사자 석조물인데, 걸을 때와 서 있을 때 모습의 시각성을 부각하기 위해 다리 다섯 개를 달았다. 높은 예술성을 지닌 수작으로 평가된다. 이어 이집트 아유브와 맘루크 시대(12~16세기)에 외침을 막기 위해 지은 성채를 둘러봤다. 시가지가 한눈에 내려다보이는 높이 150미터의 고지에 면적 5평방킬로미터를 차지하고, 주위엔 깊은 해자까지 파 놓은 견고한 성채다. 사원과 신학교, 목욕탕과 창고 자리가 그대로 보존되어 있다.

  곳곳에서 지중해 해상문명의 흔적을 찾아보는 하루였다. 해양은 거침없이 트인 공간이다. 해양문명의 생명력은 그 역동성에 있다. 삼면이 바다인 한반도에서 가꾸어야 할 해양문명의 내일을 구상하면서 시리아에서의 답사일정을 모두 마쳤다.

46 터키 성지, 하란과 산르 우르파

아브라함과 아들, 또 그 아들이 예서 살았더라

　　시리아에서 짧지만 뜻있는 일정을 마치고 마지막 답사국
인 터키를 향해 아침 일찍 고도 알레포를 떠났다. 우리가 택한 시리아–터키 국경
지점까지는 약 200킬로미터 거리다. 1시간쯤 지나서부터는 시리아 사막의 서북 언
저리를 지나게 되어 다시 삭막한 기분이 든다. 드문드문 꽂혀 있는 올리브 나무 그
늘 밑에 양떼들이 옹기종기 모여 있다. 그 녀석들도 볕이 싫은가 보다. 낮은 모래산
기슭을 따라 조림을 시도한 흔적이 보이나 여의치 않다. 모래밭 속에 드러난 앙상
한 나뭇가지가 애처롭기만 하다. 그러다가 30분 더 달리니 갑자기 푸르른 들판이
펼쳐진다. 유프라테스 강을 낀 하맘 지역이다. 물을 댄 밭에서는 목화와 옥수수가
싱싱하게 자라고 있다. 부근에는 타슈린이라는 인공호수가 있어 수량을 조절한다
고 한다. 사막에서 물은 생명이다. 물이 있으면 사막도 옥토가 되는 법이다.

　국경을 30킬로미터 앞둔 아인 아이사에 있는 까스르(궁전) 카페에서 잠시 휴식을
취한 뒤, 국경도시 탈 압야드에 도착했다. 여기서 3킬로미터쯤 더 가니 국경초소가
나타났다. 입국 때와 마찬가지로 출국수속도 순조로웠고, 터키 입국수속도 무난했
다. 두 나라 통과수속에는 1시간 10분밖에 안 걸렸다. 터키 답사를 안내할 규벤 듀
젠리가 일찌감치 터키 초소 너머에서 우리를 기다리고 있었다. 그는 한국에 유학
와 한국 여성과 결혼한 뒤 귀국해 몇 년째 프리랜스 여행해설원으로 일하고 있다.
체격도 늠름하고 성격도 활달하며 친절한 데다 한국과 한국어를 잘 알고 있어 한국
관광객 안내자로서는 최적임자다. 그는 우리 '덕분'에 터키 동부지역에 대한 안내
를 처음 맡아 본다고 한다. 대체로 한국 관광객들은 기독교 성지가 모여 있으면서
교통을 비롯한 여행여건이 편리한 터키 서부지역엔 들르나, 한적한 전통지역으로
서 관광여건이 비교적 열악한데다 쿠르드족의 '소요'가 심한 동부지역은 꺼린다는

셀주크 시대에 대상들이 숙소로 쓰던 터키의 하란 신전. 방이 100여 개 있었지만 지금은 무너져버려 뼈대만 남아 있다.

것이다. 애당초 이 모든 것을 잘 알고 있는 우리 일행은 바로 이 때문에라도 동에서 서로 향해야 한다는 결단을 내렸다. 답사과정에서 우리의 결단이 적중했음을 실감했다.

8월 16일 정오, 터키 땅에 들어서자마자 우리의 발길은 범상치 않은 곳에 닿았다. 아브라함의 영적(靈蹟)이 깃든 땅, 하란이다. 본래 '아람나하라임(두 강 사이에 있는 아람 사람들의 땅이라는 뜻)'이라고 불리운 이곳은 지정학적으로 서쪽에 유프라테스 강이, 동쪽에 티그리스 강이 흐르고 있는 기름진 땅으로서, 줄곧 메소포타미아와 아나톨리아를 잇는 무역통로 구실을 해 왔다. 기원전 2500년경 이곳에 고대 도시가 건설된 이래 여러 조대가 흥망을 거듭하면서 숱한 유적을 남겨 놓았다. 달의 신을 모신 히타이트 시대의 신전과 세계 최초의 로마 시대 대학 터, 천문대와 수리시설 흔적이 발견되었다. 교통요지라서 이곳에서는 여러 번 큰 전쟁이 벌어지기도 했다. 기원을 전후해 이곳을 지배하던 페르시아의 파르티아 조와 사산 조가 로마의 거듭되는 내침을 격퇴한 격전장이 바로 이곳이다. 그런가 하면 1259년 칭기즈칸의 손자 훌레구가 이끈 제3차 몽골군 서정 때, 무참히 짓밟히기도 했다.

우리는 살을 사르는 듯한 뙤약볕 속에 셀주크 시대에 대상들의 사라이(숙소)로 쓰인 한 신전을 찾았다. 방 100여 개가 있었는데, 지금은 태반이 무너져버려 뼈대만 남았다. 사막을 주름잡는 대상들은 '사라이'라고 부르는 숙소를 지어 사용하는 것이 관례이지만, 이 신전처럼 기존 건물을 이용하는 경우도 종종 있다. 보통 사라이 사이의 거리는 하루 주파거리에 맞먹는 약 30킬로미터이다. 일단 한 사라이에 도착하면 사흘 간은 공짜로 숙식하며, 나흘째부터는 숙식비를 치른다. 이러한 사라이는 대상들의 숙박소일 뿐만 아니라, 대상들이 각지에서 싣고 온 물품의 교역소이기도 하다.

하란은 아브라함의 행적과 관련해 유서 깊은 고장이다. 구약 성서에는 아브라함의 아버지 데라가 아들과 자부 사래를 데리고 갈데아 우르를 떠나 가나안 땅(현재의

이스라엘)으로 가던 도중 이곳에 들렀는데, 데라는 여기서 205세를 향수하고 죽었다고 한다(「창세기」 11:31~32). 때는 기원전 2000년경. 아브라함은 이곳에 15년 동안 머문다. 그는 아들 이삭의 아내를 고르기 위해 종을 보내 나홀의 손녀 리브가를 며느리로 맞는다. 리브가의 아들 야곱은 라반의 두 딸 레아와 라헬을 아내로 삼기 위해 14년 간 이곳에서 데릴사위 노릇을 한다. 그러다가 아브라함은 '내가 지시할 땅으로 가라'는 하나님의 소명을 재차 받들고 나이 일흔다섯에 하란을 떠나 가나안 땅으로 갔다(「창세기」 12:1~4). 성벽 서쪽에 '야곱 우물' 자리가 있는데, 여기가 바로 아브라함이 보낸 종이 리브가를 만나고, 야곱이 라헬을 만나 사랑을 속삭이던 장소라고 전한다. 이렇게 하란은 아브라함 일가 4대의 정신적 고향이다.

하란 땅에서 특이하게 눈에 띄는 것은 달걀 모양의 원추형 지붕을 한 흙집이다. 햇볕에 말린 진흙 벽돌로 높이 4~5미터나 되게 지은 이 흙집 겉면은 동물의 배설물로 바르고, 지붕엔 빛이 들어오도록 구멍을 몇 개씩 뚫어 놓았다. 흙집이 몇 채씩 다닥다닥 붙어 있기도 하다. 이러한 원추형 지붕은 천장에 공간을 많이 확보함으로써 여름에는 뜨거운 태양열을 분산시키고, 겨울에는 온기를 저장해 준다. 그래서

터키 하란의 옛 신전 터 앞 마을. 여름엔 시원하고 겨울엔 따뜻함을 유지하게 한 사막 사람들의 지혜를 엿볼 수 있는 원추형 지붕을 한 흙집이 인상적이다.

아브라함이 태어난 동굴이 있다는 산르 우르파의 아브라함 사원.

여름에는 시원하고 겨울에는 따뜻하다고 한다. 사막 사람들의 놀라운 지혜다.

　하란에서 답사를 마칠 때는 이미 정오를 넘겼으나, 내친김에 북쪽으로 40분쯤 달려가 또 하나의 성지 산르 우르파를 찾았다. 우르파 주의 주도로서 인구 40만을 헤아리는 이 고도는 기원전 2000~3000년부터 알려졌다. 아브라함과 욥, 엘리야 등 예언자들이 살던 곳이라서 '예언자의 도시'라는 별칭도 갖고 있다. '산르'는 전쟁에서 용감하게 싸운 사람들에게 시여하는 명예칭호다. 그래서 보통 '우르파'라고만 부른다. '우르파'는 아랍어 '우르하이'에 어원을 두고 있는데, 오스만제국 시대 이곳에 살던 한 명문가의 이름이라고 한다.

　산르 우르파는 하란과 더불어 메소포타미아와 아나톨리아를 잇는 교통 요로에 자리하고 있어 예로부터 교역과 문화의 중심지 구실을 해 왔다. 일찍이 바빌로니아 왕조의 치하에 있다가 기원전 325년 시리아 왕국이 세워지면서 이름을 에데사로 바꿨다. 216년 로마 식민지로 전락할 때까지 300여 년 동안 에데사는 독립 왕국의 수도로 있으면서 초기 기독교의 탄생과 성장에 중요한 일익을 담당했다. 이곳은 기독교 탄생의 한 문화적 배경이었던 시리아어권의 심장으로서 기독교가 국가 종교로 첫 공인을 얻은 고장이며 동방 기독교의 본거지였다. 사산 조 페르시아의 치하에 있다가 639년 이슬람군의 진출로 점차 이슬람화되었고, 한때 십자군에게 점령되기도 했다. 1637년부터 오늘에 이르기까지는 줄곧 터키 영토에 속해 있으며, 쿠르드족들이 많이 살고 있다.

2천 년 간 기독교나 이슬람교에서는 이곳을 성역으로 삼아 왔는데, 그것은 공동조상 아브라함의 영적이 깃들어 있기 때문이다. 무슬림들은 아브라함이 이곳에서 태어났다고 믿고 있다. 당시 이곳을 지배하던 님루트는 꿈속에서 새로 태어나는 어린이들이 나라를 망하게 할 것이라는 예언자의 말을 듣고 신생아들을 죄다 죽인다. 그래서 아브라함의 어머니는 한 동굴에 숨어서 그를 낳아 키우다가 7세 때 아버지에게로 보냈다고 한다. 그 동굴이 바로 오늘날 마스지드 건물 사이에 있는 자그마한 바위 동굴이다. 동굴 앞에서 몇몇 참배객들이 기도를 올리고 있었다. 이 탄생설은 별로 신빙성이 없으나 무슬림들에 의해 전승되고 있다. 이러한 전승과는 달리, 우리의 현지 안내자는 아브라함은 하란에 살면서 이곳에 있는 친척집(지금의 마스지드 자리)에 자주 놀러왔다고 설명한다. 마스지드를 에워싼 나즈막한 언덕에는 히타이트 시대에 축조한 성채 잔해가 높이 10~15미터의 돌탑 25개, 특히 기원전 2~3세기에 지은 17미터가 넘는 돌탑 두 개와 어울려 옛날의 위용을 자랑하고 있다.

마스지드 바깥에는 '아브라함 못'이라고 하는 연못이 하나 있다. 지금은 나무와 화초가 우거진 공원으로 꾸며져 관광객들의 쉼터로 이용되고

산르 우르파의 '아브라함 못'. 아브라함과 관련된 전설이 깃든 연못으로서 물고기는 신성시되어 잡아먹을 수 없다.

있다. 물이 콸콸 쏟아지는 연못 속에는 팔뚝만 한 물고기 수천 마리가 유유히 노닌다. 모두들 성스러운 눈빛으로 쳐다 보고 있다. 전설에 의하면, 아브라함이 이곳에 만연된 우상숭배를 비난하지 이곳 지배자는 그를 화형에 처한다. 그러자 불은 바로 이 연못의 물로 변하고, 화형용 장작은 물고기로 현현해 결국 아브라함은 살아남았다고 한다. 그래서 이 연못과 물고기는 신성시되어 물고기를 잡아먹을 수는 없다. 잡아먹으면 큰 화를 입는다고 한다.

성지 두 곳을 단숨에 들르고 나니 점심시간은 2시를 훨씬 넘겼다. 찾아간 곳은 이곳 명물인 우르파 케밥 전문식당이다. 터키 요리는 중국, 프랑스 요리와 더불어 세계 3대 요리의 하나로 꼽힌다. 터키 요리 중 백미라고 할 수 있는 것은 꼬챙이에 끼워 불에 굽는 고기, 즉 케밥이다. 숯불화덕에 돌려 가면서 굽는 되네르 케밥이나 사이사이에 채소를 끼워 굽는 쉬쉬 케밥 같은 보통 케밥이 있는가 하면, 지방 특색을 살린 여러 가지 케밥도 있다. 그 종류는 무려 200~300종에 달한다고 한다. 향신료로 양념한 양고기나 닭고기를 쇠꼬챙이에 끼워 구운 우르파 케밥은 정말로 별미다. 고기에 곁들여 양파와 토마토, 고추, 감자튀김, 필리우(버터에 볶은 밥)가 나왔다. 터키에서 밥은 일종의 부식이다. 이상하리만큼 터키 음식은 우리 한국인의 입맛에 맞는다.

하란과 산르 우르파를 성역으로 만든 장본인은 아브라함이다. 그는 유대교와 기독교, 이슬람교의 혈통적 조상으로서 이 3대 유일신교에 친연성(親緣性)을 부여했다. 그를 공동조상으로 하고 있기에, 이슬람교와 유대교는 삼촌지간, 기독교와는 사촌지간이라는 비유가 가능하다. 그럴진대, 이들 종교를 앙숙으로 내모는 작태는 천만부당하다.

47

성스러운 안식처, 넴루트
세상에서 가장 높은 곳에 잠든 영혼

산르 우르파에서 치른 늦점심에 호졸근해진 몸을 차에 맡긴 채 두 시간을 달려 디야르바크르에 도착했다. 티그리스 강 상류에 위치한 인구 72만의 이 고도(옛 이름은 아미다)는 로마와 비잔틴의 치하에 있다가 639년 이슬람 동정군에게 점령되어 이슬람화된 뒤, 셀주크 시대를 거쳐 15세기 악코윤루 조의 수도가 되면서 일시 번영을 누렸다. 그러나 1473년 오스만제국과의 결전에서 패하자 결국 1515년 제국의 영토에 편입되고 말았다.

우선 들린 곳은 울루 자미아(대사원)다. 아나톨리아에서 가장 오래된 이 사원의 내경은 길이가 120미터, 너비가 30미터나 되며, 원래는 마르 토마라는 이름의 기독교 교회였다. 셀주크 시대에 자미아로 개축하고 셀주크 고유의 무늬로 외벽을 화려하게 장식했다. 이때부터 지금까지 줄곧 사용되고 있는 터키 유일의 사원이며, 11계단의 민바르(설교단)도 터키에서는 유일하게 나무 아닌 돌로 만든 것이다. 이어 도시를 둘러싼 고성을 찾았다. 히타이트 시대에 축조한 이 고성은 로마와 비잔틴, 셀주크, 오스만 시대를 거치면서 계속 증축되어 왔다. 성벽의 잔해에서 이러한 시대상을 읽을 수 있다. 성채의 높이는 12미터, 기부 너비는 2~3미터, 길이는 총 5.5킬로미터나 된다. 규모라든가 축조법에서 주목할 만한 성채임에는 틀림없다.

디야르바크르는 오늘날 한국과 터키 두 나라 사이에 날로 돈독해지는 유대와 교류를 상징하는 고장이라서 답사 내내 가슴 뿌듯했다. 지난해(2005년) 4월에는 강원도 씨감자가 이곳 디야르바크르 주 비스밀의 척박한 땅에 파종, 100일 만에 수확에 성공했다. 9월에 이곳을 찾은 '태백 씨감자 보급단'은 줄기 하나에 감자 15개가 알알이 맺힌 것을 보고 재배 가능성을 확인했다. 감자가 이곳의 주산물의 하나임에도 불구하고 땅이 오염돼 감자가 병들어 가고 있는 데다가 밀과 목화의 과잉재배로 인해 수익성이 떨어져 고소득 대체작물을 찾고 있던 때에 새로운 씨감자 재배가 성공한 것은 여러 모로 큰 의미가 있다. 그래서 이곳 사람들이 크게 환영한다고 한다. 씨는 싹을 틔워 줄기를 뻗고 가지를 치며, 꽃을 피우고 열매를 맺게 하는 법이다.

다음날 8월 17일, 일행은 터키인들이 세계 8대 기적의 하나라고 자부하는 넴루트 산(Nemrud Dag)을 찾아갔다. 시 중심을 지나는데, 요새 모형 위에 수박 한 통을 얹어 놓은 커다란 조형물이 눈에 띈다. 알고 보니 고성과 수박은 이곳의 상징물이라고 한다. 서늘한 아침 기운을 가르며 서쪽으로 126킬로미터의 지점에 이르니 유프라테스 강 상류의 도선장이 나타났다. 배를 기다리는 사이에 신발을 벗고 물에 발을 담가 봤다. 강물은 오염 없는 맑고 깨끗한 청정수다. 관광객과 주민 20여 명, 짐 트럭을 태운 나룻배는 15분 간 거울 같은 수면을 미끄러진다. 이름 모를 물새들이 뱃전을 스친다.

하선해 20분쯤 달려 넴루트 산으로 꺾어 들어가는 어구의 나린제 마을을 지나서부터는 아스랗게 깊은 계곡을 굽이굽이 빠져나간다. 이윽고 가파른 산등성이에 자리한 카라두트 마을을 왼편에 끼고 한참 오르니 산장 같은 카라반 사라이 호텔이 나타난다. 여기서 잠시 쉬었다가 30분 더 달려 드디어 넴루트 산 매표소에 다달았다. 해발 2천 미터에 가까운 고산지대라서 차는 가쁜 숨을 몰아쉬며 천천히 움직인다. 매표소 얼마쯤 전부터는 너비 10센티미터 가량의 검은색 용암석 조각으로 포장한 폭 6~7미터의 좁은 오르막길이다.

매표소에서 30여 분 간 오솔길을 따라 해발 2,150미터의 넴루트 산정에 등반했다. 나무 한 그루 없는 민둥산이다. 사방으로 줄줄이 뻗은 산과 구릉들을 발밑에 거느린 주봉이다. 여기에 바로 기원전 1세기 콤마게네 왕국(기원전 163~기원후 72)의 안티오코스 1세(기원전 69~31)가 자신을 위해 지은 이른바 '히에로테시온'이 있다. '콤마게네'의 어원에 관해서는, 기원전 9세기께 아시리아가 강성했을 때 이곳에 '쿰후'라는 작은 왕국이 있었는데, 그것의 그리스어식 발음이 '콤마게네'라는 설이 있다. 그리스어로 '히에로스'는 '성스러운', '테시스'는 '장소'라는 뜻인데, 여기서의 장소란 영원히 휴식하는 곳, 즉 '안식처'를 말한다. 따라서 '히에로테시온'은 '성스러운 안식처'라는 의미의 분묘로 해석할 수 있다. 산상 왕국이던 이곳은 깊은

해발 2,150미터의 '성스러운 안식처' 넴루트 산과 동쪽 테라스의 5대 석상. 왼쪽에서 오른쪽으로 안티오코스 1세, 콤마게네, 제우스 오로마스데스, 아폴론 미트라스, 헤라클레스 아르타게네스 아레스.

계곡에서 일년 내내 흘러내리는 눈 녹은 물 덕에 농경이 발달했다. 기원전 1세기 지리학자이자 여행가인 스트라본은 콤마게네의 초기 도읍지인 사모사타에 관해 '천연요새로서 좁은 곳이지만, 놀라울 정도로 기름진 땅'이라고 묘사했다.

이 안티오코스 1세의 '성스러운 안식처'는 그가 묻힌 고분과 3개의 테라스로 이루어져 있다. 원래 넴루트 산 높이는 2,100미터였으나, 그 꼭대기에 75미터 높이의 분묘를 지었다가 그것이 50미터로 낮아져서 지금은 통상 2,150미터로 헤아린다. 작은 자갈로 지은 고분의 지름은 150미터로서, 들어간 자갈의 부피만도 약 29만 입방미터이며 무게는 60만 톤에 달한다. 동쪽과 서쪽에 있는 테라스는 구조가 대체로 일치한 바, 석회암 석상과 그 배후에 사암 구조물들이 일렬로 배치되어 있다. 석상들은 안티오코스 1세와 4개의 신상들을 중심으로 좌우에 수호동물인 수리와 사자, 보우를 바라는 안티오코스 1세가 수호신들과 악수하는 장면의 부조물들이 나란히 서 있다. 5대 석상들은 왼쪽에서 오른쪽으로 안티오코스 1세, 여신 콤마게네, 제우스 오로마스데스, 아폴론 미트라스, 헤라클레스 아르타게네스 아레스의 순이다.

이들 석상은 당시 여러 문명의 융합상을 오롯이 보여 주고 있다. 콤마게네의 의인상(擬人像)인 여신 콤마게네는 도시나 특정 지역을 여신상으로 인격화하는 헬레니즘 예술의 영향을 받은 것이 분명하며, 한가운데의 신상 제우스 오로마스데스는

넴루트 산 서쪽 테라스. 기원전 1세기 콤마게네 왕국의 안티오코스 1세가 자신을 위해 지은 '히에로테시온'.

안티오코스 1세가 그리스 신화에서 불멸의 강자인 헤라클레스와 악수하고 있는 장면을 묘사한 부조.

그리스 신화에서 천지 주재자인 제우스와 조로아스터교에서 천지 창조주인 오로마스제데스(아후라 마즈다의 그리스어 발음)를 혼합한 신이다. 이 혼합신상은 무게 0.9~5톤짜리 돌 31개로 만든 총 105톤에 달하는 신상으로서 석상들 중 가장 큰 것이다. 그 우측의 아폴론 미트라스 신상에서 아폴로는 그리스 신화의 태양신이고 미트라스는 조로아스터교의 빛의 정령이니, 그 역시 융합신이다. 마지막 신상은 그리스 신화에서 불멸의 강자인 헤라클레스와 전쟁신 아레스를 페르시아의 군신(軍神) 아르타게네스와 한데 묶은 것이다. 이 천지를 쥐락펴락한다는 신들마저도 지진의 위력 앞에서는 머리가 몸뚱이에서 잘려나가는 수난을 당하고야 말았다.

일부 석상이나 부조에 새겨진 여러 가지 그리스어 명문은 이 고분과 콤마게네 왕국에 관한 연구에 귀중한 사료를 제공해 주고 있다. 비문에 의해 매달 16일 왕의 탄생일과 10일 즉위일에 즈음해 경축행사가 치러졌음을 알 수 있다. 동·서쪽 테라스와는 달리 북쪽 테라스에는 석상이나 부조, 비문 같은 것은 전혀 없고, 다만 80미터의 벽과 몇 개의 석판 잔해만이 남아 있을 뿐이다. 아마 이곳은 제사를 지낼 때의 집합장소이거나, 아니면 후계자들을 위해 남겨 놓은 예비 테라스였을 것으로 짐작된다. 그리고 동쪽 테라스 앞에만 사방 13.5미터의 제단이 마련되어 있다. 아직까지 고분의 입구는 알려지지 않고 있다. 미국의 여 고고학자 고에르가 고분 안의 묘실을 찾아내려고 다이너마이트를 터뜨려 봤지만 허사였다. 최신의 지구물리학적 방법으로도 조사한 바 있으나, 그 결과는 아직 오리무중이다.

넴루트 산과 그 유적에 관한 발굴은 독일에 의해 추진되었다. 일찍이 1835년 독일의 헬무트 모르토케 대위(후에 육군원수가 됨)는 군사작전에 필요한 이 지대의 도로지도를 작성하면서 그 초점을 '멀리서도 눈에 들어오는' 이 넴루트 산에 맞췄다. 그러나 그가 발표한 보고서에는 유물에 관한 언급은 없다. 그 후 오스만제국에 고용된 독일인 기사 칼 세스테르는 동부 아나톨리아로부터 중앙 아나톨리아를 지나 지중해 항구까지의 수송로를 탐색하는 과정에서 콤마게네라고 하는 곳에서 아시리아 유물을 발견했다고 1881년 프로이센 왕립과학아카데미에 보낸 편지에서 보고했다. 이 보고를 접한 고고학자 오토 프슈타인은 곧바로 현지에 달려가 세스테르와 함께 조사에 착수했다. 이듬해 오스만 왕립박물관(이스탄불 고고학박물관 전신) 관장 오스만 함디 베이가 합류한 독일-터키 합동조사단이 넴루트 산을 비롯해 부근 유적에 관한 조사를 1938년까지 지속한 결과 그 개략적 면모가 드러나게 되었다.

콤마게네 왕국은 셀레우코스 왕국의 일부로 출범해 로마제국에 병합될 때까지 헬레니즘과 로마 문화의 영향을 짙게 받은 나라로서, 넴루트 산 유적 말고도 카라큐슈 고분, 세레우키아 암굴묘, 여러 카레(요새) 등 다수의 유적유물을 남겨 놓았다. 아쉽게도 이러한 유적들에 대한 답사는 다음 기회로 미루고 넴루트 산만 둘러보고 하산했다. 하산길에 우연히 묵직한 배낭을 지고 이곳까지 걸어 왔다가 돌아가는 부하라 경제대학교의 남녀 학생을 만났다. 구지욕(求知慾)에 불타는 해맑은 젊은이들이다. 여행에서 만나는 사람은 다 길동무가 되는 법, 그들을 우리 차에 태우고 함께 디야르바크르까지 돌아왔다.

안티오코스 1세는 죽으면 영혼이 승천하는 것으로 믿고 왕국에서 가장 높은 곳, 넴루트 산 꼭대기에 영원한 안식처를 마련했다. 아마 그는 자신이야말로 하늘과 가장 가까이 있을, 그래서 가장 위대한 영령(英靈)으로 자위했을 것이다. 이러한 '초인적 비범함'이 그의 안식처를 세계적 기적의 하나로 돋보이게 했을 것이다. 그러나 만고의 영웅호걸 모두가 북망산의 황천객 신세를 면치 못했을진대, 그 역시 예외는 아니어서 그의 안식처는 그저 돌무덤으로 남아 있을 뿐이다. 단, 그 망상에 날개를 단 조형물이나 기록은 당대의 특정한 역사상을 반영한 일면이 있어서 유물로서의 대접을 받아 세인의 이목을 끌고 있는 것이다.

48

노아의 방주, 영원한 수수께끼
수수께끼는 수수께끼대로 풀어나가는 것이 순리

오늘의 일정도 만만치 않다. 디야르바크르를 출발해 반을 거쳐 목적지인 아라라트 산이 있는 도우바야즈트까지는 580킬로미터의 거리다. 이제부터는 구릉지대를 치달아야 하는 데다가 도로사정도 안 좋다. 아침 7시에 묵었던 클래스호텔을 떠나 두 시간쯤 달려 고즈루트에서 티그리스 강을 건넜다. 강폭은 200미터쯤 되나, 수심은 얕아 보인다. 강을 넘자 군데군데 새하얀 꽃잎이 나붓거리는 담배밭이 펼쳐지며, 햇볕에 말린 오종종한 밀짚 더미가 간간이 눈에 띤다. 한참 달리니 깊은 계곡에 접어든다. 계곡 끝자락엔 인구 4만 5천을 헤아리는 도시 비틀리스가 자리하고 있다. 해발 1,500미터 산 절벽에 신기하게도 우거진 나무숲 사이사이로 허름한 지붕들이 점점이 드러난다. 외통길이라서 거리는 몹시 붐빈다.

이윽고 반(Van) 호숫가에 자리한 인구 5만의 타트반에 도착했다. 이곳은 이름난 석탄산지다. 그런데 아이러니하게도 바로 눈앞에서 웬 아주머니가 쇠똥을 주섬주섬 모으고 있다. 말려서 땔감으로 쓴다는 것이다. 이 문명시대에 쇠똥이 석탄을 대체하는 일종의 '문명기형(文明畸形)'이다. 여기서부터 일곱 가지 무지개 색을 띤다는 아름다운 반 호(반 괴뤼)를 왼편에 끼고 두 시간 넘게 달려 동부에서 가장 큰 도시 반에 도착했다. 반 호는 터키에서 가장 큰 호수이며, 세계에서도 드문 염수호다. 호면의 표고는 1,646미터, 넓이는 3,713평방킬로미터, 호안선 길이는 무려 500킬로미터나 된다. 전능하신 신이 염수호 아닌 담수호로 선물했다면, 터키 동부의 면모는 크게 달라졌을 것이다. 역사가 불허하는 이런 가설을 되새기면서, 해발 2,235미

아르메니아 고원에 흰 눈을 이고 우뚝 솟아 있는 높이 5,164미터의 성산 아라라트. 그 뒤에는 높이 3,896미터의 소 아라라트 산이 있다.

호반 도시 반의 상징물인 색 다른 두 눈을 가진 고양이 조형물.

터의 가라사슈 순령을 넘었다. 넘자마자 호수 한
복판에 거물 하나가 아스라이 보인다. 아크다마르
섬에 있는 아르메니아 교회다. 915~921년에 세운
이 교회 외벽에는 성서에 나오는 아담과 이브의
이야기를 그린 성화가 그려져 있어 유명하다.

　호반 도시 반은 물가의 도시답게 정갈스럽다.
집들이 아담하고 거리도 말쑥하다. 도심 교차로를
지나는데, 이곳 상징물인 큰 고양이 조형물이 나
타났다. 무심코 지나치려는데, 안내원이 고양이 눈 색깔을 보라고 이른다. 새하얀
털빛에 한쪽 눈은 파랗고, 다른 쪽 눈은 노랗다. 눈 색깔은 서로 엇바뀌기도 한다고
한다. 정말로 이색적인 변이(變異)동물이다. 다른 곳에 보내면 눈 색깔이 없어진다
고 한다. 이곳 특산물로서 반출이 금지되며, 가정에서 애완동물로만 키운다고 한
다. 애완동물치고 이 이상 사랑스러운 동물이 또 어디 있으랴. 히타이트 식당에서
이곳 명물인 닭고기 케밥으로 점심을 때우고 나서, 성채 구경에 나섰다. 기원전 9
세기 전반, 이곳에서 고도의 문명을 꽃피운 우라루트 왕국의 살두르 1세가 돌산을
따라 도시 외곽에 지은 성채다. 길이 1.5킬로미터에 달하는 우람한 성채는 셀주크
와 오스만 시대를 거치면서 석회암 조각과 벽돌 등 각각 다른 소재로 증축된 다층
적 구조물이다.

　어느덧 해가 저만치 기울어졌기에 다그쳐 도우바야즈트를 향했다. 채석장이며
늪지대를 지나 한 시간 반쯤 달리니 갑자기 울퉁불퉁한 검은 용암지대가 펼쳐진다.
용암지대를 빠져나와 내리막길에 접어들자 저 멀리 머리에 흰눈을 인 아라라트 산
이 시야에 들어온다. "아, 아라라트!" 일행은 흥분을 감추지 못했다. 5시 좀 넘어서
아라라트 산 기슭에 자리한 인구 10여 만의 도우바야즈트에 도착했다. 고원지대라
서 날씨는 한결 시원하다.

　이튿날(8월 19일) 새벽 5시 33분, 호텔 옥상에서 아라라트 산 너머로 뻥긋이 솟아

아라라트 산 건너편 '방주박물관' 전망대에서 바라본 배 모양의 화석(길이 167미터, 가장 넓은 부분이 47미터). 1977년 미국의 한 고고학 발굴단이 발견.

오르는 황홀한 일출경을 카메라 렌즈에 담았다. 정말로 장엄한 순간이다. 아침식사를 대충 치르고 서둘러 호텔 문을 나섰다. 이제부터는 '노아의 방주'를 찾아 떠나는 길이다. 「창세기」에 나오는 '아라랏 산'이 바로 우리가 서 있는 이 아르메니아 고원에 우뚝 선 해발 5,164미터의 사화산이다. 현지어로는 '아으르 산'이라고 부른다. 노아의 방주는 그 산 어디에 표착했다고 한다. 그러나 여태껏 노아의 방주는 숱한 수수께끼와 의문의 대상이 되고 있다. 과연 어디에? 그리고 '방주'는 실체인가? 실체라면 어떤 모습일까?

밝혀낼 처지도 아니고, 또 자신도 없지만, 일단 방주의 실체라고 알려진 곳부터 찾아보는 것이 순서일 것 같아 현장으로 향했다. 동쪽으로 이란 국경까지 가는 길(35킬로미터)을 따라 3킬로미터쯤 가다가 오른쪽으로 접어들어 고불고불한 산 능선 길을 따라 한참 올라가니 '방주박물관'이 나타났다. 머리가 희끗희끗한 하츠 하산 오제르(H. H. Ozer) 관장은 전망대로 안내하면서 건너편 골짜기 언덕에 비스듬히

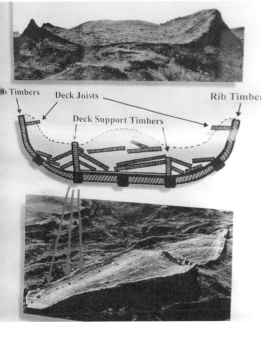

드러나 있는 배 모양의 한 형체(길이 167미터, 가장 넓은 부분이 47미터)를 가리키면서 그것이 1977년 윌리엄 와트를 위시한 미국 고고학발굴단이 발견한 방주의 화석이라고 한다. 원래 건너편 아라라트 산에 있던 방주가 홍수에 떠밀려 이곳으로 옮겨졌다는 것이다. 그래서 발굴단의 안내를 맡았던 그는 사비를 털어 이 박물관을 지었다고 한다. '방주' 접근은 금지한다. 박물관에는 관련사진 몇 장과 판매용 엽서나 있을 뿐, 소개책자 하나 없다. 방명록을 보니 꽤 많은 사람들이 다녀갔음을 알 수 있다. 우리는 방명록에 "성산 아라라트 산을 찾아서–한겨레 실크로드 답사단 일행"이라는 글귀를 남기고 떠났다.

멀리 서북쪽 맞은편에 우뚝 솟아 있는 대(大) 아라라트 산(뒤에 높이 3,896미터의 소[小] 아라라트 산이 보임)을 바라보면서, 4,500년 전에 어떻게 축구장 길이보다 더 긴 배(성경의 기록으로는 길이 135미터, 너비 22.5미터, 높이 13.5미터)가 만들어졌으며, 그것이 또 어떻게 여기까지 떠밀려 올 수 있었는지. 의문은 꼬리에 꼬리를 문다. 기나긴 방주 탐사의 전말을 돌이켜보면, 이 '방주' 화석의 발견도 결코 의문을 풀어 줄 수는 없다. 그간 유사한 '발견설'이 백출했기 때문이다. 기원 초기에 아르메니아 수도자 하고피안이 방주를 찾아 세 번째로 이 산에 올랐을 때, 하느님은 사람이 올라와서는 안 된다고 경고한다. 이때부터 근 2천 년 동안 입산이 금지된 성역으로 간주되어 왔다. 그러다가 1829년, 간 큰 독일의 파로트는 금기를 깨고 간신히 산꼭대기에 올랐으나 방주는 찾지 못했다. 그로부터 반세기 뒤인 1883년 지진 피해를 조사하던 터키 관리들이 산등성이를 타고 흘러내리는 빙하 속에 드러난 검은 나무 물체를 하나 발견했는데, 안에는 높이 5미터쯤 되는 칸막이가 줄지어 있었다고 한다. 이것은 발견자의 말일 뿐, 사진 같은 입증자료가 없어 유야무야해버렸다.

그러다가 제1, 2차 세계대전을 계기로 공군 조종사들의 목격담에 의해 방주의 실체가 재론되기 시작했다. 1916년 늦여름, 러시아의 한 항공 분견대 소속의 로스코비카 중위는 시험비행을 하다가 아라라트 산 남쪽 기슭의 얼어붙은 호숫가에서 '둥그스름한 지붕으로 덮인 묘하게 생긴 배' 한 척을 발견한다. 대장과 함께 현장을 확인한 후 그 내용을 로마노프 황제에게 보고한다. 황제가 파견한 2개 중대와 탐험대는 한 달 만에 몇 백 개의 칸막이가 달린 소나무 배를 발견해 크기도 재고 사진도 찍었다. 이듬해 황제에게 보고된 사진과 보고서는 그 해에 일어난 구소련의 시월혁명 와중에 없어졌다고 한다. 제2차 세계대전 기간에 소련공군 마스케린 소좌는 소문으로만 떠도는 이 기록을 확인하기 위해 부하를 보내 정찰한 결과 얼어붙은 호숫가에 반쯤 파묻혀 있는, 거의 화석으로 변한 길이 120여 미터의 배를 발견했다고 한다. 한편, 미국 전술비행 중대의 슈잉하머 소위도 아라라트 산 위를 돌다가 '낙타 등과 같이 생긴 산등성이(대·소 아라라트 산 사이)' 밑에서 너비 12미터의 평저선 모양의 네모난 배를 발견했으나, 빠르게 지나치는 바람에 사진은 찍지 못했다고 증언했다.

제2차 세계대전 이후 방주의 탐사는 더욱 열기를 띠게 되었다. 1955년 프랑스 탐험가 나비라는 아라라트 산에 올라가 해발 4천 미터 지점의 얼음 구덩이에서 검은 역청이 칠해진 1.5미터 길이의 나뭇조각을 가져왔다. 연대측정이 크게 엇갈리는 가운데 나비라는 1974년 『내가 손으로 만진 노아의 방주』라는 제목의 책을 펴내 화제를 모았다. 같은 해 미국의 '지구자원탐사기술위성'이 아라라트 산 위 740킬로미터 상공에서 어렴풋한 물체를 찍어 왔는데, 이것의 크기나 모양이 방주와 같다는 주장이 나왔다. 이에 대해 자주 비행측정을 해 온 당사국 터키는 그것은 화산암이 침식되어 우연히 배 모양을 나타낸 것이라고 반박했다. 최근 미국의 한 일간지는 디지털글로브 사가 2003년에 찍은 위성사진을 공개하면서, 높이 4,663미터의 아라라트 산 허리에서 발견한 인공 구조물이 길이와 너비의 비율에서 방주와 같다는 점

등을 들어 그것이 방주일 가능성이 높다는 일부 연구가들의 주장을 전했다. 그밖에 최근에는 이란의 테헤란 서북쪽에 위치한 엘부르즈 산 정상 부근의 고도 4천 미터 지점에서 노이의 빙주로 추정되는 나무배를 발견했다고 미국의 한 성서연구단체가 발표했다.

'노아의 방주'를 찾아 현장에 다녀온 길은 또 하나의 수수께끼만 남겼다. 아라라트 산을 뒤로하고 돌아오는 길에 도우바야즈트 북쪽 5킬로미터 지점의 산허리에 자리한 17세기 오스만제국 시대의 이스하크 바샤 궁전에 잠깐 들렀다. 대를 이어 99년이나 걸려 부지 7,600평방미터 위에 지은 이 화려한 셀주크식 궁전은 방이 366 개에 달하는 대형 건물이다.

한 가지 덧붙일 것은, 터키를 비롯한 이슬람 세계에서는 경전 『쿠르안』의 기록에 근거해 '노아의 방주'가 안착한 곳은 아라라트 산이 아니라, 티그리스 강 발원지인 해발 2,114미터의 주디 산이라고 믿고 있다. 매해 9월이면 무슬림들은 이 산 정상 에 모여 감사제를 지내곤 한다. 그래서 터키를 포함해 이슬람 세계에서는 우리가 찾아간 방주의 화석이나 박물관에 별 관심이 없다고 한다.

이렇게 '노아의 방주' 실체를 놓고 2천여 년 동안 설왕설래가 그치지 않고 있다. 언제까지 지속될지 아무도 예단할 수가 없다. 신앙적으로 보면, 기왕 그것이 성경 에 나와 있는 이상 믿으면 된다. 왈가왈부할 성격의 문제가 아니다. 한편, 세월의 무게를 감안하면, 그 실존 여부를 가려내는 것은 그리 쉬운 일이 아니다. 어찌 보면 영원한 수수께끼로 남아 있을 수도 있다. 따라서 신중한 접근이 필요하다. 수수께 끼는 수수께끼대로 풀어나가는 것이 순리다.

49

해가 뜨는 동방, 아나톨리아 문명
미 다 스 의 황 금 손 , 여 기 잠 들 다

아라라트 산 기슭의 도우바야즈트에서 다음 목적지인 앙카라로 가기 위해서는 반으로 되돌아와야 했다. 오후 3시 20분, 반 공항에서 터키 민항기 편으로 앙카라를 향했다. 화산과 분지, 구릉과 초원이 뒤엉킨 아나톨리아 고원을 가로질러 한, 시간 반 만에 앙카라 국제공항에 안착했다. 터키 공화국의 수도이자 주도이기도 한, 인구 약 360만의 앙카라는 아나톨리아 고원의 중심부에 위치한 교통요지로서 옛날부터 인접한 8개 주와 회랑으로 연결되어 아나톨리아 문명의 구심점 구실을 해 왔다.

앙카라라는 말의 어원을 '앙키라(그리스어로 닻)'가 이곳에서 발견되었다는 것과 연관짓기도 하지만, 이곳의 특산물인 털깎이용 염소 '앙고라'에서 유래되었다는 설이 보다 신빙성이 있다. 앙카라는 기원전 2000년경 히타이트 시대부터 알려지기 시작해 기원전 750년경에 고르디안을 도읍으로 세워진 프리가이 왕국 때 서서히 역사무대에 등장한다. 기원전 6~5세기, 아케메네스 조 페르시아 시대에 개통된 '왕의 길(수도 수사에서 아나톨리아의 사르디스까지 2,475킬로미터)'의 길목에 자리한 앙카라는 교역도시로 부상했으며, 기원전 333년 동정에 나선 알렉산더는 여기서 한때를 보냈다. 기원전 3세기 전반에는 유럽으로부터 유입한 가르타(켈트) 일파가 세운 나라의 수도이기도 했다.

그 후부터 앙카라는 아나톨리아 반도와 운명의 궤를 같이하면서 로마의 식민지를 거쳐 비잔틴의 영역에 편입되었으며, 11세기부터는 투르크족이 지배하는 셀주크와 오스만제국의 치하에서 명맥을 이어 갔다. 한때 일 칸 국의 속주로 전락되고, 티무르의 핍박을 받기도 했다. 그러다가 제1차 세계대전 후 인구 6만에 불과한 독립전쟁의 책원지가 되고, 공화국이 성립되자 수도로 제정되면서 그 면모가

일신했다.

　이러한 연혁사와 더불어 오늘날 앙카라는 아나톨리아 문명 전반을 보여 주는 전시장 구실을 하고 있어 세인의 주목을 끌고 있다. 우리도 그 흡입력에 끌려 이곳에 왔다. 8월 20일, 제일 먼저 한국공원 안에 있는 높이 9미터의 4층탑인 '한국참전토이기(터키)기념탑'에 들렀다. 서울-앙카라 자매결연을 계기로 1973년 11월, 1년여의 시공을 거쳐 세워진 탑으로서, 그 옆에는 관리사무소로 쓰는 한국식 6각 정자가 있다.

　이어 찾아간 곳은 시 중심의 울루스 지역에 있는 아나톨리아 문명박물관이다. 오스만 시대에 지은 앙카라 성(히사르) 남쪽에 자리한 박물관 건물은 원래 대상들의 숙박소였다가 15세기에는 귀금속 시장으로 쓰인 두 개의 건물을 개축한 것이다. 처음엔 히타이트 박물관으로 출발했으나 1968년 개축공사가 마무리되면서 지금의 이름으로 바뀌었다. 중앙에 10개의 돔 지붕을 이고 있는 건물의 대문이나 입구는 검소하지만, 내부는 굉장하다. 구석기 시대부터 근대에 이르기까지의 귀중한 유물

터키 아나톨리아 문명박물관에 전시된 신석기-청동기시대의 순록상(맨 왼쪽)과 지모신 좌상(두 번째). 히타이트-프리기아 시대의 곡예 부조(세 번째)와 전차 부조(맨 오른쪽).

들을 다량으로 소장하고 있어 세계 유수의 박물관으로 평가받고 있다.

아나톨리아란 고대 그리스어의 '아나톨리코스'에서 온 말로서 '해가 뜨는 곳', 즉 '동방'이라는 뜻이다. 그리스를 비롯한 유럽에서 볼 때, 아나톨리아는 해가 뜨는 동방으로 보였을 것이다. 그 지리적 범위는 터키(투르크: '힘센' 또는 '방패'라는 뜻)와 에게 해 연안의 섬들, 그리고 이라크 북부 지역까지를 포함한다. 동서 거리 1,600킬로미터, 남북 거리 550킬로미터에 총면적은 78만 평방킬로미터(남한의 약 8 배)에 달하는데, 그중 97퍼센트는 아시아에, 3퍼센트는 유럽에 속한다. 지형은 삼면이 바다로 에워싸인 반도이며, 오늘날은 흔히 '소아시아'로 바꿔 부른다. 이 아시아와 유럽을 잇는 반도에서 생성한 문명을 아나톨리아 문명이라고 하는데, 문명의 보고로 인정받고 있다. 이제 그 까닭을 여기 박물관에서 확인해 보기로 하자.

아나톨리아 문명사는 대체로 6개 시대로 나눈다. 박물관에는 유물을 시대별로 전시하고 있다. 아나톨리아 문명의 태동은 신석기-청동기시대(기원전 8000~2000)로 거슬러 올라간다. 가장 오래된 취락의 하나로 알려진 콘야의 차탈 호육에서 출토된 기원전 5750년경의 지모신(地母神) 좌상을 비롯해 하즈랄에서 발견된 기원전 5300년경의 각종 기하학 무늬 채도, 3000~2000년대의 청동 순록상과 지름 6.5센티미터의 금제 팔찌 등은 유구한 문명상을 보여 주기에 충분하다. 다음의 히타이트-프리기아 시대(기원전 2000~700)는 아나톨리아의 최초 통일국가인 히타이트 왕국이 출현해 문명의 원형이 이루어진 시대다. 금제 인장과 환인(幻人)곡예(서커스)상, 유익인면상(有翼人面像), 전차부조상, 각종 각배가 그 대표적 유물들이다. 200년 간(기원전 1950~1750)의 아시리아 식민시대의 유물로는 쐐기문자 섬토판 등이 있다.

히타이트는 대단히 강성한 나라로서 말이 끄는 전차로 이집트 중왕국을 정복하고 100년 간이나 지배했으며, 그것이 계기가 되어 강력한 전쟁수단인 전차가 세계에 알려지기 시작했다. 그런가 하면 스키토-시베리아 문화에 속하는 중국 수원(綏遠)청동기 문화 속에는 세형동검(細形銅劍)이나 날개 두 개 달린 화살촉 등, 동전한 히타이트의 청동기 문화 흔적이 엿보이기도 한다. 그리스 신화에 나오는 유명한 '황금 손'이나 '임금님 귀는 당나귀 귀(신라나 유고에도 같은 이름의 전설이 있음)'의 주인공은 프리기아 왕국의 미다스 왕이다. 그만큼 신화도 발달했다.

여기서 이런 딱딱한 이야기는 잠깐 접고 미다스 왕의 '황금 손' 신화나 들어 보자. 먼 옛날 장미의 나라 프리기아(지금의 앙카라 서남쪽)의 미다스 왕은 어느 날 술에 취해 장미덩굴 밑에서 자고 있는 주정뱅이 실레노스를 만나 잘 대접하고 술의 신 디오니소스에게 돌려보낸다. 디오니소스는 스승이자 양아버지인 실레노스를 찾아준 왕의 성의가 고마워 무엇이든 소원 한 가지는 들어주겠다고 약속한다. 이에 왕은 자기가 만지는 것은 모두 황금으로 변하게 해 달라고 한다. 약속대로 되기는 했으나 먹는 것까지 황금으로 변해버리니 사과 한 조각 먹을 수 없는 신세가 되어버린다. 할 수 없이 디오니소스를 찾아가 내린 상을 거두어 달라고 애원하자, 디오니소스는 팍톨로스 강의 원천을 찾아가 몸을 담그고 죄와 벌을 씻도록 하라고 명한다. 왕이 그대로 하자 황금 손은 평상시 손으로 되돌아 오고, 대신 강바닥의 모래는 황금으로 변해버렸다. 그때부터 강가 모래에서 황금이 나오기 시작했다고 한다. 탐욕에 대한 처벌이고 뉘우침에 대한 보상이다. 이것이 바로 신의 섭리다.

이어 우라루트-페르시아 시대(기원전 10세기~334년)에는 수많은 왕국들이 흥망을 거듭하는 과정에 동부의 우라루트 왕국이 약 400년 간 존속하면서 문명을 꽃피웠으며, 아케메네스 조 페르시아의 치하에서는 페르시아 문명의 영향을 받았다. 화려한 금제 단추와 향로, 각종 금제 보석 장식물은 이 시대의 높은 예술성을 말해준다. 리디아 왕국은 세계에서 처음으로 금속화폐를 주조했다. 기원전 세계를 마

감한 헬레니즘-로마 시대(기원전 334~기원후 395)에 아나톨리아는 헬레니즘 중심지의 하나로서 그리스-로마 문화뿐만 아니라, 동방 문화의 영향도 함께 받았다. 유리그릇과 그리스 신상 부조물, 각종 금속 주화 등은 이런 사실을 반영하고 있다. 서구 기독교 문명이 동전한 비잔틴 시대(395~1071)는 기독교 관련 유물들을 많이 남겨놓았다. 마지막으로 셀주크-오스만투르크 시대(1071~1922)는 서구인들에 의한 기독교 문명을 대신해 동방으로부터 온 투르크인들에 의한 이슬람 문명이 정착하면서 아라베스크를 비롯한 화려한 아랍-이슬람 예술을 수용하고 조화시킨 유물들이 특징적이다.

이상의 유물들이 보여 주다시피, 아나톨리아 문명이란 한마디로 인류 최초의 동서융합문명이라고 말할 수 있다. 인도-유럽어족에 속하는 외래의 히타이트인들은 토착문화와 인근의 메소포타미아 문명, 이집트 문명, 에게 문명 등을 받아들여 철기 문화로 대표되는 특유의 히타이트 문화를 창출함으로써 생태적으로 융합적인 아나톨리아 문명의 원형을 마련했다. 이것은 흔히 동서 융합문명의 효시라고 하는 헬레니즘보다 무려 1,600여 년 앞선 일이다. 아나톨리아 문명의 서구적 요소는 기독교 문명의 합류에 의해 더욱 강화 유지되었다. 뿐만 아니라, 이 문명은 중세에 이르러 우랄-알타이어족에 속하는 외래의 투르크족에 의해 이슬람 문명이나 동방 문명의 요소들을 공급 받았다. 이렇듯 아나톨리아 문명은 동·서양 문명의 영향과 침투가 끊임없이 교차하는 과정에서 생성하고 발달한 유례없는 융합문명이다. 이것은 유럽과 아시아 사이라는 지정학적 위치와 크게 관련된다.

박물관 참관을 마치고 로마 목욕탕 터를 찾았다. 3세기에 카라칼라 황제가 의학의 신 아스클레피오스를 위해 지은 로마식 대형 목욕탕이다. 10세기 때 화재로 불 타버려 지금은 몇 가지 흔적민이 호젓이 남아 있다. 로마는 목욕 문화가 상낭히 발달했다. 이 터에서 보다시피, 로마 목욕탕은 크게 실외시설과 실내시설로 구성되어 있는데, 실외시설은 주로 운동장이다. 운동장은 비잔틴 시대에 지은 것이라고 한다. 지금 흔적으로 남아 있는 실내시설로는 10여 개 방이 있는데, 열탕과 온탕, 냉탕의 목욕실과 탈의실이나 마사지실, 가열장치실 등 부속시설이 있던 방이다. 목욕탕은 강연장이나 사교장으로 이용되기도 했다. 그래서 일반적으로 로마 목욕탕은 건축이나 장식이 매우 화려하다. 이러한 로마 목욕탕은 후일 터키 목욕 문화에 일정한 영향을 미쳤던 것이다.

이어 발길을 옮긴 곳은 터키의 국부로 추앙받는 공화국 창건자 아타튀르크 (Atatürk: 국부[國父]라는 뜻)의 영묘(아느트카비르)다. 앙카라 시가 한눈에 내려다보이는 언덕 위에 자리하고 있다. 폭 30미터에 길이 260미터나 되는 진입로를 걸어서 정문에 들어서면 우측에 658만 평방미터의 부지에 묘당과 박물관을 겸한 어마어마한 건물이 나타난다. 고대 아나톨리아 건축양식을 본 딴 건물은 1924년에 설계해 1944년부터 짓기 시작했다. 지하에 있는 '명예의 전당'에는 아타튀르크의 시신을 안치한 관이 있다. 시신은 본래 민속박물관에 있었으나, 1953년 10년 간의 시공이 끝나 묘당이 완공되면서 이곳으로 이장했다.

1층 박물관에는 아타튀르크의 평생 행적을 소개한 각종 자필문서와 서적, 편지, 소지품, 사진, 외국에서 보내온 선물, 밀랍상과 초상 등이 전시되어 있다. 참배하는 사람들로 발 디딜 틈이 없다. 특히 군인들이 많이 눈에 띄었다. '승리광장'이라는 드넓은 마당은 높다란 난간으로 에워싸여 있다. 박물관의 반대쪽, 난간 밑에 초라한 묘 한 기가 보인다. 알고 보니, 공화국 2대 대통령을 지낸 이스미드의 무덤이다. 원래 그는 아타튀르크의 친우였으나 사이가 벌어져 정적이 되고 만다. 아타튀르크가 죽은 뒤 그는 아타튀르크의 동상이나 기념물들을 모조리 부숴버렸다. 그러나 이스미드가 죽자 아타튀르크의 명예는 복원되고, 급기야 그는 저 초라한 무덤 속으로 밀려난다. 죽은 뒤 두 사람이 묻힌 곳은 너무나 대조적이다. 세월의 무상함,

정치의 비정함을 일깨워 주는 장면이다.

9개의 '세계 유산'을 보유하고 있는 아나톨리아 문명은 세계 최초의 동서 융합문명으로서 파고 또 파도 마르지 않는 문명의 보고다. 아직 그 바닥이 어디까지인지 제대로 알아내지 못하고 있다. 아나톨리아 문명은 인류 공동의 문화유산이다. 따라서 그것을 보존하며 계승하고 가꾸는 것은 인류 공동의 몫이다.

50

자연과 인간의 조화상, 카파도키아
기암괴석과 지하 미로도시 누구의 작품일까

수도 앙카라를 떠나 향한 곳은 터키 여행의 백미라고 하는 카파도키아다. 8월 하순에 접어들었지만, 아나톨리아 고원의 한낮 뙤약볕은 만만치 않다. 서둘러 점심을 치르고 동남 방향으로 2시간쯤 달리니 갑자기 길 오른편으로 햇빛에 반짝이는 새하얀 '벌판'이 무연히 펼쳐진다. 소문난 소금호수(투즈게)다. 터키에서 두 번째로 큰 이 호수는 넓이가 무려 1,500평방킬로미터나 된다. 바다였다가 물이 빠지면서 생긴 짠물 호수로서, 겨울엔 물이 2미터쯤 차 있지만, 여름이 되면 증발해 소금밭으로 남는다. 수면을 걸어 보니 발밑에서 흰 모래소금이 흐슬부슬 바싹거린다. 10센티미터쯤 파니 바닥은 약간 호졸근하다. 무진장한 부존자원이다. 호숫가에 세워진 두 개의 소금 정제공장이 해마다 30만 톤의 소금을 걸러 낸다고 한다.

소금호수의 끝자락에 자리한 셀주크 시대의 고도 악사라이('흰 궁전'이라는 뜻)를 지나 동북 방향으로 1시간쯤 더 달려 목적지 네브세히르('새 도시'라는 뜻)에 도착했다. 1954년에 주도로 승격한 이곳은 카파도키아 여행의 거점으로서 세계 각지에서 온 여행객들로 붐빈다. 그래서인지 우리 일행이 묵은 카파도키아 데데만호텔 식당은 지금까지의 답사 길에서 들른 식당 가운데서 가장 큰 것으로서 음식도 제법 푸짐하다.

카파도키아(Cappadocia)는 페르시아어로 '아름다운 말이 있는 곳'이라는 뜻의 '카트박투키아'에서 유래되었다고 한다. 그들이 여기서 말을 길렀음을 시사한다. 오늘날의 카파도키아는 면적 250평방킬로미터를 아우른 하나의 지역 명칭으로서 여기에는 악사라이(Aksaray)와 네브세히르(Nevsehir) 두 개 도시와 여러 개의 주변 마을이 속해 있다. 1950년 말엽부터 진행된 여러 차례의 발굴조사 결과에 의하면,

지금부터 약 1만 년 전인 신석기 시대부터 이곳에 사람들이 살기 시작했다.

최초로 히타이트제국의 지배를 받다가 기원전 1,200년경 제국이 망하자 기원전 6세기 초까지는 외래의 프리기아인과 메디아인들의 치하에 놓였다. 기원전 6세기 중반부터 200여 년 동안은 아케메네스 조 페르시아에 예속되어 있다가 기원전 4세기 한때 왕국을 세우기도 했으나 곧바로 로마제국에 흡수되어 기원후 4세기까지 그 판도 내에 있었다. 이어 11세기까지는 비잔틴 시대를 맞는다. 이곳에 엉킨 숱한 기독교 이야기는 이때에 일어난 일들에 관한 것이다. 몽골군과 티무르군의 군화 자국도 역력하다. 11세기 투르크족의 유입에 묻어 들어온 이슬람 문명은 오늘로 이어진 주도 문명이다. 카파토키아를 비롯한 아나톨리아에 대한 로마제국의 지배를 되새길 때마다 저 유명한 말 한마디가 떠오른다. 로마 황제 율리우스 카이사르는 이곳을 정복하고는 개선장군답게 세계를 향해 "왔노라, 보았노라, 이겼노라! (Veni, Vidi, Vici!)"라고 포효(咆哮)한다. 그러나 로마제국에도 해가 지는 날은 분명 있어, 오는 길은 가는 길의 시작이고, 승리는 패배의 예고였다는 사실(史實)을 세상은 보고야 말았다.

카파도키아를 흔히들 자연이 만들어낸 신비로운 기암괴석의 대명사로만 알고 있는데, 사실은 그에 못지않게 인간의 기구한 삶의 흔적이 각인된 고장이다. 자연의 신비와 인간의 슬기가 극치의 조화를 이룬, 지구상 몇 안 되는 명소다. 지상 지하의 기암괴석과 그 속에 인간이 삶의 터전으로 마련한 도시와 마을, 교회가 하나의 조화로운 복합구조를 이루고 있는 것이 바로 카파도키아다. 이러한 조화상을 떠난 카파도키아는 그 바위와 돌이 제아무리 기기괴괴한들 그곳을 찾는 의미는 반감 이하일 수밖에 없다.

카파도키아 지역은 약 300만 년 전에 해발 4천 미터의 에르지예스 화산이 폭발하면서 인근 수백 킬로미터에 마그마(암장)를 토해내며 생겨났다. 그것이 굳어져 생긴 용암은 경도가 비교적 낮아 오랜 세월 홍수나 비바람에 씻기고 깎이고 닳아져 천태만상의 신기한 모양새를 갖추게 되었다. 옹긋쫑긋 튀어나온 바위만 봐도 버섯 모양, 도토리 모양, 갓 모양, 짐승 모양 등 이루 헤아릴 수 없이 다양하다. 그런가 하면 밋밋한 능선은 마냥 물결무늬나 주름무늬로 수놓은 것 같다. 이러한 모양은

터키 카파도키아 괴레메 계곡. 약 300만 년 전에 해발 4천 미터의 에르지예스 화산이 폭발해 인근 수백 킬로미터를 마그마가 덮었고, 그것이 굳어 생긴 용암은 오랜 세월 풍화작용으로 인해 천태만상의 장엄한 기암괴석군을 만들었다.

'깊은 웅덩이'라는 뜻의 데린쿠유 지하도시 단면도. ❶입구, ❷막힌 입구, ❸수로, ❹통풍구, ❺교회, ❻돌문.

방향과 시각에 따라 달리 보이기도 한다. 여기에 더해 색조도 이채롭다. 그런가 하면 조형성 있는 우람한 바위를 갖추어 놓기도 했다. 어찌 보면 이 모든 것은 조물주의 조화(造化)이며 자연의 신비다.

이러한 조화와 신비는 피조물인 인간에게는 도전일 수밖에 없다. 이곳 사람들이 그러한 도전에 성과적으로 응전했기에 카파도키아 특유의 문화가 창출되었던 것이다. 우리는 그러한 문화를 터득코자 여기 카파도키아를 찾았다. 그래서 우리의 주안점은 자연의 신비보다 그들의 체취가 배어 있는 곳곳을 둘러보는 데 맞춰졌다.

제일 먼저 찾은 곳은 데린쿠유(Derinkuyu: 깊은 웅덩이라는 뜻) 지하도시다. 네브세히르에서 29킬로미터 떨어진 이곳은 해발 1,355미터의 질펀한 고지다. 어린 목동이 잃어버린 양 한 마리를 찾아다니다가 우연히 입구를 발견한 이 지하도시는 4년 후인 1965년에 일반에게 공개되었다. 입구에 들어서면 높이 150센티미터, 너비 60센티미터가 되나마나한 통로가 거미줄처럼 사방으로 뚫려 있다. 몸집이 웬만히 큰 사람은 머리를 숙인 채 모로 걸음을 더듬어야 한다. 엉금엉금 기어야 하는 길목도

데린쿠유 지하도시. 입구는 성인 한 사람이 들어가기 힘들 정도로 좁지만 내부는 지하 17, 18층으로 추정되며, 인구 2만여 명을 수용할 수 있는 도시다.

수두룩하다. 도시 전체가 미로라서 길 잃기가 일쑤다. 일부는 천연동굴이지만 대부분은 용암을 파서 만든 인공 굴로서 인구 2만을 수용했다고 한다. 지금껏 지하 8층(55미터)까지 발견했으나 17~18층은 족히 되리라는 추정이다. 우리는 4층까지 가까스로 내려갔다. 입구는 우리가 들어간 것 말고도 몇 개 더 있으나 막혀버렸다.

층마다 거주공간은 물론, 부엌과 방앗간, 창고가 따로 마련돼 있으며, 몇 곳에는 회랑과 학교, 교회당과 수도관이 달린 세례 장소, 포도주저장고 같은 부대시설 흔적도 보인다. 깊이가 70~85미터에 달하는 수직통풍구가 52개나 있는데, 환기뿐 아니라 내부의 온도를 조절하는 구실도 한다. 현지 안내원이 어스름한 천장 구멍에 대고 라이터를 켜니 불꽃이 한쪽으로 빨려 간다. 통풍구가 아직 작동한다는 증거다. 그리고 요소마다 엔 두께 55~65센티미터에 지름 170~175센티미터의 육중한 둥근 돌문을 설치해 외부로부터의 침입을 봉쇄한다. 이 지하도시는 북쪽으로 9킬로미터 떨어진 한 지하도시와 터널로 연결되어 있다고 한다.

데린쿠유 부근 30개의 지하도시를 포함해 찾아낸 지하도시는 150개나 된다고 한다. 그중 외즈코나크 지하도시의 규모는 6만을 수용하는 대형 도시다. 세계 8대(혹은 9대) 불가사의의 하나인 이 지하도시들이 언제 누구에 의해 만들어졌는지는 아직 제대로 밝혀지지 않고 있다. 유물로 미루어보면 6~7천 년 전 신석기 시대에 원시인들이 바위를 뚫고 혈거생활을 하기 시작한 이래 고대 히타이트인들이 처음 정주한 것으로 짐작된다. 초기 기독교 시대에는 박해를 피한 은신처로 사용되다가 기

365

요소마다 육중한 돌문(두께 55~65센티미터, 지름 170~174센티미터)을 설치해 내침을 봉쇄했다.

독교가 합법화되자 수도나 포교의 장소로 바뀐다. 이슬람군이나 몽골군, 티무르군이 침입했을 때는 피난처나 방어보루로 쓰이기도 했다.

데린쿠유 지하도시 구경을 마치고나서는 비둘기 계곡에 잠깐 들렀다. 옛날 기독교인들이 이곳에서 배설물을 포도밭 거름뿐만 아니라, 교회 그림의 물감으로 쓰기 위해 비둘기를 많이 키운 데서 유래된 지명이라고 한다. 이어 예치히사르 산 기슭을 지나 리틀 케니에 이르렀다. 발밑에는 기암괴석과 나무숲이 한데 어울린 멋진 파노라마가 펼쳐지며 멀리 괴레메 마을이 시야에 들어온다. 수만 년 전의 바다 자리다. 어디선가 관람객을 태운 오색찬란한 열기구가 창공에 두둥실 떠올라 날아간다. 다음으로 발길을 옮긴 젤베(Zelve) 계곡에서는 큰 뱀과 아기 뱀이 기어가는 형상을 한 괴석을 목격하고는 섬쩍지근한 느낌이 들었다.

어느덧 시간은 정오를 훨씬 넘겼다. 오후에는 자연의 신비와 더불어 인간의 슬기를 조화시킨 또 하나의 현장, 바위 교회를 찾아보기로 했다. 대표적인 것이 '당신은 볼 수 없다'는 뜻의 괴레메(Göreme) 마을에 자리한 노천박물관이다. 지붕 없는 노천 공간에서 2~10세기 기간에 전개된 기독교 활동상을 보여 주는 유물들을 사람들에게 공개하기 때문에 이런 이름이 붙여진 것 같다. 각각 다른 모양의 13개 바위 교회를 망라한 이 박물관은 한마디로 교회들의 집합체이자 기독교의 설교장이다.

벽화 중에 예수가 손에 사과 모양의 둥근 물체(지구의 형상화라는 주장이 있음)를 쥐고 있다고 하여 이름이 붙여진 사과(엘마리)교회는 네 개의 원주가 받치고 있는 돔 형식의 바위 교회다. 벽화 가운데는 침례의 상징과 최후의 만찬, 십자가에 못 박힌 예수, 유다의 배반 등이 그려져 있다. 뱀(일란리)교회에는 몇 가지 흥미 있는 프레스코 화가 눈에 띈다. 왼쪽 벽면에는 성 게오르기와 성 테오도르가 뱀과 싸우는 장면이 있으며, 오른쪽 벽면에는 성 바실과 성 토마스 곁에 늘 옷을 벗은 채 사막에서 선교를 하는 반남반녀(半男半女)의 오노프리스가 서 있는데, 그 모습이 퍽 해학적이다. 상하층 네 개의 교회와 예배당으로 구성된 토칼리 교회는 대형 교회로서 예수의 일생이 세세히 그려진 원형 프레스코 화로 가득한데, 그 구조와 화법이 대담하면서도 섬세하다.

괴레메 마을 주변의 400개를 포함해 카파도키아 지역엔 모두 1,500개에 달하는 바위 교회가 있다고 한다. 그 구조물과 그 안에 그려져 있는 갖가지 프레스코 화폭들은 로마 시대부터 비잔틴 시대에 이르는 세월, 기독교인과 수도승들이 지녔던 정신세계와 생활면모뿐만 아니라, 초기 기독교의 성립과 발전과정을 생생하게 전해주고 있다. 이를테면 역사의 한 토막을 장식했던 기독세계가 눈앞에 펼쳐진 셈이다. 그 세계를 펼치기 위해 성직자들은 벽화에 성심(聖心)을 부었다. 그러나 그때도 마음만이 능사는 아니었나 보다. 돈이 생기면 전문 화가들을 초청해 그리고, 없으면 자신들이 서툰 솜씨로 직접 그리곤 했다. 그래서 어떤 벽화는 미숙하고 소묘에 그친 것이 있는가 하면, 어떤 것은 미완성으로 남아 있기도 하다. 얼거리만 있는 소묘 같은 그림은 학생 교육용이라고 해설원은 설명한다.

카파도키아의 지상 지하에는 숱한 신비와 불가사의가 비장되어 있다. 인간의 힘으로 그 비밀을 다 들춰내기에는 아직 역부족이다. 그렇다고 드러난 것에만 만족하고 맴돈다면, 그 비밀은 영원한 비밀로만 남아 있게 될 것이다. 분명한 것은 카파도키아야말로 자연의 신비와 인간의 슬기가 잘 조화된 역사의 현장이라는 사실이다. 인간에 의한 보다 성숙된 조화만이 그 비밀을 들춰내는 열쇠가 될 것이다. 이것은 문명사의 한 통칙이다.

51

인류 문명의 노천박물관, 이스탄불
발길마다 유적, 도시 전체가 세계문화유산

　　　　　　　　카파도키아의 관광을 마치고 항공편으로 마지막 답사지인 이스탄불에 도착한 것은 8월 22일 정오께다. 오래간만에 한식당에서 점심식사를 했다. '눈은 속여도 혀는 못 속인다'는 속담이 실감났다. 영국의 문명사가 토인비(1889~1975)는 명저 『역사의 연구』에서 이스탄불을 가리켜 '인류문명이 살아 있는 거대한 노천박물관'이라고 했다. 인류문명사를 종횡무진으로 갈파한 그에게 이 말은 한낱 수식어나 찬사가 아니다.

　　토인비의 말은 여러 문명이 남긴 숱한 유적유물이 한정된 몇 개의 박물관 안에 박제로 밀장(密藏)된 것이 아니라, 도시 전체가 공개된 유적유물이라는 것이다. 남의 것을 편취한, 그래서 연고가 전혀 없는 유물로만 채워진 대영박물관 같은 옥내 박물관에 익숙했던 그로서는 도시 전체가 공개된 유적유물인 이스탄불을 보고는 '노천박물관'이라는 조어로밖에 달리 표현할 수가 없었을 것이다.

　　오늘날 세계에서 두 대륙을 잇는 유일한 도시인 인구 1천 2백만의 이스탄불은 유럽 쪽 골든 혼의 남부 구시가지와 북부 갈라타 지역, 그리고 아시아 쪽 위스퀴다르의 세 부분으로 이루어져 있다. 동서 길이 150킬로미터, 남북 길이 50킬로미터에 총 면적 7,500평방킬로미터에 달하는 세계 유수의 대도시다. 신석기시대부터 아시아 쪽에 사람이 살기 시작했고, 청동기시대에 이르러 그리스의 메가론에서 도리아인들이 도래해 기원전 680년께 칼세돈에 도시를 세웠다. 뒤이어 20년 뒤엔 비자스가 이끄는 그리스의 메가론인들이 유럽 쪽에 왔다. 비자스는 기도 끝에 '눈먼 땅에 새 도시를 건설하라'는 델피 신전의 신탁을 받고, 선행 통치자들이 미처 보지 못한 땅에 새 식민 도시를 건설했으니, 그것이 바로 그의 이름을 딴 비잔티움이었다.

　　그러나 얼마 못가 기원전 513년에 페르시아에 점령되고, 407년에는 아테네의 식

1887년 레바논 시돈에서 발견된 알렉산더의 석관. 관면에는 알렉산더의 동방원정 장면이 돌을새김으로 생생하게 그려져 있다.

민도시가 되었으며, 146년에는 도시 방어를 위해 로마와 군사동맹을 맺지만 기원후 196년에 로마의 식민지로 전락하고 만다. 그 뒤 기원후 330년 로마의 콘스탄티누스 황제는 제국의 동반부인 이곳으로 수도를 옮겨와 도시 이름을 콘스탄티노플로 고쳐 부른다. 후세의 사가들은 옛 도시 이름을 따서 이 제국을 '비잔틴제국'이라고 지칭한다. 기독교 신자인 어머니의 영향을 받은 황제는 391년에 기독교를 공인하기에 이른다. 서로마의 멸망(476년)을 대신해 부흥한 비잔틴은 6~9세기에 전성기를 맞는다. 수도 콘스탄티노플은 장안과 바그다드와 더불어 세계에서 가장 번화한 도시의 하나로 성장하면서 기독교의 심장부가 되고 실크로드의 종착지 구실을 했다. 이 즈음, 여러 차례의 아랍–이슬람군의 공격도 막아낸다.

번영하는 도시는 선망의 대상이 되기도 하지만, 궁극에는 공격목표가 되어 수난을 당하기 일쑤다. 이스탄불도 예외는 아니다. 1054년 로마가톨릭과 그리스정교가 분리된 뒤 콘스탄티노플은 그리스정교의 중심지가 되면서 종교적 갈등을 겪는다. 그러다가 1204년 제4차 십자군에게 함락되었다가 57년 만에 다시 비잔틴에게 탈환되는 곡절을 겪는다. 이어 내침한 동방의 강자 오스만투르크는 1453년에 수도를 점령하며, 정복자 술탄 무함마드 2세는 도시 이름을 이스탄불로 바꾼다. 기독교 도시에서 이슬람 도시로 탈바꿈한 셈이다. 그때부터 1923년 터키 공화국이 수립되어 수도가 앙카라로 옮겨 가기까지 470년 동안이나 오스만제국의 수도로 남아 있었다. 이렇게 이스탄불은 로마, 비잔틴, 오스만 3대 제국의 수도로 무려 1,528년 동안, 122명의 통치자에 의해 세계사의 한 중심에 우뚝 서 있었다. 이것은 3대 제국(한·수·당)의 수도로 장수를 자부하던 중국의 장안(738년 간 38명이 통치)보다 배가 넘는 나이이다.

이토록 엄청난 기간 동안 세계적 제국의 수도로 위용과 부를 과시하고 동서문명의 접점 구실을 해 온 이스탄불이 갈무리하고 있는 수많은 옥내·옥외의 유적유물은 명실상부한 인류문명의 노천박물관임을 실증하고 있다. 이제 그 현장 몇 곳을 찾아가 보기로 하자. 제일 먼저 찾은 곳은 토프카프 궁전이다. 보스포루스 해협이 내려다보이는 나지막한 언덕 끝자락에 자리한 이 궁전은 오스만제국 지배자들의 거성이자 행정 중심지였다. 투르크어로 '토프'는 '대포'이고, '카프'는 '문'이며 '사라이'는 '궁전'이라는 뜻으로서 본래는 '토프카프 사라이', 즉 '대포문 궁전'이라고 불리웠다. 궁전 문 앞에 커다란 대포를 걸어 놓은 데서 유래한 이름이라고 한다. 오스만제국의 통치 본산답게 규모부터가 어마어마할 뿐만 아니라, 소장된 유물은 당대 여러 문명의 전시장을 방불케 한다.

바티칸의 두 배에 달하는 70만 평방미터의 궁전이 지금은 박물관으로 변해 연간 250만 명의 관람객을 유치하고 있다. 1,200명의 조리사가 매일 2만 명 분의 음식을 조리했다는 부엌에서 쓰던 1만 2천여 점의 도자기는 주로 중국과 독일, 일본에서 들어 온 것이다. 4개의 방으로 나뉜 보물관 전시품 가운데는 49개의 작은 다이아몬드에 에워싸인 86캐럿의 대형 다이아몬드와 유명한 에메랄드 단검이 선을 보인다. 면적 6,700평방미터에 300여 개 방이 딸린 금남의 하렘에 거주하는 여자들은 대부분이 포로나 구입, 아니면 선물로 들어온 각국의 미녀들로서 하렘은 문자 그대로 '각국 미녀 전시장'이었다. 이슬람 관에는 1517년 오스만이 칼리파 제(계위제)를 채택하면서 이슬람 세계에서 가져온 유물들이 가득한데, 특히 교조 무함마드가 생전에 쓰던 칼, 깃발, 활, 망토 등 유품과 함께 소개된 그의 발자국, 이빨, 수염 같은 유

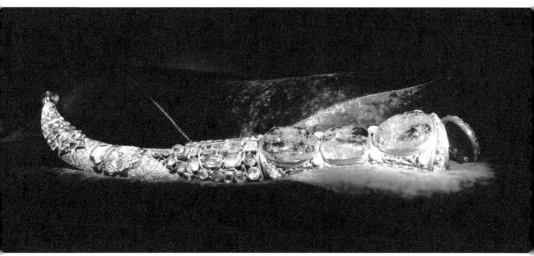

물은 이슬람의 무가지보(無價之寶)다. 재정부로 쓰였던 무기관에는 16~19세기에 사용된 각종 외국산 총과 화살, 검 등이 소장되어 있다. 러시아 황제가 술탄 압둘마지드에게 선물한 시계도 눈길을 끌기에 충분하다.

이어 발길을 옮긴 곳은 술탄 아흐마드 광장에 있는 고대 도시의 심장부, 히포드럼(경기장)이다. 그 중심에는 40줄의 계단식 좌석에 3만 명을 수용할 수 있는 'U'자형 경기장(길이 400, 너비 120미터)이 있는데, 로마의 시쿠스 맥시무스 경기장 버금가는 큰 경기장이다. 중앙에는 각종 기둥과 동상 등 예술품으로 장식한 스피나가 있었는데, 그 자체가 하나의 노천박물관이다. 스피나에는 세계 여러 곳에서 가져온 기둥과 동상, 해시계 등 기념물들이 설치되었다. 그중 가장 유명한 것은 이집트의 오벨리스크와 그리스의 뱀 기둥이다.

이집트의 파라오가 전쟁 승리를 기념하기 위해 기원전 15세기에 세운 오벨리스크를 비잔틴 황제 테오도시우스 1세가 390년 이집트 룩소 카르낙의 아몬 신전에서 옮겨 와 이곳에 세웠다고 한다. 높이 20미터의 연한 핑크색 화강석 기둥 무게는 약 300톤이다. 원래 높이는 32.5미터였으나 수송과정에서 밑 부분이 깨져나가 지금은 20미터밖에 되지 않는다. 기둥의 사면에는 이집트 파라오 투트모세의 용맹성을

찬양하는 상형문자가 새겨져 있으며, 대리석 받침대 사면에는 히포드럼에서 행해진 행사들이 생생하게 부조되어 있다.

기원전 479년에 페르시아와의 팔라테아 전투에서 그리스 도시국가들이 거둔 승리를 기념하기 위해 그리스 델피의 아폴로 신전에 세워졌던 높이 5미터(원래는 6.5미터)의 뱀 기둥은 326년에 콘스탄티누스 황제가 가져온 것이다. 세 마리의 뱀이 몸을 서로 감고 올라가는 모습으로, 머리 위에는 지름 2미터의 황금 트로피가 있었는데 옮겨 오기 전에 분실되었으며, 머리는 오스만 시대에 돌에 맞아 부서졌다. 히포드럼 광장에는 이 두 유물 말고도 이곳을 방문한 독일 황제 카이저 빌헬름이 사례의 뜻으로 보내와 1898년에 세운 이색적인 독일 분수도 눈에 띈다. 모두가 역사의 한 단면을 무언 중 증언하는 유물이다.

다음 날엔 이스탄불 노천박물관의 축도라고 할 수 있는 이스탄불 고고학박물관을 찾았다. 세계 5대 고고학박물관의 하나로 꼽히는 이 박물관은 외형부터가 웅장할 뿐만 아니라, 그리스-로마의 고전 건축미가 물씬 풍긴다. 지금은 이 건물 안에 고대동방박물관과 타일 박물관이 함께 들어 있다. 1887년 레바논 시돈(지금의 사이다)의 왕가 묘지에서 일군의 석관이 발견된 것이 계기가 되어 1891년에 건립된 이 박물관은 1991년 개관 100주년을 맞아 구관(단층)을 개축하고 신관(3층)을 증축해 지금의 규모를 갖췄다. 터키 전체의 고고학박물관이 소장하고 있는 유물 총 250만

점 중 8만여 점을 이 박물관이 보유하고 있지만, 지금은 그 10분의 1만이 전시되고 있다. 유물은 구관이 중심이 되어 그리스-로마 시대의 것이 주종을 이루나, 신관이 증축되면서 그 전후 시대의 유물도 모으고 있다.

8만여 점의 설형문자 점토판이나 5만여 점의 각종 동전, 여러 신상과 동물 조각상 등도 주목을 끌지만, 가장 눈길을 끄는 것은 구관에 전시된 5기의 대리석 돋을새김 석관(기원전 5세기 중엽~4세기 말)인데, 그 가운데는 알렉산더의 동방원정 장면을 생동하게 그린 석관(높이 195, 길이 318, 너비 167센티미터)이 있다. 그리고 신관에는 지금껏 수수께끼로 남아 있던 3천 년(기원전 2920~기원후 500) 트로이 역사를 풀어주는 9개 도시유적이 40개 문화층별로 정리되어 있어 놀라움을 금치 못하게 한다. 신관에는 또한 키프로스, 시리아, 팔레스타인 등 주변 국가들의 역사문화를 보여 주는 귀중한 유물들도 다수 있다. 그리고 이 고고학박물관에 딸린 고대동방박물관에는 오리엔트 각지에서 출토된 2만 점의 유물이 선을 보이는데, 그중에서 참관객의 발길을 오래도록 멈추게 하는 것은 기원전 13세기 중엽 이집트와 히타이트 사이에 맺은 세계 최초의 평화조약인 '카데슈 조약문'이다. 은판에 새긴 원문은 남아 있지 않고, 여기에 전시된 것은 45행의 아카드어 번역문 점토판이다.

이스탄불의 구석구석에서 만나는 크고 작은 박물관이나 광장, 기독교 교회나 이슬람

기원전 13세기 중엽 이집트와 히타이트 사이에 맺은 세계 최초의 평화조약 '카데슈 조약문'이 새겨진 점토판(45행의 아카드어 번역문).

사원, 성벽이나 다리……. 그 어느 것 하나 문명의 티가 짙게 배인 유적 유물 아닌 것이 없다. 그리고 과거와 현재, 동과 서가 공존하는 도시다. 그래서 토인비는 이스탄불을 가리켜 '노천박물관'이라 했고, 유네스코는 도시 전체를 세계문화유산에 등재했다. 도시의 세계화는 문명 세계화의 견인차다. 많은 도시가 노천박물관화될 때, 그만큼 문명은 세계화되고 선진화될 것이다.

52

동서문명의 접점, 이스탄불
답사길 끝에서 맛본 태극무늬 백자의 감동

이스탄불은 동쪽으로 95퍼센트가 아시아 대륙에 속하고 서쪽은 유럽에 걸쳐 있다. 유럽 지역인 토프카프 궁전박물관에서 보스포루스 해협과 멀리 보스포루스 다리가 보인다. 왼쪽이 아시아 쪽이고 오른쪽이 유럽이다.

이스탄불은 세계에서 유일하게 두 대륙을 한 품에 껴안고 있는 국제도시다. 그것도 동양문명과 서양문명을 대표하는 아시아와 유럽 두 대륙이기 때문에 그 의미가 각별하다. 그래서 이스탄불은 동서 두 문명이 직접 만나는 명실상부한 접점이라고 할 수 있다.

그러한 접점이 가능한 것은 우선, 지리적으로 보스포루스 해협이라는 좁은 해협을 사이에 두고 두 대륙이 맞붙어 있으며, 그 지리적 간극을 다리 같은 물리적 매체가 메워 주기 때문이다. 7,500년 전에 지금의 모습을 갖춘 이 해협의 이름은 그리스 신화에서 유래되었다. 제우스 신은 부인 헤라의 질투로부터 애인 이오를 구제하기 위해 이오를 소로 변신시키지만, 이 사실을 알아낸 헤라는 파리를 보내 이오를 계속 괴롭힌다. 이오는 파리를 피하기 위해 이 해협을 건넜는데, 이때부터 이 해협은 '소의 문'을 뜻하는 '보스포루스'로 불리기 시작했다고 전한다. 길이 31.7킬로미터에 달하는 보스포루스 해협은 마르마라 해와 흑해를 연결하며, 유럽과 아시아를 나누는 분기점이다. 평균 바다 깊이가 50~120미터인 이 해협에서 폭이 가장 좁은 곳은 술탄 무함마드가 콘스탄티노플을 점령하기 위해 세운 요새인 루멜리히사르가 있는 지점으로서 660미터이고, 가장 넓은 곳은 흑해와 만나는 곳으로서 3.4킬로미터이다. 이 해협에서 강물의 평균 흐름 속도는 시간당 3~4킬로미터이며, 양 방향으로 강한 급류가 흐르는 것이 특징이다. 마르마라 해에서 흑해 쪽으로 흐르는 물은 바다 표면으로 흐르고, 흑해에서 마르마라 해 쪽으로 흐르는 물은 40미터의 깊은 바다 속으로 흐른다. 이 때문에 마르마라 해와 흑해는 염도나 해수면 높이가 다르다. 이 해협을 지나는 선박들은 늘 이러한 상황에 유의해야 한다.

역사상 원정이건 교역이건 간에 두 대륙을 오가기 위해서는 서로를 잇는 다리가 필요했음은 불문가지다. 기원전 4세기 유럽 쪽의 시티안으로 원정을 떠난 아케메네스 조 페르시아의 왕 다리우스 1세의 명령에 따라 최초의 다리가 놓였다. 70만 페르시아 군사는 그들이 가지고 있던 배와 뗏목을 이어 붙여 가교를 만들었다. 그 후 2천여 년 동안 배로만 오갔지 그 누구도 다리를 놓을 엄두를 내지 못했다. 그러다가 1973년 사상 처음으로 두 대륙을 잇는 보스포루스 다리가, 그리고 15년 후인 1988년에는 파티흐(정복자) 술탄 무함마드 다리가 놓였다. 두 다리 밑으로는 매년 5

아시아-유럽을 잇는 보스포루스 다리의 아침 출근길 표정. 1973년에 완공한 이 현수교의 길이는 1,560미터, 폭은 33미터, 바다로부터의 높이는 64미터이며, 하루에 20만 대의 차량과 60만 명의 사람들이 지나다닌다.

만여 척의 각종 선박이 지나간다.

　그 현장을 확인하기 위해 이스탄불에 도착한 다음날 아침 일찍 보스포루스 다리(일명 아타튀르크 다리)로 유럽에서 아시아로 갔다 오는 '다리 여행'을 했다. 이른 아침인데도 차량들로 몹시 붐빈다. 유럽에서 아시아 쪽으로 가는 차량 통과료는 3리라(한국 돈으로 2천 원 정도)이나, 아시아에서 유럽 쪽으로 오는 통행료는 무료다. 유럽 쪽의 생활수준이 높기 때문이라고 한다. 사실 양쪽 인구는 비슷하지만 유럽 쪽에는 백화점이 7개가 있는 반면에 아시아 쪽에는 3개밖에 없는 형편이다. 이 다리는 1950년에 건설계획을 짜 놓고 공사는 20년 후인 1970년에야 시작해 터키 공화국 수립 50주년이 되던 1973년 10월 29일에 총 공사비 2,300만 달러를 들여 완공했다. 공사는 영국의 클리블랜드 엔지니어링과 독일의 호치티예프 사(社)가 맡았는데, 길이는 1,560미터고 폭은 33미터이며, 바다로부터의 높이는 64미터이다. 현수교(懸垂橋)로서 다리를 지탱하는 지름 0.5센티미터의 강철 철사만도 무려 10,412개가 사용되었다. 하루에 20만 대의 차량과 60만 명의 행인이 지나다닌다. 2002년 통계로 유럽에서는 네 번째로 긴 현수교이며, 세계에서는 일곱 번째로 긴 다리라고 한다.

이스탄불이 동서문명의 접점이 될 수 있었던 것은 이러한 지리적 여건과 더불어 대륙 간의 빈번한 민족 이동이나 전쟁, 교류 같은 역사적 배경과도 밀접한 관련이 있다. 기원전 7세기께 그리스로부터 도리안들이 이주해 와 칼세돈이라는 도시를 건설한 데 이어, 알렉산더 동정 때는 그리스인들이 대거 정착해 동서융합 문화체인 헬레니즘 문화를 꽃피웠고, 로마 시대를 거쳐 비잔틴 시대에는 서구 기독교의 동방 보루였다. 한편, 이슬람화한 투르크족과 아랍인들의 내침은 이슬람 문명을 비롯한 동양문명의 유입을 낳았다. 그리고 기원전 보스포루스 해협을 사이에 둔 아케메네스 조 페르시아와 그리스 간의 지루한 공방전은 동서 두 문명의 만남을 자초했으며, 중세 오스만제국의 유럽 정복전은 두 문명의 접촉 범위를 더욱 확대했다. 이와 더불어 실크로드 육로의 서단에 자리한 이스탄불은 시종일관 동서 문물의 집산지 구실을 해 왔다.

이러한 두 문명의 접점상을 가장 극명하게 보여 주는 곳이 바로 성 소피아(그리스어로 하기아 소피아, 터키어로 아야 소피아) 박물관이다. 원래 이곳은 기독교 교회로 출발했으나, 숱한 우여곡절을 겪었다. 325년 콘스탄티누스 1세 때 교회를 짓기 시작해 360년 콘스탄티노플 2세 때 목조건물로 완성되었지만, 404년 화재로 전소되었다. 그리고 얼마 뒤 재건되었으나 532년 이른바 '니카(승리) 혁명'을 일으킨 반란군에 의해 다시 파괴되었다. 이 반란을 진압한 유스티니아누스는 5년 간의 시공을 거쳐 537년에 드디어 지금과 같은 규모의 대성당을 완공했다.

완공 뒤에도 몇 번의 재앙을 입었다. 726년에 시작된 우상 타파 시대에 성화들이 파괴되고, 1204년 제4차 십자군에게 보물이 약탈당하고 잠시 로마가톨릭 교회로 이용되었으며, 14~15세기에는 지진으로 심하게 파손되기도 했다. 1453년 오스만 투르크의 술탄 무함마드는 점령 3일 만에 여기서 이슬람식 금요예배를 근행한 데 이어 미흐랍(메카 쪽으로 예배방향을 알리는 벽감)과 민바르(설교단), 미어자나(예배시간을 알리는 첨탑) 같은 이슬람 시설을 증축하고 마드라사(이슬람 신학교)를 개설했다. 그러면서 모자이크 성화들은 얇은 석회로 칠해 덮어버리고, 벽에 걸려 있는 십자가는 제거하며, 문에 새겨진 십자가는 수직으로 된 부분만 없애 형체를 감추는 등 '개축'을 단행했다. 급기야 기독교 교회는 이슬람 사원으로 탈바꿈했다.

건평이 7,570평방미터에 달하는 성 소피아는 비잔틴 건축의 백미이며 이스탄불의 상징이다. 1935년 박물관으로 변신할 때까지 916년 간(537~1453)은 기독교의 성당으로, 481년 간(1453~1934)은 이슬람 사원으로 사용되었다. 한 건물이 이질적인 두 종교의 성소로 이토록 오랫동안 공용된 예는 드물다. 비록 이러저러한 수난이 없지는 않았지만, 그래도 두 종교, 두 문명의 만남과 공존의 상징으로 문명사의 한 장을 장식했음은 부인할 수 없는 사실이다. 70년 전 박물관으로 세상에 공개될 때, 성화나 장식에 가해졌던 덧칠을 벗겨버리고 복원한 것은 실로 가상한 일이다. 바로 이 때문에 오늘도 많은 사람들이 이 중층적(重層的)인 문화유산을 경건한 마음으로 바라보고 있는 것이다.

성 소피아는 건물 소재부터 각 지역의 융합물이다. 107개의 기둥 가운데 일부는 지중해 연안국과 레바논의 아폴로 신전에서 가져왔고, 돔에 사용된 가벼운 타일과 벽돌은 로도스 섬에서 구해 왔다. 뿐만 아니라, 그림이나 장식물도 두 문명을 아우르고 있다. 본당으로 들어가는 9개 문 중 황제가 들어가는 가운데 문 위에는 9세기의 모자이크 성화가 그려져 있는데, 가운데는 아기 예수를 안은 성모 마리아, 오른쪽에는 콘스탄티누스 대제, 왼쪽에는 유스티니아누스 황제의 모습이 보인다. 오색 영롱한 천장과 벽에는 초기 기독교와 비잔틴 시대의 황제나 주교들의 초상화가 그려져 있다. 눈길을 끄는 것은 이슬람과 관련된 유물들이다. 지름 31미터에 높이 55.6미터나 되는 돔의 정면에 증축된 미흐랍을 중심으로 왼쪽부터 알라, 아부 바크르, 오스만, 하산, 후사인, 알리, 오마르, 무함마드 등 이슬람 성자들의 이름이 지름 7.5미터의 대형 원판 속에 아랍어로 새겨져 있다.

2층 갤러리는 주로 여성들의 예배장소로 쓰였는데, 여왕의 기도를 방해하지 않도록 여인들이 조용히 다니게 하기 위해 올라가는 길을 계단식이 아닌 비탈길로 만들었다고 하니, 건축의 섬세함이 돋보이는 대목이다. 여기에도 화려한 모자이크 성화들이 여러 점 눈에 띈다. 그 가운데는 성모 마리아가 아기 예수를 안고 있는 모습, 성모 마리아와 세례 요한이 예수에게 죄인들을 구원해 달라고 간청하는 모습이 보인다.

2층에서 내려와 복도를 지나는데, 몇몇 사람들이 사각형 기둥 앞에서 서성대고 있다. 다가가 보니 '마리아의 손자국'이라는 대리석 기둥(일명 '눈물의 기둥')에 엄지손가락이 겨우 들어갈 만한 구멍이 파져 있다. 사람들은 엄지손가락을 그 구멍에 쉽어넣어 한 바퀴 돌린다. 이때 손가락이 물기에 젖으면 임신한다든지 시력이 좋아진다든지 하는 소원이 성취된다고 한다. 얼마나 많은 사람들이 소원을 빌었는지 보호 동판이 거의 닳아 떨어질 지경이다.

동서문명의 접점답게 이스탄불은 새로운 융합문명의 산실이기도 했다. 대표적인 것이 비잔틴 문화다. 비잔틴 문화란 한마디로, 그리스적인 헬레니즘 문화에 동방적인 요소가 가미된 새로운 융합문화다. 일부 서구 학계에서는 이러한 융합성을 근거로 비잔틴을 '저급 제국', 즉 후진 제국이라고 호도하는데, 이것은 편견이다. 비잔틴은 유럽이 중세 암흑기의 수렁에 빠져 헤맬 때 그리스-로마의 고전문화를 보존해 중세 르네상스의 터전을 마련했고, 동방적인 요소들을 받아들여 모든 면에서 보다 성숙한 융합문화를 창출했으며, 그리스정교를 확립해 동유럽 슬래브 세계에 전함으로써 러시아가 스스로를 비잔틴의 '후계자'로, 모스크바가 '제3의 로마'로 자처할 정도로 슬래브 세계의 부흥을 촉진시켰다. 따라서 비잔틴은 '저급 제국'이 아니라 고급 제국이었으며, 후진 제국이 아니라 선진 제국이었다.

그동안 여기 인류문명의 노천박물관이자 동서문명의 접점이기도 한 이스탄불 현장을 몇 차례 살펴보는 과정에서 늘 가슴속 깊이 응어리로 남아 있었던 것은 세계문명사에 나름의 기여를 해 온 우리네 문화유산 흔적을 찾아내지 못했다는 점이다. 그날(8월 22일 오후)도 그러한 심정으로 오스만제국의 통치 본산이던 토프카프 궁전박물관 도자기 전시실을 찾았다. 이 전시실에는 궁전 부엌에서 쓰던 세계 각국의 도자기 1만 2천여 점이 소장되어 있으나, 그중 3천 점만 전시하고 있다. 전체 소장 도자기의 3분의 2에 해당하는 8천여 점이 중국(7~17세기)을 비롯한 일본(18~19세기), 타이 등 동양산이다. 그런데 공교롭게도 지금은 5년을 기한으로 수리중이라서 한 개 전시실에 몇 백 점만 공개하고 있다.

대부분이 중국산인 도자기 속을 누비다가 우연히 안테에 8괘가, 바닥에 태극문양이 새겨진 청화백자 사발이 눈에 띄었다. 1884년 최초로 발행한 '대조선국우

토프카프 궁전박물관에 전시된 태극무늬 청화백자(왼쪽). 우리나라 최초 우표인 '대조선국우초(1884년, 오른쪽)'에 새겨진 태극무늬와 같은 도상이다.

초(大朝鮮國郵鈔)'의 5문과 10문짜리에 새겨진 태극문양과 신통히도 같다. 순간 전기에 감전된 것 같은 짜릿한 느낌이 들면서 걸음이 뚝 멎었다. 설명문에는 '청화백자, 16세기(Blue and White Ware, 16c)'라고만 적혀 있고, 출처는 이례적으로 밝히지 않고 있다. 근처에서 역시 출처 설명이 없는 백자 사발과 병 2개도 발견했다. 우리의 것이 아닐까 하는 의심 반, 우리의 것이었으면 하는 기대 반 속에 떨어지지 않는 발걸음을 옮겼다. 한때 세계 도자업을 선도하던 우리의 도자사를 반추하면서, 동서문명의 접점에서 세계적 도자기와 당당하게 어깨를 나란히 했으리라는 믿음으로, 이 수만 리 오아시스 육로 답사의 대미를 꾸미고자 한다.

53

실크로드의 재발견
이어지는 초원로와 해로의 재발견을 기약하며

이스탄불에서 답사 마지막 일정을 마치고, 마르마라 해면에 부챗살 낙조가 비낄 무렵 아타튀르크 공항에 도착했다. 우리가 타고 갈 두바이 행 비행기는 '기계 사정'으로 예정보다 4시간 25분이나 지연된다는 안내방송이 나왔다. 2시간 여유를 두고 두바이에서 서울 행 비행기로 환승하려던 당초 예상은 빗나갔다. 먼 길을 떠난 나그네에게 돌아가는 길은 한시 바쁜 일이지만, 어찌하랴.

자정에 이륙한 비행기는 3시간 30분쯤 날아서 두바이 공항에 안착했다. 새벽녘인데도 기온이 30도를 웃돈다. 항공사가 제공하는 공항 호텔에서 하루를 보내고 다음날(8월 25일) 새벽 서울로 향했다. 꼭 40일만의 귀향이다. 하루 푹 쉰 덕에 잠이 청해지질 않는다. 눈을 지그시 감으니 답사과정에서 보고 듣고 일어난 일들이 주마등처럼 눈앞을 지나가면서 그 모든 것을 한 줄로 얽어 놓은 답사 길이 마냥 꿰미처럼 캄캄칠야의 거죽에 드러난다. 그 길이 바로 우리 한겨레 실크로드 답사단이 서울에서 이스탄불까지 밟고 지나간 실크로드 오아시스 육로 수만 리 길이다.

실크로드 3대 간선의 하나인 오아시스 육로(약칭 오아시스로)란 중앙아시아를 중심으로 북위 40도 부근의 건조 지대에 점재하는 오아시스들을 연결한 동서문명 교류의 통로를 말한다. 이 길은 실크로드의 여러 간선과 지선 가운데서 가장 중요한 구실을 해 왔다. 실크로드의 다른 2대 간선인 초원로나 해로와는 달리 시종 큰 변동 없이 줄곧 이용되어 왔을 뿐만 아니라, 수없이 많은 길이 이 길에 연결되어 있으며, 이 길을 중심으로 하는 드넓은 땅에서 수많은 나라와 민족이 흥망성쇠를 거듭했다. 한마디로, 오아시스로는 동서교통로에서 중추적 역할을 담당했다. 그래서 오늘날까지도 실크로드라고 하면 흔히 이 육로를 먼저 떠올리게 된다.

답사 길에 만났던 실크로드 연변의 숱한 사람들. 생김과 생활방식은 다르지만, 문명을 이어가고 서로 교류하려는 정신은 예나 지금이나 변함없이 소중하다.

　오아시스로의 변천사를 되돌아보면, 처음부터 극동에서 로마까지의 길이 일시에 개통된 것은 아니다. '세계의 지붕'이라고 일컫는 파미르 고원을 사이에 두고 동서 각지엔 짤막짤막한 길들이 단절적으로 널려 있었다. 그리고 파미르 고원 횡단로가 뚫리면서 이 길들이 서로 이어져 비로소 동서의 오아시스들을 관통하는 완결된 길이 열리게 되었던 것이다.

　파미르 고원 서쪽의 서아시아 지방에는 기원전 6세기경에 이미 정비된 교통로가 있었다. 아케메네스 조 페르시아의 다리우스 1세(기원전 522~486 재위) 때에 인도 서북부의 간다라 지방부터 이집트에 이르는 광대한 지역에 정연한 교통망이 사통팔달하여 영내 23개 주와의 연계가 원활했다. 그 바탕에서 오아시스로의 발단이라고 할 수 있는 수도 수사부터 아나톨리아의 사르디스에 이르는 이른바 '왕의 길'이 개통되었다.

숙소 같은 이용시설이 두루 갖춰진 이 길(약 2,475킬로미터)을 준마를 탄 전령사는 열흘 걸려 주파하곤 했다, 1일 보행 거리인 25킬로미터마다 여관을 배치하고(총 111개), 요소마다 감시소를 설치했다. 큰 강은 배로 건너되, 강기슭에는 검문소가 있어 검문과 함께 행인의 숙식과 안전을 보장했다. 지금도 이 길의 흔적은 곳곳에 남아 있다. 이와 같이 기원전 6세기에 서아시아 일대에는 이미 상당히 발달한 교통 로가 줄줄이 뻗어 있었다.

한편, 파미르 고원 지역의 교통은 전한 시대의 장건(張騫)이 13년 간(기원전 139~126) 서역에 사행을 다녀온 이후 비로소 알려지게 되었다. 사적의 기록에 의하면, 전한 시대(기원전 202~기원후 4)에는 크게 남도와 북도의 두 길이 있는데, 모두 시안(장안)을 기점으로 란저우, 우위이, 장이, 저우취엔 등 하서회랑으로 서행해 둔황에 이른다고 했다. 여기서 남·북도가 갈라지는데, 남도는 둔황의 서남쪽 양관에서 출발해 누란(선선[鄯善], 이하 괄호 안은 당시 이름)을 거쳐 쿤룬 산맥의 북쪽 기슭을 따라 타클라마칸 사막의 언저리에 있는 체르첸, 호탄 등 오아시스 국가들을 지나 피산에서 다시 두 갈래 길로 나뉜다. 한 길은 계속 서행해 파미르 고원을 넘은 다음 아프가니스탄(대하[大夏], 박트리아)을 지나 이란(안식[安息], 파르티아)에 이르며, 다른 한 길은 서남쪽으로 방향을 바꿔 카시미르와 간다라를 거쳐 인도에 닿는다.

이에 반해, 북도는 둔황의 서북쪽 옥문관에서 시작해 '악마의 늪'이 펼쳐진 고비 사막 서단과 투루판(차사전왕정)을 거쳐 톈산 산맥의 남쪽 기슭을 따라 타림 분지의 북방 언저리에 자리한 카라사르(언기[焉耆]), 쿠얼러(위리), 차디르(오루[烏壘]), 쿠처(구자[龜玆]) 등 오아시스 국가들과 카슈가르(소륵[疏勒])를 지나 파미르 고원을 넘은 다음 페르가나(대원[大宛])에 도달한다. 여기서 다시 두 갈래로 갈라지는데, 한 길은 서북향으로 사마르칸트(강거[康居])를 지난 후 시르다리아 강 연안을 따라 아랄 해(북해)에 이르며, 다른 한 길은 서남쪽으로 아프가니스탄을 거쳐 이란에 다다른다.

그 후 이 오아시스로가 1~2세기 후한 시대에는 3도로, 3~6세기 위진남북조 시대에는 다시 4도로 세분화되었지만 기본 노선은 전한 시대의 것을 답습한다. 그러다가 7세기 당대에 이르러 파미르 고원 이서에 22개의 도호부를 설치해 서역에 대

한 경영을 본격화하면서, 서역의 지역적 개념도 파미르 고원을 훨씬 넘어 인도와 이란, 아랍, 로마까지 확대되고, 오아시스로의 동·서 두 끝도 그 만큼 멀리 옮겨진 다. 이때부터 여러 갈래의 육로는 크게 남·북 양도로 통합 고착되어 오늘에 이르고 있다.

남도는 뤄양이나 시안에서 시발해 안서에서 둔황을 거쳐 전한 시대의 남도 대로 (大路) 인더스 강 상류에 이른 후 서향으로 카불, 칸다하르를 지나 이란 루트 사막 언저리의 케르만을 거쳐 바그다드와 팔미라(시리아), 지중해 동안에 도착한다. 북 도도 역시 뤄양이나 시안에서 시작해 안서에서 남도와 갈라져 전한 시대의 북도 대 로 카슈가르를 지난다. 그 후 톈산 산맥의 남쪽 기슭을 따라 서행해 중앙아시아의 타슈켄트, 사마르칸트, 부하라, 메르브와 이란의 니샤푸르, 테헤란(라가에)을 거쳐 서북쪽으로 터키의 아나톨리아 고원을 지나 이스탄불(콘스탄티노플)에 이른다. 여 기서 계속 서북 방향으로 발칸 반도의 서변을 거쳐 서단인 로마에 종착한다.

이상은 오아시스로가 로마에서 중국 시안까지라는 지금까지의 통설이다. 그러나 역사적 사실이 보여 주다시피, 이 길을 통한 동서문명 교류는 시안에서 멎은 것이 아니라 계속 동진해 한반도까지 이어졌던 것이다. 한반도에서 출토된 여러 가지 서역 유물은 이러한 역사적 사실을 입증하고 있다. 따라서 오아시스로를 한반도까지 연장하는 것은 역사의 당위적 복원이다. 이 연장의 요체는 시안으로부터 한반도까지의 육로 노정을 밝혀내는 것이다. 문헌기록이나 출토된 유물에 근거해 그 노정을 추적하면 다음과 같다.

　즉 한반도의 남단(경주)에서 출발해 서울(한주)과 평양을 지나 강계(동황성)에서 압록강을 건넌 다음 선양(심주)이나 요중(광주)을 거쳐 고대 한·중 접경지인 초양(영주)에서 중국 땅으로 접어든다. 6세기께 초양은 고구려가 지배한 동북아 최대의 국제무역도시였다. 여기서 서남쪽으로 산하이 관(임투관)을 넘어 베이징(유주)에 도착한다. 이어 동·중·서로의 세 갈래 길을 따라 남하해 뤄양에 이른 후 서진해 시안에 도달하면 서역으로 이어지는 오아시스로와 맞닿는다. 그렇게 되면 서단을 로마로 하고 동단을 경주로 하는 오아시스로의 전 노정이 복원된다. 그 총 연장거리는 약 1만 5천 킬로미터(약 3만 7천 리)로서, 하루에 100리씩 걸으면 주파하는 데 꼭 1년이 걸린다.

　이상은 기원전 6세기께부터 중세까지 2천여 년 동안 전개된 오아시스로다. 이 시기의 길은 낙타나 말 같은 축력에 의한 교통수단이나 인간의 보행에 의해 소통되고 운영되었으며, 그 길 위에서 고대와 중세의 숱한 문명이 명멸을 거듭했다. 그러나 근세에 접어들면서 철도와 비행기, 기선이라는 새로운 기계동력에 의한 교통수단이 도입됨으로써 오아시스로를 비롯한 실크로드 전반이 그 운영이나 기능에서 전래의 태생적(胎生的) 모습은 차츰 사라지고, 지·공·해의 입체적 교통망으로 뒤덮이게 되었으며, 이에 따라 문명교류의 면모도 크게 달라졌다. 이를테면, 문명교류의 통로라는 근본 속성은 변하지 않았지만, 내용과 형태, 수단에서는 획기적인 변화가 일어났다. 그리하여 근대를 기점으로 그 이전의 길은 전통적 오아시스로로, 그 이후의 길은 이와 구별해 '신 오아시스로'로 정립하는 것이 타당할 것이다.

　이제 우리는 낙타나 말이 아닌 자동차와 기차, 비행기로 그 옛날의 흙길 위에 포

장된 새로운 길을 따라 엄청난 속도와 규모로 오간다. 이른바 '철의 실크로드'는 바로 이런 변화에서 나온 '신(新) 실크로드(신 오아시스로 포함)' 개념이다. 수천 년 동안 인간의 발길을 불허하던 '죽음의 바다' 타클라마칸 사막에 생겨난 '사막공로(沙漠公路)'는 다름 아닌 '신 오아시스로'다. 그리고 이 '신 오아시스로' 연변에는 우르무치나 아슈하바트, 테헤란이나 앙카라 같은 현대도시가 생겨났고, 숱한 부존자원이 개발되면서 문명과 그 교류는 활기를 더해 가고 있다. 그 길을 따라가다 보면, 잊었던 옛 것을 찾아내기도 하고 더 깊이 알아내기도 하지만, 그것에 못지않게 새 것을 발견하고 미래의 꿈에 부풀기도 한다. 그래서 우리는 우리의 답사에 '실크로드의 재발견'이나 '신 실크로드'라는 의미를 새삼 부여하게 된다.

사실 이러한 의미는 일찍이 이 길에 관심 있는 사람들에 의해 포착되었다. 1993

년 유럽연합은 이른바 '유럽-카프카즈-아시아 회랑지대 운송(약칭 트라케가, Traceca) 프로그램'을 공포한 바 있고, 1998년에는 흑해 주변 나라들과 중앙아시아 4개 국 등 12개 나라 대표가 바쿠에 모여 '아시아의 잃어버린 심장'을 다시 뛰게 한다는 협약, 즉 동서를 잇는 자유무역회랑지대를 설립할 것에 관한 협약에 서명했는데, 그 지대를 '뉴 실크로드'라고 불렀다.

어느새 기체는 아침햇살에 해맑게 물든 구름바다 속으로 서서히 가라앉더니 인천 공항 활주로에 사뿐히 내려앉는다. 2005년 8월 25일 아침 8시 40분, 일행은 대장정의 출발점에 무사히 귀착했다. 우리 한겨레 실크로드 답사단 일행은 서울에서 이스탄불로 이어진 이 수만 리 길을 누비면서 '세계 속의 한국'이라는 위상에 가슴 뿌듯해졌고, 동·서 간에 오간 오롯한 문물의 교류 흔적을 현장에서 확인했으며, 인류가 그 가운데 꽃피운 찬란한 문명들의 향훈을 만끽할 수 있었다. 그러나 아쉽게도 전운이 감도는 아프가니스탄이나 이라크 땅은 밟지 못했다. 밟았더라면 필히 반달리즘의 해악을 고발했을 것이다. '실크로드의 재발견'은 이제 시작에 불과하다. 오아시스로 말고도 초원로와 해로가 그 재발견을 기다리고 있다.

이란 최초의 고층건물인, 이맘 광장의 알리 카푸 궁 문 밖으로 로트폴라 사원이 보인다.

실크로드 문명기행

© 정수일 2006

초판 1쇄 발행 2006년 11월 23일
초판 14쇄 발행 2021년 3월 10일
개정판 1쇄 발행 2024년 2월 15일

지은이 정수일
사진 이종근 김경호 정수일
펴낸이 이상훈
인문사회팀 최진우 김경훈
마케팅 김한성 조재성 박신영 김효진 김애린 오민정

펴낸곳 (주)한겨레엔 www.hanibook.co.kr
등록 2006년 1월 4일 제313-2006-00003호
주소 서울시 마포구 창전로 70 (신수동) 화수목빌딩 5층
전화 02-6383-1602~3 **팩스** 02-6383-1610
대표메일 book@hanien.co.kr

ISBN 979-11-7213-016-9 03980